零基础家庭木工教程

（日）K作家俱乐部（K-Writer's Club） 编著　　徐怡秋 译

化学工业出版社
·北京·

内容简介

本书是一本适合初学者、零基础者的家庭木工DIY工具书。与很多人心目中需要大型机器、费时、费力、危险的木工活不同，本书中收录的36个家具/家居小物案例和11个木工翻新案例，操作简单，无需动用电锯等大型机器就可制作，安全、有趣。且每个案例都附有简明易懂的工具图、材料图、木料截取图、组装图和详细的制作步骤图文，初学者也能轻松上手。有别于一些手工家具的低颜值，本书中收录的案例简约、时尚，能很好地装饰家居空间，打造温馨的家居氛围。

图书在版编目（CIP）数据

零基础家庭木工教程/日本K作家俱乐部编著；徐怡秋译. —北京：化学工业出版社，2022.11
ISBN 978-7-122-42063-3

Ⅰ.①零… Ⅱ.①日…②徐… Ⅲ.①木家具-制作-教材 Ⅳ.①TS664.1

中国版本图书馆CIP数据核字（2022）第158232号

责任编辑：孙晓梅　　装帧设计：张　辉
责任校对：边　涛

出版发行：化学工业出版社（北京市东城区青年湖南街13号　邮政编码100011）
印　　装：北京华联印刷有限公司
787mm×1092mm　1/16　印张12　字数254千字　2023年1月北京第1版第1次印刷

购书咨询：010-64518888　　售后服务：010-64518899
网　　址：http://www.cip.com.cn
凡购买本书，如有缺损质量问题，本社销售中心负责调换。

定　　价：98.00元　

Let's try DIY !

本书的使用方法

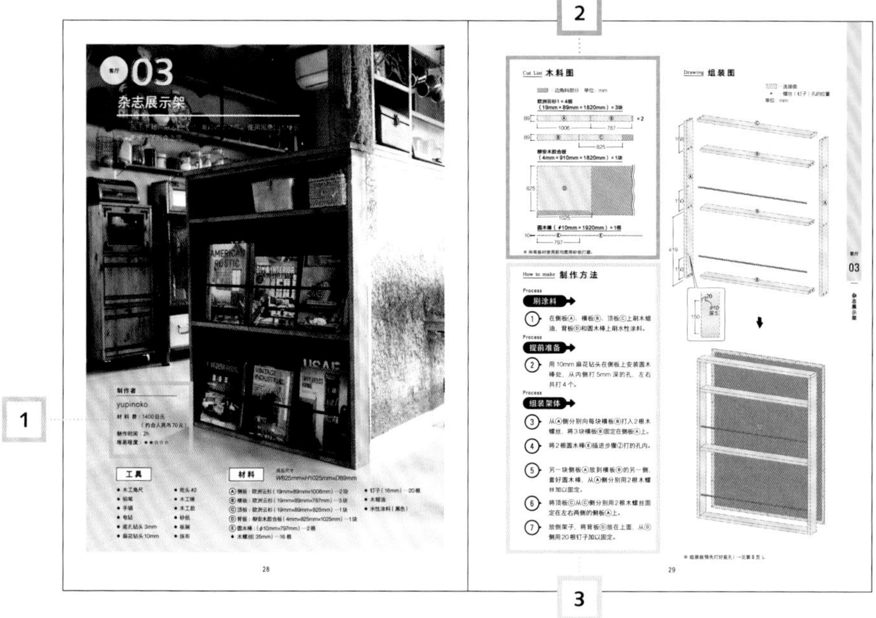

1 作品信息

为您提供制作该作品所需的相关信息。

- 采购地点的不同可能会导致材料费用出现差异。
- 制作时间为原作者制作该作品所花费的时间。

2 木料图

每种板材都有自己的规格尺寸，方木条大多长 910mm 或 1820mm，胶合板的销售规格多为 910mm×1820mm。DIY 制作时需从大块板材中切割适量木料，而木料图主要用于展示整体所需板材的数量。

- 产地或采购地点的不同会导致板材尺寸出现差异，因此必须根据板材尺寸对木料图进行调整。
- 切割木料时，会产生一定的损耗，损耗量大约相当于手锯或圆锯锯片的厚度。因此，制作木料图时，应考虑到木料之间的锯片厚度，大约 5mm。如将 1820mm 的板材从中分成 2 块时，得到的并非是 2 块 910mm 的木料，而是 2 块大约 907.5mm 的木料。
- 建材超市提供的板材切割服务(→见第 183 页)，通常以 1 刀为单位计费。因此，切割次数越少越便宜。几块相同尺寸的板材放在一起切断也算一刀，因此，在设计木料图时，应尽量减少切割次数。

3 制作方法

为您展示具体的制作步骤。制作前，请务必通读此部分内容。“制作方法”中并不包括木工的基本工序，这是制作所有作品时都必不可少的部分，因此，开始操作前，请先按照以下步骤完成基本工序。

基本工序

按照尺寸切割板材。在建材超市购买板材时，可以直接使用板材切割服务，方便快捷，尺寸也更有保证。

切割好的板材，**需用砂纸打磨切口。**最好准备几张不同型号的砂纸。先用 120 号的砂纸打磨，再用 240 号的砂纸收尾，打磨效果最佳。

在安装搁板、柜腿等处，以及螺丝（钉子）孔、沉孔等位置上**提前用铅笔做好标记。**
需用实物尺寸比对（→见第 185 页）时会在工序中注明。

钉木螺丝或钉子前，**先在螺丝（钉子）孔位置打底孔。**

安装前打好全部底孔与沉孔（→见第 170 页）。
用沉孔钻头或麻花钻头打沉孔。

用钉子或木螺丝固定时，**先涂一层木工胶，然后再钉入钉子或木螺丝。**

刷涂料前，先用 240 号砂纸打磨板材表面，可以提高涂料的黏结力。

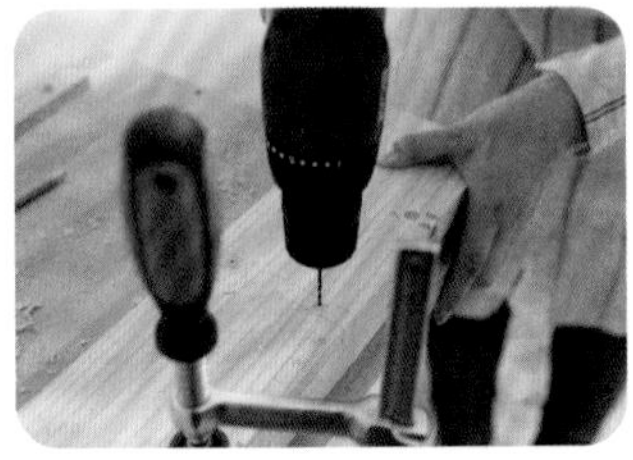

目录

作品制作 sora-rarara、末永京、go slow and smile、Hisayo、yupinoko、奥野敦子、川名惠介

摄　　影 八田政玄、菅井淳子

设　　计 雪垣绘美（H.D.O.）

插　　图 稻村穰、渡边信吾、松本菜央（WADE）、芦野公平

摄影协助 TileLife（P179瓷砖的种类）

D.I.Y.TILE（P179自贴瓷砖）

编辑协助 嘉藤美保子、长岛惠理、吉田佳代子（KWC）

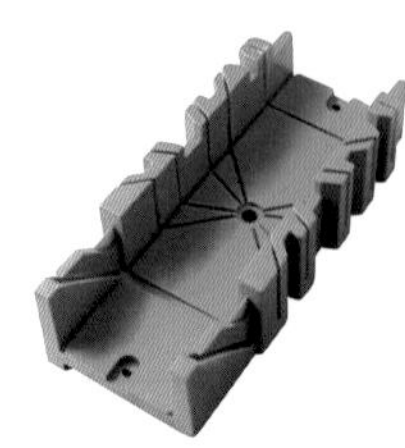

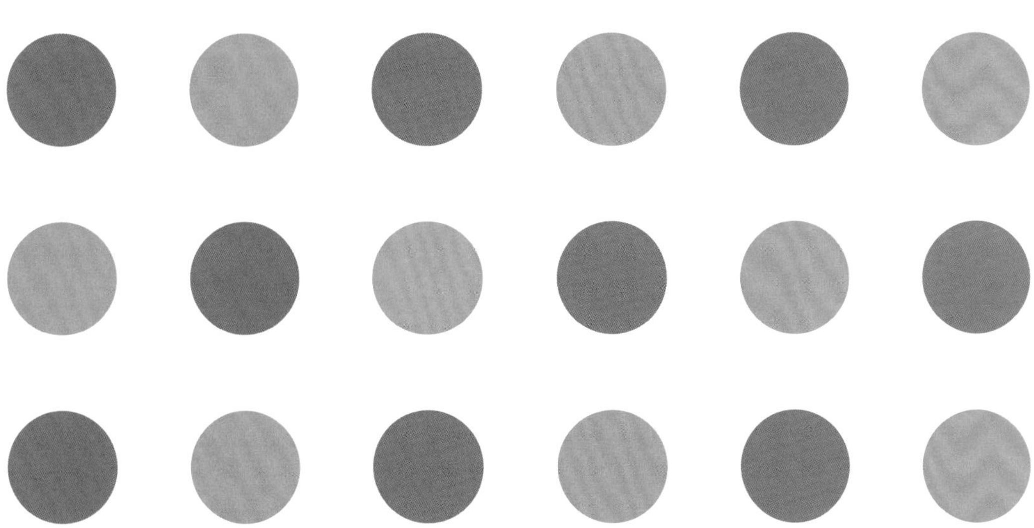

第 1 章

自己动手打造的房间

DIY ROOM

本章为大家展示了5位DIY达人亲手打造的家居空间。
不同风格的DIY木工家具营造出了不同的家居氛围。
只要有“想要DIY”的心意，人人都能亲手打造自己心仪的、温馨的家。

DIY
ROOM
No.

1

温暖舒适的
木质空间

sora-rarara 的
自然风房间

Natural Style

sora-rarara 喜欢仿制自己中意的市售家具，也经常将自己喜欢的素材组合起来制作原创家具。在不断摸索试错的过程中，她一直在磨练自己的技术。能够将自己的理想不断变成现实，令她感到兴趣盎然。如今，她正在尝试 DIY 自己身边的一切。

基本信息

住宅：一户建 ❶/5LDK❷

DIY 经历：4 年

开放式置物架

→制作方法见第 42 页

客厅

客厅空间以明亮的白色与木纹色为基调，
营造出一种温暖的气氛，十分适合家人团聚。
sora-rarara喜欢户外活动，因此家中有许多便携式物品，
室内外均可使用。

❶ 一户建，即日本的独院住宅。
❷ LDK 是日本房地产中常见的户型术语，L 是 Living Room（客厅），D 是 Dining Room（餐厅），K 是 Kitchen（厨房），5LDK 就是 5 室 1 厅。

食物展示柜

→制作方法见第 108 页

折叠式矮桌

→制作方法见第 44 页

儿童仿真厨房

→制作方法见第 66 页

折叠式垃圾箱

→制作方法见第 56 页

梯形置物架

→制作方法见第 40 页

厨房

厨房岛台四周装饰着黑板与花环，风格类似咖啡馆。
梯形置物架等各种家具的颜色与质感统一，即使摆放了很多自己喜欢的物品，
整体上也很有统一感，不会显得凌乱。

儿童桌椅

→制作方法见第**76**页

儿童房

儿童房依然保持简朴的自然风格。
房间里摆放着两个女儿的书桌，书桌自带抽屉，
方便收拾，很容易保持房间整洁。

通过优雅的色调与家居配饰来提升品位

末永京的少女风房间

Girly Style

末永京是一名 DIY 顾问，除了家具外，地板、墙壁等家中各处都是她 DIY 的对象。她的作品风格主要参考西方的住宅。在她看来，无论身处家中何处，都能感受到自己正生活在自己喜欢的空间里的喜悦，这就是 DIY 的乐趣所在。

基本信息

住宅：一户建 /4LDK

DIY 经历：20 年

客餐厅

有大量收纳空间的厨房岛台，
以及里面墙上的架子均为DIY作品。
家装的风格多变，各种风格自然地混搭在一起，
整体上形成一种优雅的欧式风格氛围。

百叶屏风

→制作方法见第 54 页

翻新窗框

→制作方法见第 134 页

儿童房

色调柔和的墙壁，加上色彩鲜明的配饰，
使得整个房间既时尚又可爱。利用墙纸或涂料，
可根据心情更换墙面颜色。

书包柜

→制作方法见第 82 页

TRATTORIA C
玻璃橱柜
→制作方法见第 32 页
带脚轮的夹缝收纳架
→制作方法见第 18 页

DIY
ROOM
No.

3

复古 × 环保的
时尚风格

go slow and smile 的
布鲁克林风房间

Brooklyn Style

生活在日本神奈川县湘南海岸附近的go slow and smile，擅长利用旧板材和漂流木制作家具及日用品。它们与房间内随处可见的古董风单品相得益彰，令整个家成为一个品位卓尔不群的空间。

基本信息

住宅：一户建 /2LDK+loft

DIY经历：5年

带收纳功能的坐凳

→制作方法见第 46 页

客餐厅

从厨房台面到木地板均为DIY作品。选用中古格调的家具，
整体色彩控制在白、棕、黑三色之内，有助于令室内风格更加统一。
通过DIY，可以将流行的玻璃橱柜也做出自己喜爱的独特的韵味！

DIY ROOM No. 4

形式美衬托出的简约之美！

Hisayo 的北欧风房间

Scandinavian Style

Hisayo 擅长使用“榫卯拼接”这一高级工艺来制作难度极高的北欧风格家具。据说她是在木工教室学会了这种技术。Hisayo 的家具做工精美，完成度极高，与市售产品别无二致，搭配北欧风格的日用品，效果卓群。

基本信息

住宅：公寓/2LDK

DIY经历：14年

展示柜

→制作方法见第 48 页

客厅

室内装修风格简约统一，绿植生机盎然，
形成一个舒适的生活空间。墙壁上的按钮状饰品，
以及各种手工的艺术画框凸显出主人的巧思。

电视柜

→制作方法见第 60 页

首饰盒

→制作方法见第 85 页

DIY
ROOM
No.

5

铁质材料与黑色
令空间更为紧致

yupinoko 的
复古风房间

Vintage Style

yupinoko 经营着一家名为"Y.P.K. WORKS"的网店，店里的人气商品是利用铁质材料与煤气管等制成的工业风格饰品。不过，在自己家中，她更喜欢尝试"帅气风""咖啡馆风""BOHO 风"等各种不同风格的室内装饰。

基本信息

住宅：一户建 /5LDK

DIY经历：5年

客厅

木制家具与大沙发营造出一种复古的感觉。
在桌子和椅子腿、窗框、灯具中加入铁质材料与黑色元素
可以令整个空间更为紧致、更加有型。

板凳

→制作方法见第 30 页

带脚轮的木箱

→制作方法见第 96 页

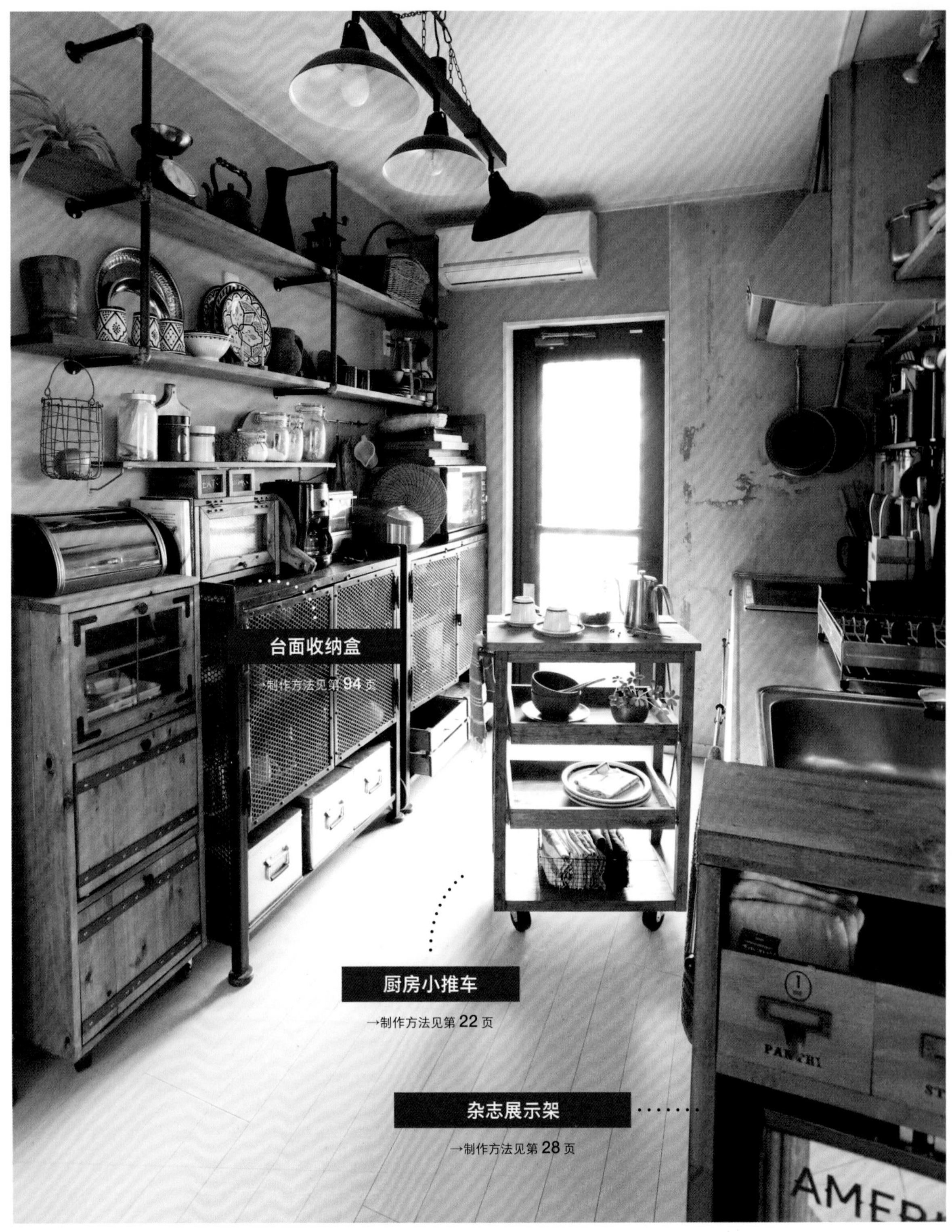

厨房

材料全部选用旧木板与铁质材料，整体显得十分洗练，
既体现出温暖质朴的一面，又不失时尚洒脱的特点。
看似裸露的混凝土墙壁，其实只是贴了一层墙纸！

第 2 章

家具和家居小物DIY

Furniture & Home Goods

从初学者也能轻松掌握的家居小物，
到DIY老手也想挑战的大件家具，本章将为您介绍多种不同风格的作品，
总有一款适合您！

Let's try DIY !

一起来DIY家具和家居小物!

如何才能制作出自己的理想家具? 让我们先来看一下大致的流程。

确定目标

首先要明确自己想做什么, 想把它放在哪个房间, 摆在什么位置。按照 “5W1H” = “使用时间(When)” “使用地点(Where)” “使用人物(Who)” “使用方式(How)” “使用物品(What)” “使用原因(Why)” 的顺序, 先来理清思路。

寻找符合目标的作品

在本书中寻找自己想要制作的物品。每件作品的制作难易程度都用★进行了标识, 因此, 最好先从符合自己水平的作品开始挑战。本书中既有适合初学者的简单物件, 也有适合 DIY 老手的复杂作品。请务必提前确认好动手制作所需的时间与工具, 以免后期遇到麻烦。

Enjoy!
Your DIY Life

测量要放置位置的尺寸

先测量好要放置位置的尺寸，确认是否有足够的空间放置自己选定的作品。通常需要测量长、宽、高 3 个数据，操作熟练以后，也可根据自己的需要调整尺寸，如将长度缩短一些。

准备工具与材料，正式开工！

准备所需的工具与材料。建材超市里基本上能买到大部分用品，而且还提供各种 DIY 所需的服务，方便快捷（→见第 181 页）。您可以用手机将书上列出的“材料”与“木料图”拍下来，然后去建材超市选购。如果所需材料过多、过重，还可以选择网购。在室内操作时，为了不弄脏房间，最好提前准备一些防尘垫。

初学者正式开工前，请先阅读“第 4 章 DIY 的基本知识”！

带脚轮的夹缝收纳架

只需根据夹缝的大小调整侧板的宽度，就可以将家中的死角有效利用起来。

制作者

go slow and smile

材 料 费：4500日元（约合人民币225元）

制作时间：半天

难易程度：★☆☆☆☆

工具

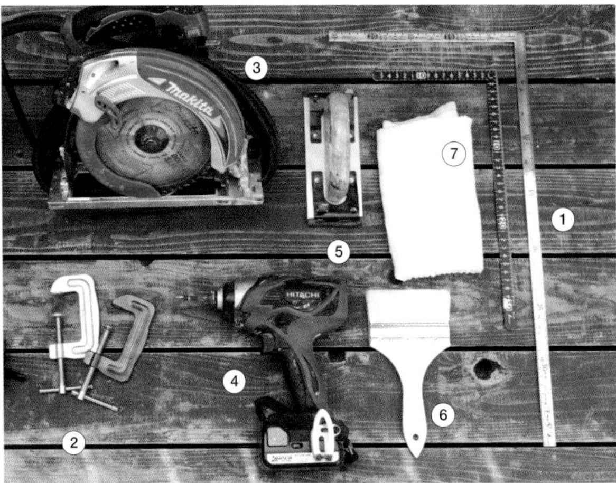

① 木工角尺
② 木工夹（→见第 165 页）
③ 手锯（或圆锯）
④ 电钻
⑤ 砂纸架（砂纸）（→见第 166 页）
⑥ 板刷
⑦ 抹布
- 铅笔
- 卷尺
- 底孔钻头 3mm
- 批头 #2
- 木工胶

材料

成品尺寸
*W*574mm×*H*1788mm×*D*108mm

Ⓐ 侧板：SPF 板（19mm×108mm×1785mm）…2 块
Ⓑ 横板：SPF 板（19mm×89mm×534mm）…7 块
Ⓒ 背板：SPF 板（19mm×89mm×1740mm）… 6 块
- 木螺丝（41mm）…112 根
- 拉手…1 个
- 脚轮（48mm）… 6 个
- 木蜡油

Cut List 木料图

▨…边角料部分　单位：mm

SPF1×6板（19mm×140mm×1820mm）×2块

SPF1×4板（19mm×89mm×1820mm）×3块

89 Ⓑ
89 Ⓑ Ⓑ Ⓑ ×2
534

SPF1×4板（19mm×89mm×1820mm）×6块

※ 所有板材使用前均需用砂纸打磨。

厨房 01 带脚轮的夹缝收纳架

Drawing 组装图

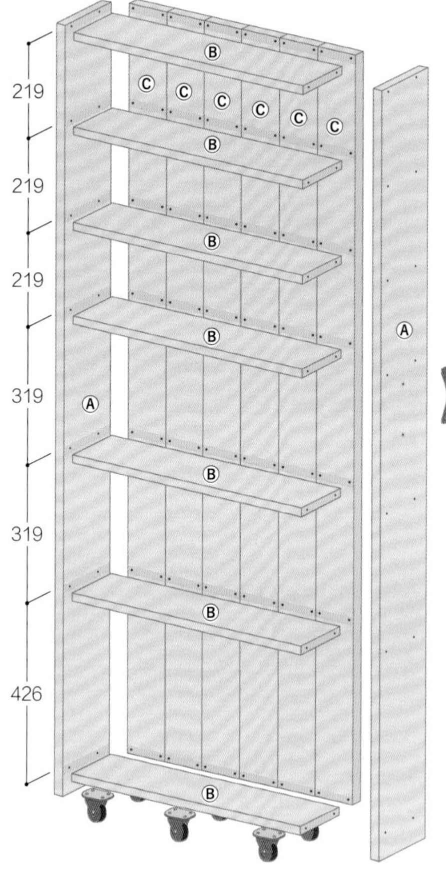

※ 组装前预先打好底孔（→见第Ⅱ页）。

How to make 制作方法

Process

提前准备

① 用板刷在所有板材表面涂上木蜡油。干燥后，用抹布将多余的部分擦掉（→见第177页）。

Process

组装

② 将7块横板Ⓑ分别用2根木螺丝从Ⓐ侧固定在侧板Ⓐ上。

注意最下面一块横板Ⓑ的位置。安装完脚轮后，应使脚轮能从侧板Ⓐ的底部稍微露出一些。

③ 将另一块侧板Ⓐ放到对面，从Ⓐ侧向横板Ⓑ分别打入2根木螺丝进行固定。

4 将步骤③制作好的部分放倒，将6块背板ⓒ临时放在上面，确定好位置。

5 取下1块背板ⓒ，确定好横板的位置，从ⓒ侧向每块横板打入2根木螺丝加以固定。6块背板均重复此操作。

6 将6个脚轮分别安装在最下面一块横板的四角与中央处。

要点

确定背板木螺丝的位置时，无需逐一测量距离。最好找一块与横板厚度相同的边角料，通过实物尺寸比对(→见第185页)来确定位置。这样做不仅效率更高，而且不容易出现偏差。

7 在侧板上选择一个称手的位置安装拉手。

要点

在两侧的侧板都装上拉手会更方便，不想让人看到架子上装的东西时，只需换一个方向即可。也可根据自己的需要，在任意一侧安装拉手。

厨房小推车

木材与铁质材料组合而成的厨房小推车，颇具咖啡馆风格。不仅可用于收纳食材与调味料，还可变身为操作台或小边桌，十分方便！

制作者

yupinoko

材 料 费：10000日元
（约合人民币500元）

制作时间：4h

难易程度：★★★★★

要点

涂料刷在不同类型的板材上会呈现出不同的颜色。对于杉木板，由于涂料容易渗入，涂上涂料后呈现的颜色会比较深。水性涂料可以用水稀释，而油性涂料则需使用专门的稀释剂稀释，可根据自己的需要进行稀释。

→涂料种类见第 176 页

工具

① 卷尺
② 木工夹
③ 电钻（或冲击钻）
④ 底孔钻头 3mm
⑤ 麻花钻头 6mm・8mm
麻花钻头或沉孔钻头・10mm
⑥ 批头 #2
⑦ 橡胶锤
⑧ 砂纸架（砂纸）
⑨ 海绵刷（或板刷）
⑩ 黄板纸
（防护用→见第 185 页）
⑪ 塑料手套

- 铅笔
- 手锯
- 平切锯
- 木工胶
- 抹布

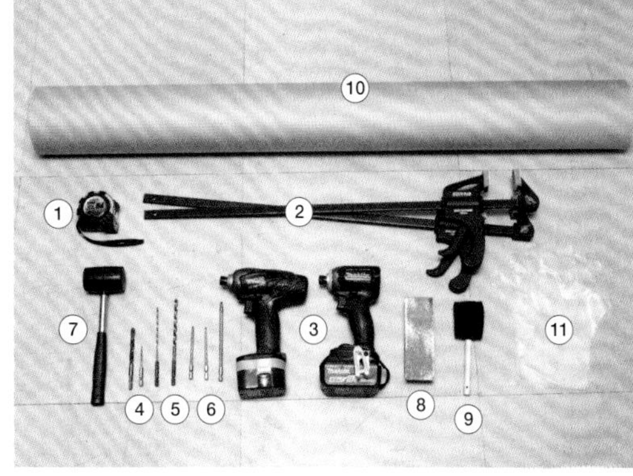

材料

成品尺寸
*W*600mm×*H*850mm×*D*360mm

Ⓐ 顶板：杉木板（24mm×105mm×600mm）…2 块
Ⓑ 顶板：杉木板（24mm×150mm×600mm）…1 块
Ⓒ 底板・望板：杉木板（33mm×33mm×494mm）…4 根
Ⓓ 底板：杉木板（24mm×90mm×494mm）…3 块
Ⓔ 侧板：杉木板（33mm×33mm×746mm）…4 根
Ⓕ 望板・加固板：杉木板（33mm×33mm×270mm）…4 根
Ⓖ 层板托：杉木板（27mm×42mm×270mm）…4 根
Ⓗ 底板（抽屉）：针叶树胶合板（12mm×312mm×448mm）…2 块
Ⓘ 前板・背板（抽屉）：杉木板（12mm×60mm×472mm）…4 块
Ⓙ 侧板（抽屉）：杉木板（12mm×60mm×312mm）…4 块

- 抽屉滑轨（300mm）…2 套
- 圆钢（ϕ6mm×740mm）…4 根
- 脚轮（ϕ75mm）…4 个
- 长条拉手（180mm）…1 个
- 木螺丝（41mm）…56 根
- 木螺丝（12mm）…16 根
- 木螺丝（16mm）…16 根
- 木螺丝（25mm）…28 根
- 圆木榫…（8mm）…56 个
- 木蜡油

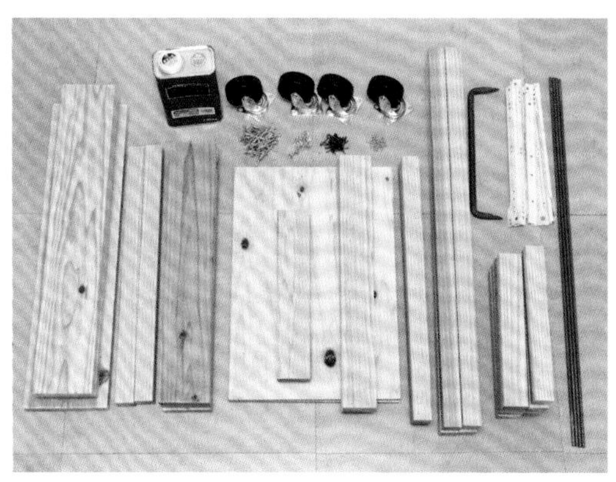

Cut List 木料图

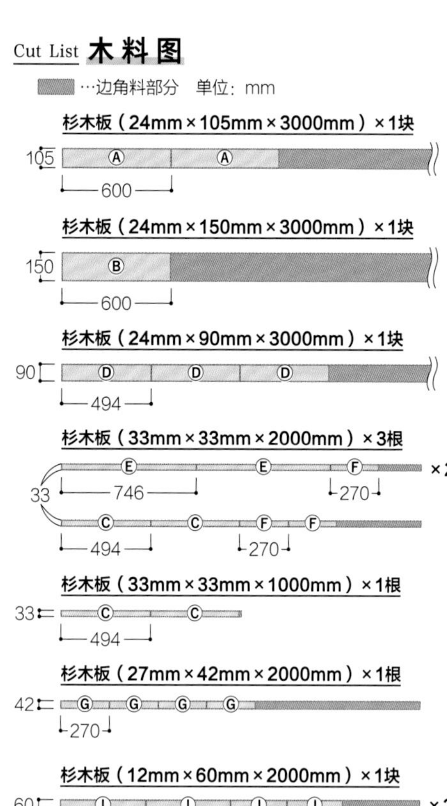

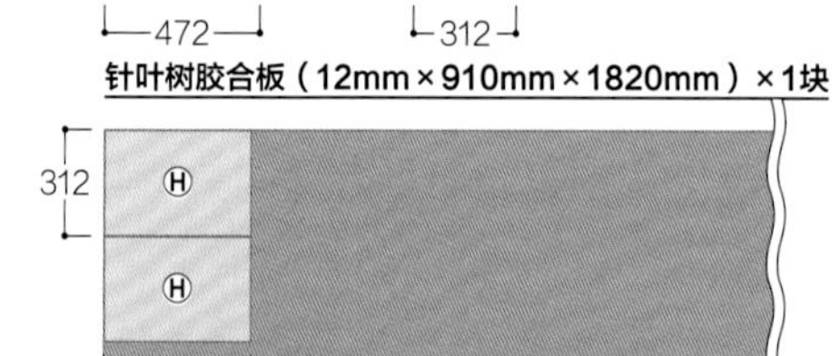

Drawing 组装图

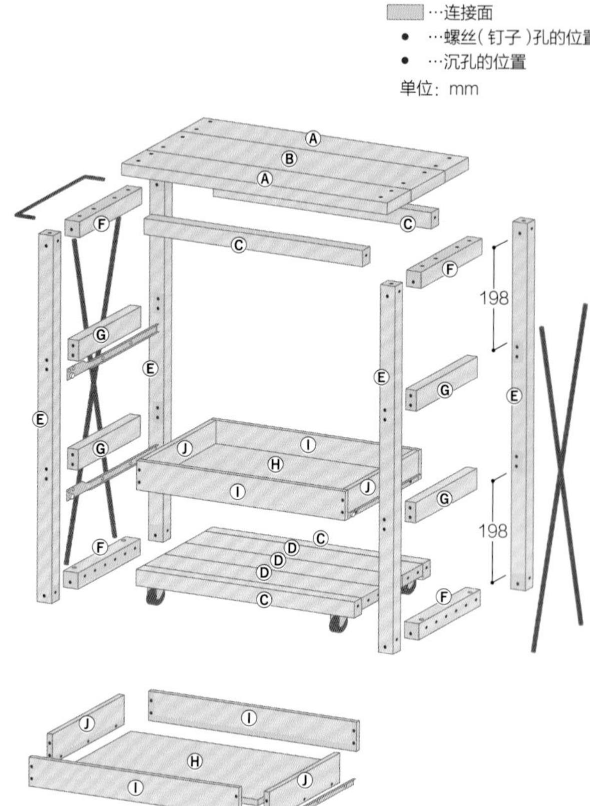

※ 所有板材使用前均需用砂纸打磨。

※ 组装前预先打好底孔、沉孔(→见第Ⅱ页)。

How to make 制作方法

Process

制作外框

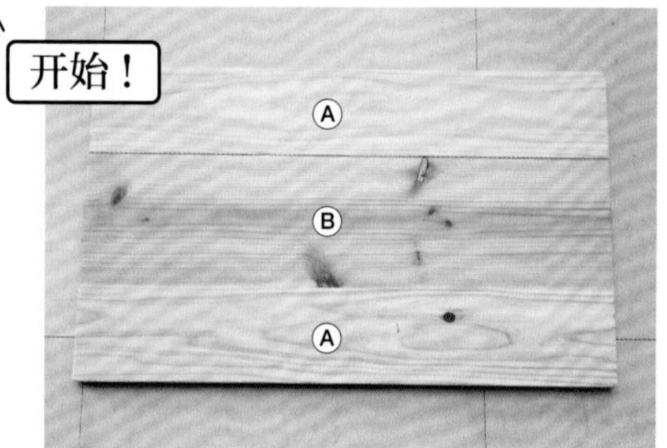

① 制作顶板。将1块Ⓒ板放在2块Ⓐ板之间，用木工胶粘牢后，用木工夹固定。

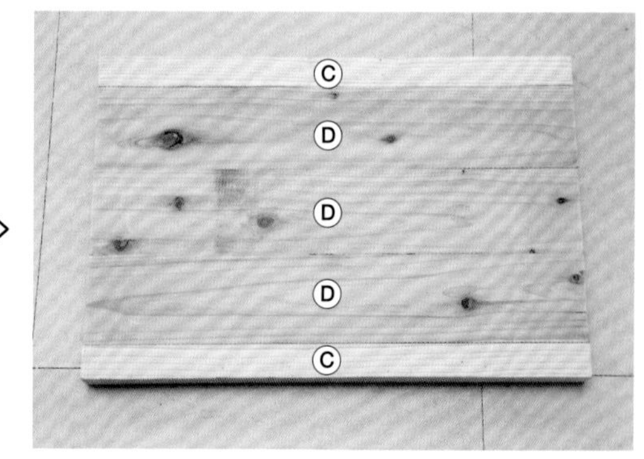

② 制作底板。将3块Ⓓ板放在2根Ⓒ板之间，用木工胶粘牢后，用木工夹固定。

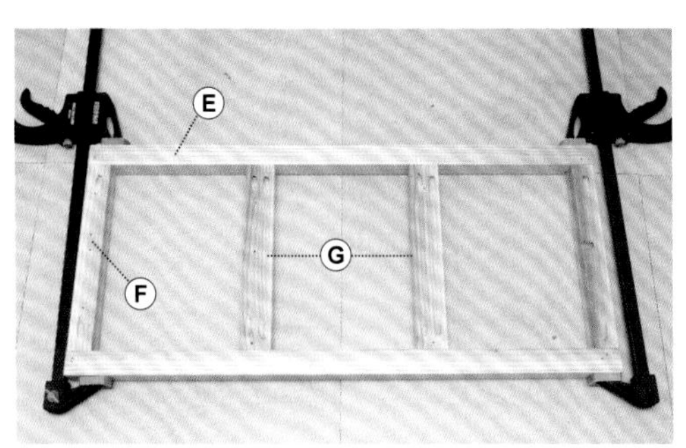

③ 用2根Ⓔ板和2根Ⓕ板做一个外框，中间摆2根Ⓖ板。从Ⓔ侧向Ⓖ板分别打入2根41mm木螺丝，向Ⓕ板分别打入1根41mm木螺丝。

④ 重复步骤③，再做1组侧板。

⑤ 用步骤④做好的2组侧板夹住步骤②做好的底板，从侧板外侧各打入8根41mm木螺丝，加以固定。

⑥ 在步骤⑤完成的部分的上方放入2根望板Ⓒ，从侧板外侧各打入1根41mm木螺丝，加以固定。

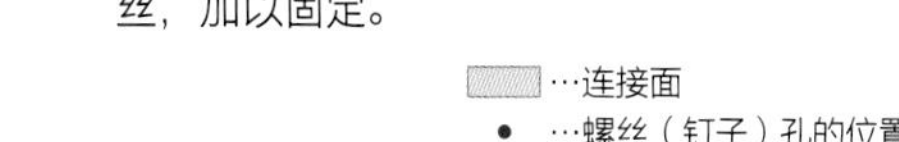

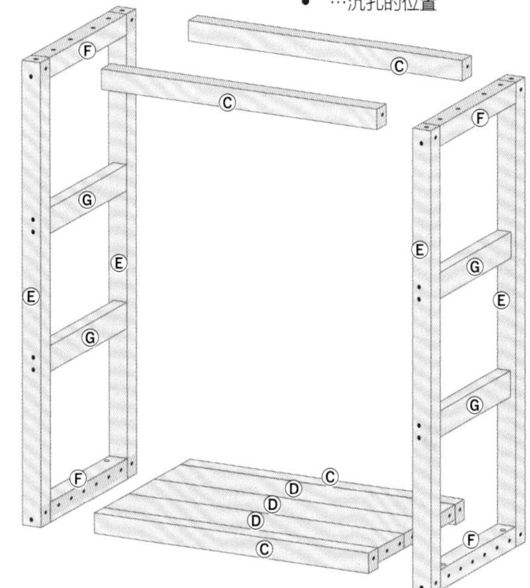

Process

制作抽屉

⑦ 将2块侧板Ⓙ分别垂直摆放在底板Ⓗ的短边两侧，对齐，从Ⓙ侧各打入3根25mm木螺丝，加以固定。

⑧ 将前板Ⓘ和背板Ⓘ分别用4根25mm木螺丝固定在侧板Ⓙ上。重复步骤⑦⑧，再做一个抽屉。

Process

刷涂料

⑨ 在外框与抽屉上涂上木蜡油。干燥后，用抹布将多余的部分擦掉（→见第177页）。

Process

安装配件

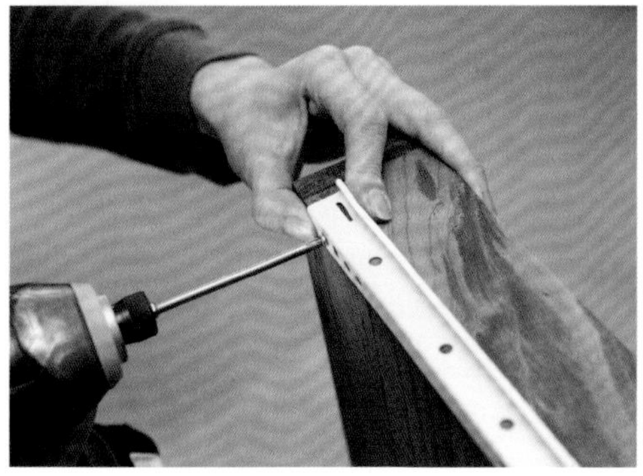

⑩ 分别用2根12mm木螺丝将抽屉滑轨固定在2个抽屉的侧板上。

⇨

⑪ 分别用2根12mm木螺丝将抽屉滑轨固定在4块层板托Ⓖ的内侧。

⑫ 将步骤①制作好的顶板盖在上面，用木工夹固定。从顶板侧用12根41mm木螺丝加以固定。对所有沉孔进行隐藏处理（→见第171页）后，在圆木榫处刷涂料。

⇨

⑬ 用6mm麻花钻头分别在外框侧面的4个角斜着打孔，孔深5mm左右，然后将圆钢交叉插入孔内。

⑭ 分别用4根16mm木螺丝将脚轮安装在底面四角。

⇨

⑮ 用10mm麻花钻头在侧面的一侧的上方打2个10mm深的孔。将长条拉手插进孔内，用橡胶锤敲打结实。最后将抽屉放入，完工。

• 专栏 •

如何在不使用圆木榫的情况下令外观更加优美

在内侧或底部斜着打底孔，然后将木螺丝打入孔内。组装完成后，这些位置都不会露在外面。

※需使用70根木螺丝（41mm）。

底孔的位置

➲ …底孔的位置与钻孔方向

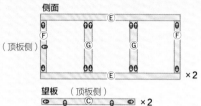

顶板　Ⓐ Ⓑ Ⓐ

底板　Ⓒ Ⓓ Ⓓ Ⓓ Ⓒ

侧面　Ⓔ Ⓕ Ⓖ Ⓖ Ⓕ Ⓔ（顶板侧）×2

望板（顶板侧）Ⓒ ×2

Process 如何打底孔

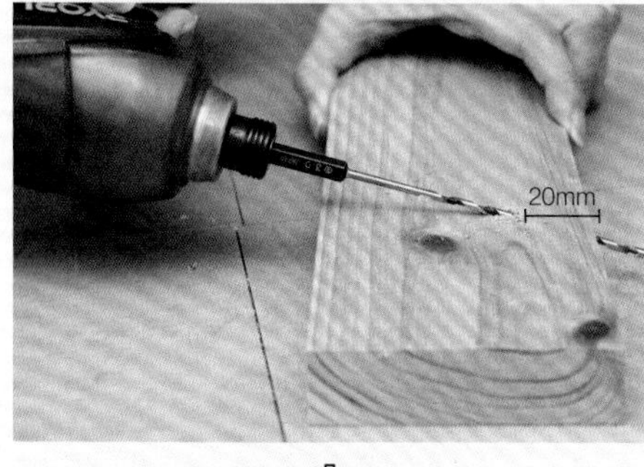

① 用3mm底孔钻头垂直打一个深5mm的孔，然后拔出钻头，在同一个孔内钻头倾斜15°，打一个通孔。

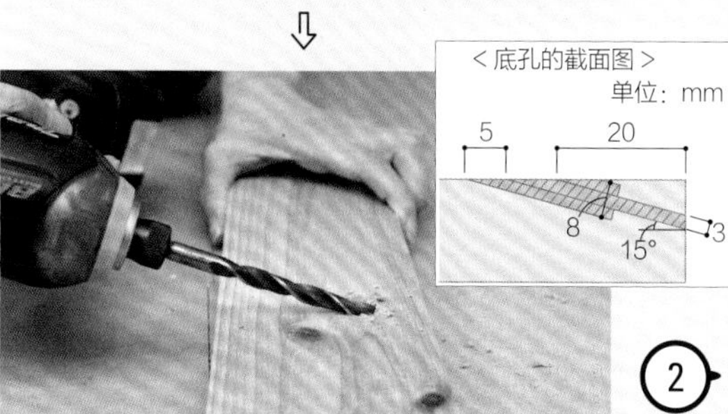

• 要点 •

斜着开深孔，可以令木螺丝的螺头部分隐藏在里面，即使不用圆木榫，看上去也会很美观。

② 在步骤①打好的孔的外侧约5mm处，用8mm麻花钻头打一个相同角度的、能够隐藏住木螺丝螺头的孔。

Process 组装方法

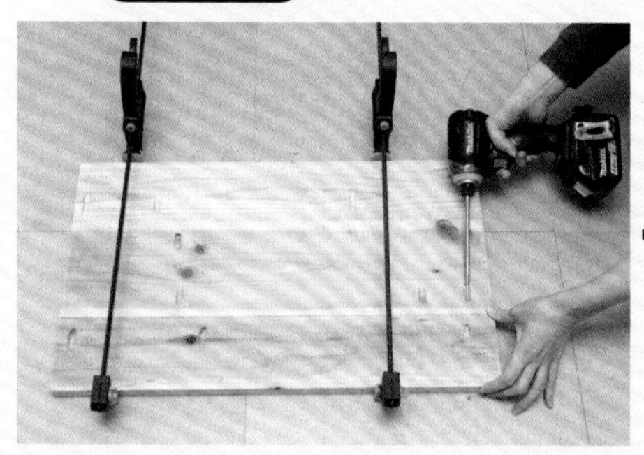

与使用圆木榫时的工序相同。组装时注意让顶板、底板的底孔一直位于下方，然后将41mm木螺丝沿着底孔方向打入孔内。

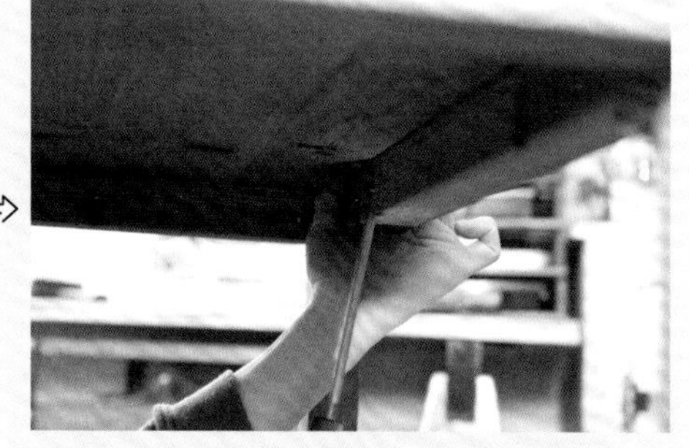

组装时注意让ⒺⒻⒼ与望板Ⓒ的底孔均位于内侧，然后将41mm木螺丝沿着底孔方向打入孔内。

客厅 03

杂志展示架

展示书籍、杂志的同时，兼具收纳功能。使用黑色圆木棒装饰，更增添了飒爽之风。

制作者

yupinoko

材 料 费：1400日元（约合人民币70元）

制作时间：2h

难易程度：★★☆☆☆

工具

- 木工角尺
- 铅笔
- 手锯
- 电钻
- 底孔钻头 3mm
- 麻花钻头 10mm
- 批头 #2
- 木工锤
- 木工胶
- 砂纸
- 板刷
- 抹布

材料

成品尺寸 W825mm×H1025mm×D89mm

- Ⓐ 侧板：欧洲云杉（19mm×89mm×1006mm）…2块
- Ⓑ 横板：欧洲云杉（19mm×89mm×787mm）…3块
- Ⓒ 顶板：欧洲云杉（19mm×89mm×825mm）…1块
- Ⓓ 背板：柳安木胶合板（4mm×825mm×1025mm）…1块
- Ⓔ 圆木棒：（φ10mm×797mm）…2根
- 木螺丝（35mm）…16根
- 钉子（16mm）…20根
- 木蜡油
- 水性涂料（黑色）

Cut List 木料图

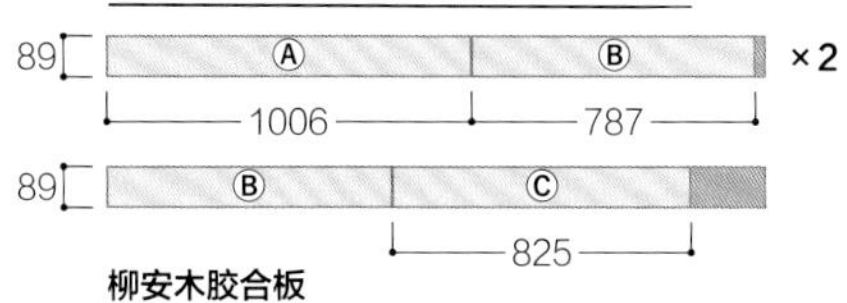

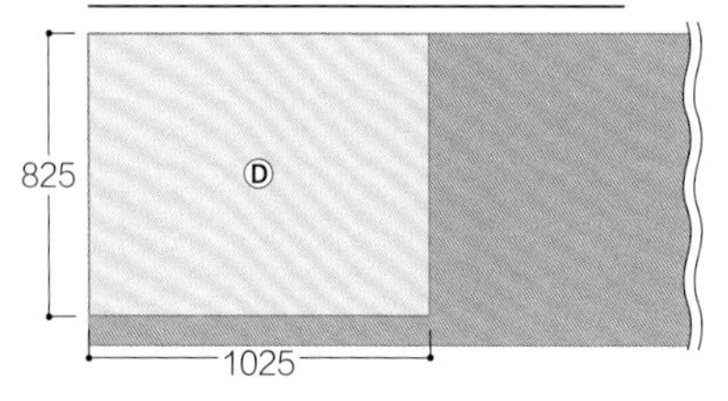

※ 所有板材使用前均需用砂纸打磨。

How to make 制作方法

Process
刷涂料

1. 在侧板Ⓐ、横板Ⓑ、顶板Ⓒ上刷木蜡油，背板Ⓓ和圆木棒上刷水性涂料。

Process
提前准备

2. 用10mm麻花钻头在侧板上安装圆木棒处，从内侧打5mm深的孔，左右共打4个。

Process
组装架体

3. 从Ⓐ侧分别向每块横板Ⓑ打入2根木螺丝，将3块横板Ⓑ固定在侧板Ⓐ上。
4. 将2根圆木棒Ⓔ插进步骤②打的孔内。
5. 另一块侧板Ⓐ放到横板Ⓑ的另一侧，套好圆木棒，从Ⓐ侧分别用2根木螺丝加以固定。
6. 将顶板Ⓒ从Ⓒ侧分别用2根木螺丝固定在左右两侧的侧板Ⓐ上。
7. 放倒架子，将背板Ⓓ放在上面，从Ⓓ侧用20根钉子加以固定。

Drawing 组装图

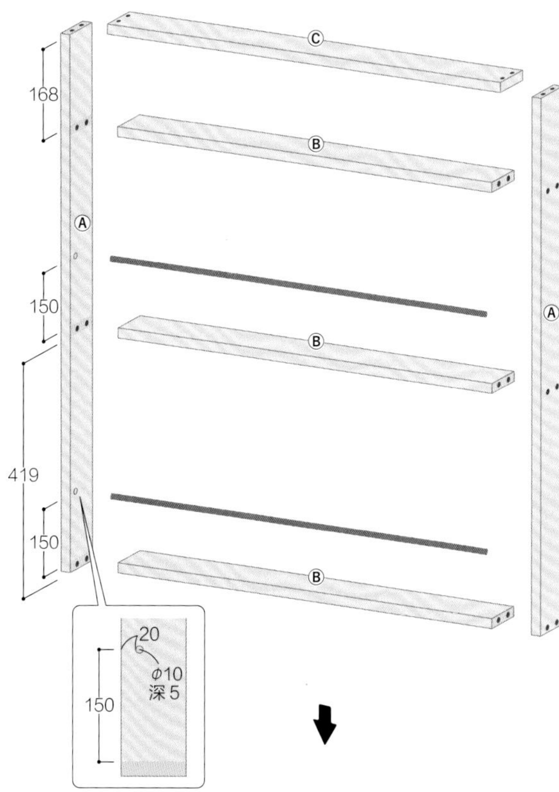

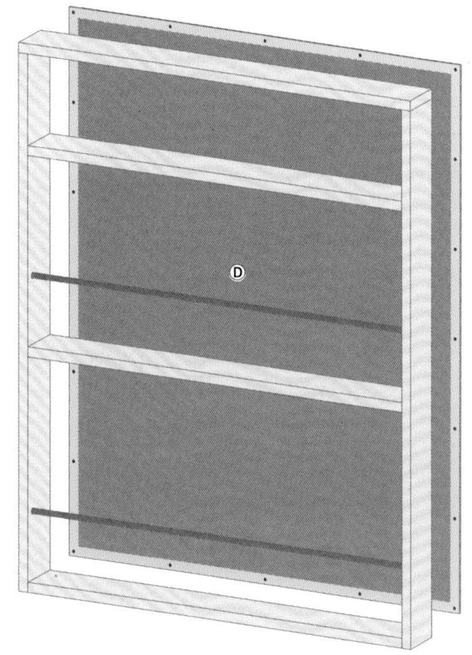

※ 组装前预先打好底孔（→见第Ⅱ页）。

客厅
03
杂志展示架

客厅 04

板凳

既可坐在上面休息，也可用于放置杂物或绿植，十分方便。杉木板的质感搭配简约的设计，适用于各种装修风格。

制作者

yupinoko

材 料 费：2000日元（约合人民币100元）

制作时间：2h

难易程度：★★☆☆☆

工具

- 卷尺
- 铅笔
- 手锯
- 锯条导向器（→见第185页）
- 平切锯
- 电钻
- 底孔钻头 3mm
- 沉孔钻头（或麻花钻头）8mm
- 木工胶
- 砂纸

材料

成品尺寸
*W*450mm×*H*495mm×*D*240mm

Ⓐ板凳腿：杉木板（42mm×42mm×460mm）…4根
Ⓑ横档：杉木板（42mm×42mm×145mm）…2根
Ⓒ横档：杉木板（42mm×42mm×320mm）2根
Ⓓ顶板：杉木板（35mm×240mm×450mm）…1块
- 木螺丝（50mm）…20根
- 圆木榫（8mm）…20个

How to make 制作方法

Process

制作板凳腿

1. 将锯条导向器调整到15°，用手锯斜着将4根板凳腿Ⓐ的两端锯成平行四边形。同样，将2根横档Ⓑ的两端锯成梯形。
2. 分别用4根木螺丝将横档Ⓑ与2根板凳腿固定在一起。用同样的方法再做1组。
3. 分别用4根木螺丝将2根横档Ⓒ与2组板凳腿固定在一起。

Process

安装板凳面、收尾

4. 将顶板Ⓓ翻过来，将步骤③的板凳腿放在上面，用铅笔标注固定点。
5. 用底孔钻头在每根板凳腿上铅笔标好的位置上打2个通孔。用8mm麻花钻头在同一位置从外侧打一个20mm深的沉孔。
6. 将顶板Ⓓ放在步骤③的板凳腿上，每条腿用1根木螺丝固定。
7. 对所有沉孔进行隐藏处理（→见第171页）。

Cut List 木料图

▒…边角料部分　单位：mm

杉木板（42mm×42mm×2000mm）×1根

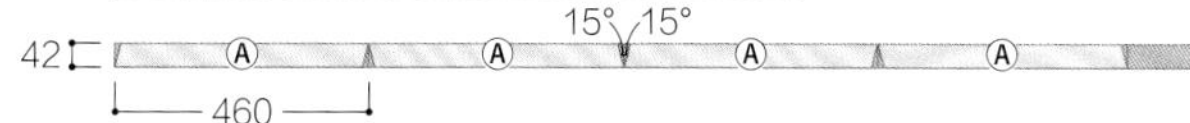

杉木板（42mm×42mm×1000mm）×1根

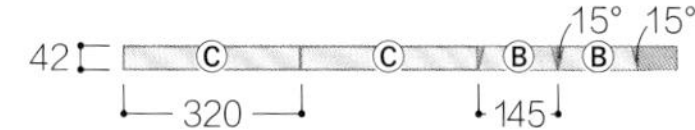

杉木板（35mm×240mm×450mm）×1块

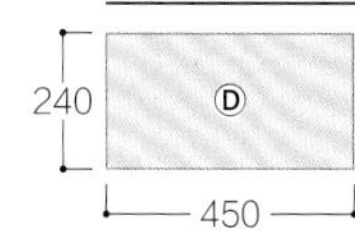

Drawing 组装图

▒…连接面
- …螺丝（钉子）孔的位置
- …沉孔的位置

单位：mm

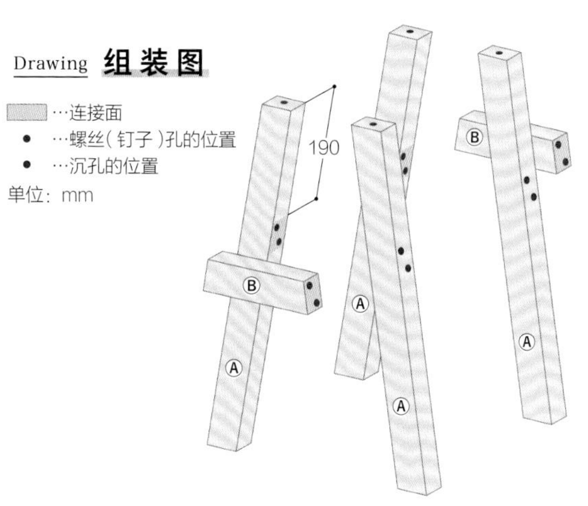

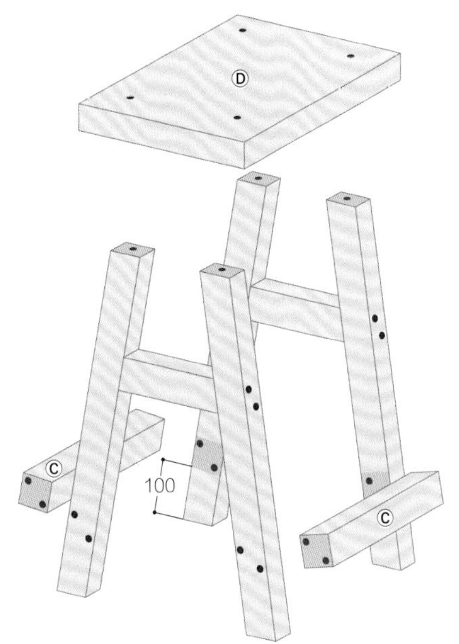

※ 组装前预先打好底孔、沉孔（→见第Ⅱ页）。

客厅 04 — 板凳

客厅 05

玻璃橱柜

古典风格的橱柜，可用于收纳、展示自己喜欢的餐具和杂物，不愧为软装界的明星！

制作者

go slow and smile

材 料 费：13000日元（约合人民币650元）

制作时间：3天

难易程度：★★★★★

要点

整体的复古风格与颜色较深的木蜡油使得木螺丝的螺头部分变得不太显眼。如果仍有些介意，可利用圆木榫进行隐藏处理。

→圆木榫的隐藏处理详见第 171 页

工具

① 木工角尺
② 卷尺
③ 木工夹
④ 手锯（或圆锯）
⑤ 修边机
⑥ 电钻（或冲击钻）
⑦ 锥子
⑧ 凿子
⑨ 锤子
⑩ 砂纸架（砂纸）
⑪ 板刷
⑫ 抹布

- 铅笔
- 木工胶
- 底孔钻头 3mm
- 批头 #2
- 沉孔钻头 8mm
- 木榫定位顶尖（木销孔定位器）

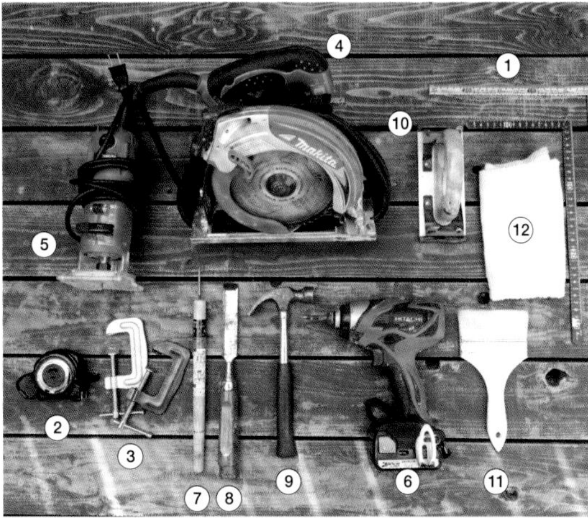

材料

成品尺寸
*W*675mm×*H*1234mm×*D*286mm

Ⓐ 侧板：SPF 板（19mm×286mm×996mm）…2 块
Ⓑ 底板：SPF 板（19mm×286mm×675mm）…1 块
Ⓒ 顶板：SPF 板（19mm×286mm×675mm）…1 块
Ⓓ 装饰条：SPF 板（19mm×38mm×637mm）…2 根
Ⓔ 装饰条：SPF 板（19mm×38mm×210mm）…2 根
Ⓕ 橱柜腿：赤松板（30mm×40mm×200mm）…4 根
Ⓖ 隔板：SPF 板（19mm×112mm×276mm）…2 块
Ⓗ 横板：SPF 板（19mm×276mm×637mm）…1 块
Ⓘ 背板：胶合板（2.4mm×655mm×1014mm）…1 块
Ⓙ 抽屉侧板：SPF 板（19mm×89mm×230mm）… 6 块
Ⓚ 抽屉内板：SPF 板（19mm×89mm×197mm）…3 块
Ⓛ 抽屉底板：SPF 板（19mm×197mm×249mm）…3 块
Ⓜ 抽屉前板：SPF 板（19mm×197mm×110mm）…3 块
Ⓝ 门框：SPF 板（19mm×38mm×860mm）…4 根
Ⓞ 门框：SPF 板（19mm×38mm×240mm）…4 根
Ⓟ 搁板：SPF 板（19mm×250mm×634mm）…2 块

- 亚克力板（1.5mm×250mm×794mm）…2 块
- 木螺丝（55mm）… 62 根
- 圆木榫（8mm）…28 个
- 拉手（柜门 / 日本百元店"Seria"）…2 个
- 拉手（抽屉 / 日本百元店"Seria"）…3 个
- 合页（铰链）…4 个
- 柜门磁吸…2 个
- 木蜡油

Cut List 木料图

▇…边角料部分　单位：mm

SPF1×12板（19mm×286mm×1820mm）×4块

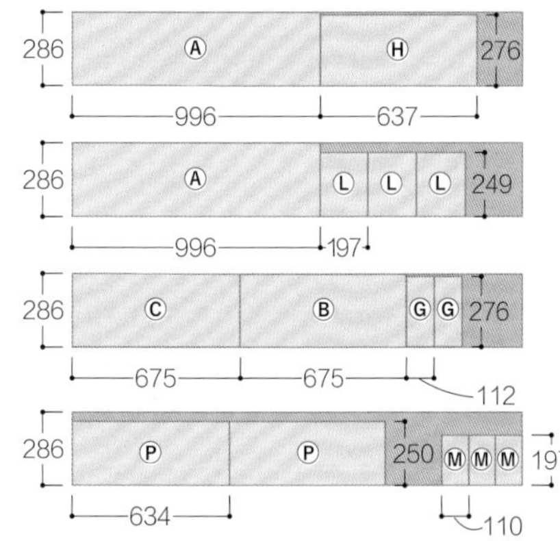

286　Ⓐ　Ⓗ　276
996　637

286　Ⓐ　Ⓛ Ⓛ Ⓛ　249
996　197

286　Ⓒ　Ⓑ　Ⓖ Ⓖ　276
675　675　112

286　Ⓟ　Ⓟ　250　Ⓜ Ⓜ Ⓜ　197
634　110

胶合板（2.4mm×910mm×1820mm）×1块

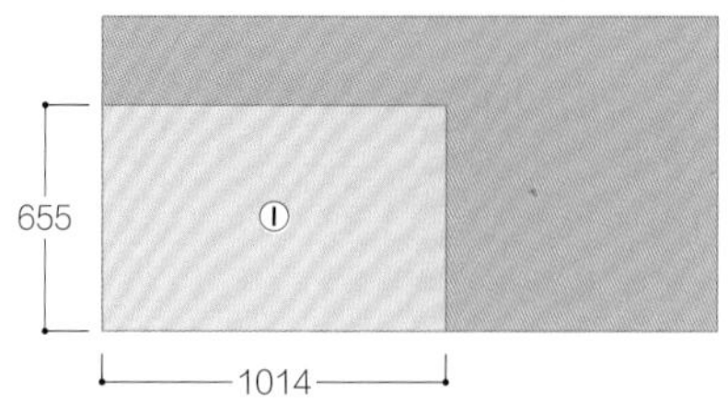

655　Ⓘ
1014

亚克力板（1.5mm厚）

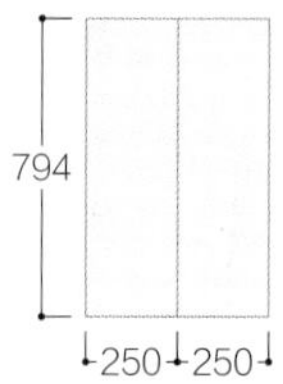

794
250　250

赤松板（30mm×40mm×1820mm）×1根

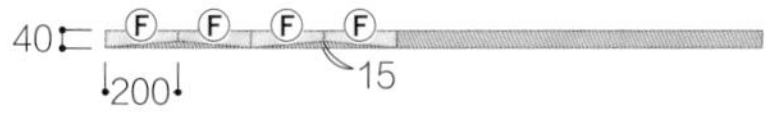

40　Ⓕ Ⓕ Ⓕ Ⓕ
200　15

SPF1×4板（19mm×89mm×1820mm）×2块

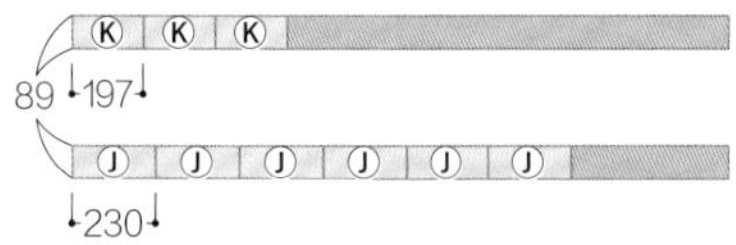

89　Ⓚ Ⓚ Ⓚ
197
Ⓙ Ⓙ Ⓙ Ⓙ Ⓙ Ⓙ
230

SPF1×2板（19mm×38mm×1820mm）×2根

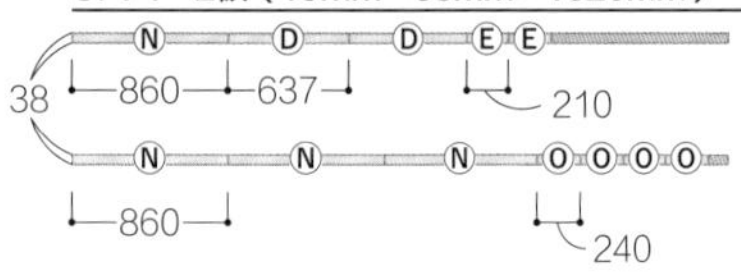

38　Ⓝ　Ⓓ　Ⓓ　Ⓔ Ⓔ
860　637　210
Ⓝ　Ⓝ　Ⓝ　Ⓞ Ⓞ Ⓞ Ⓞ
860　240

※所有板材使用前均需用砂纸打磨。

Drawing 组装图

▇…连接面
●　…螺丝（钉子）孔的位置
●　…沉孔的位置
单位：mm

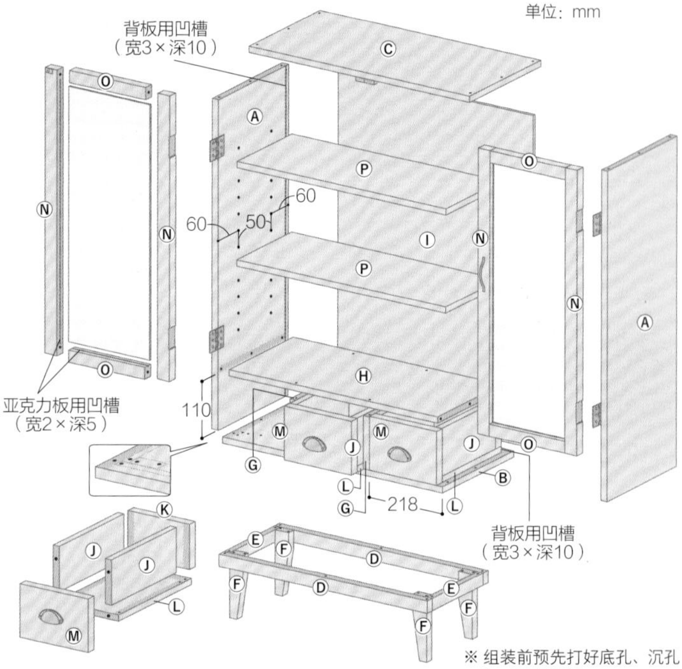

背板用凹槽（宽3×深10）
亚克力板用凹槽（宽2×深5）
60　50　60　110　218
Ⓐ Ⓑ Ⓒ Ⓓ Ⓔ Ⓕ Ⓖ Ⓗ Ⓘ Ⓙ Ⓚ Ⓛ Ⓜ Ⓝ Ⓞ Ⓟ

※ 组装前预先打好底孔、沉孔（→见第Ⅱ页）。

How to make 制作方法

Process **提前准备**

底板、顶板开槽

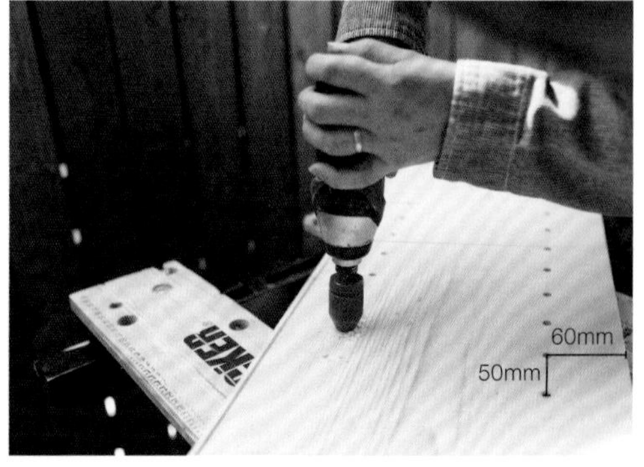

① 用修边机在2块侧板Ⓐ、底板Ⓑ及顶板Ⓒ上各开一道3mm宽、10mm深的凹槽（→见第174页），用于安装背板。

② 在2块侧板Ⓐ上打12个×2列沉孔（→见第171页），用于调节搁板的高度。

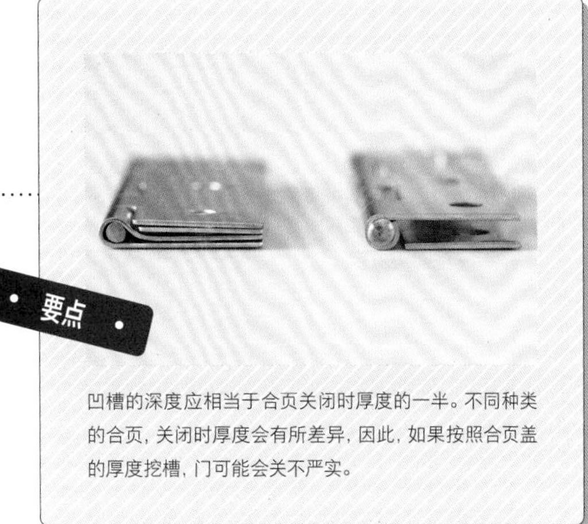

要点

凹槽的深度应相当于合页关闭时厚度的一半。不同种类的合页，关闭时厚度会有所差异，因此，如果按照合页盖的厚度挖槽，门可能会关不严实。

③ 用凿子在2块侧板Ⓐ上凿出一道与合页大小、厚度相符的凹槽，用于安装合页。

Process

组装柜体

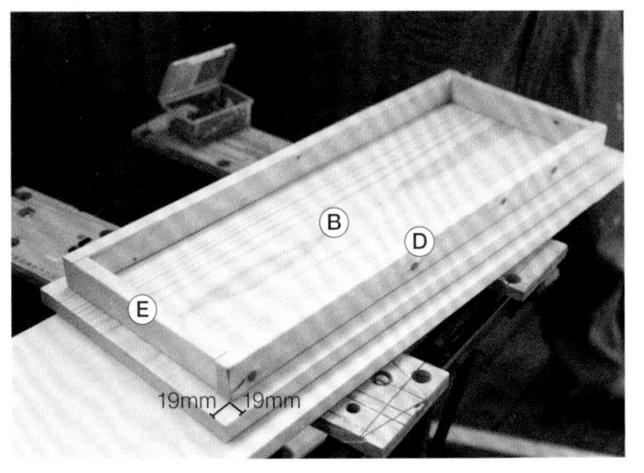

④ 将底板Ⓑ带凹槽的一面朝上，在距离外边缘19mm的位置上做好标记，用于安装装饰条ⒹⒺ。

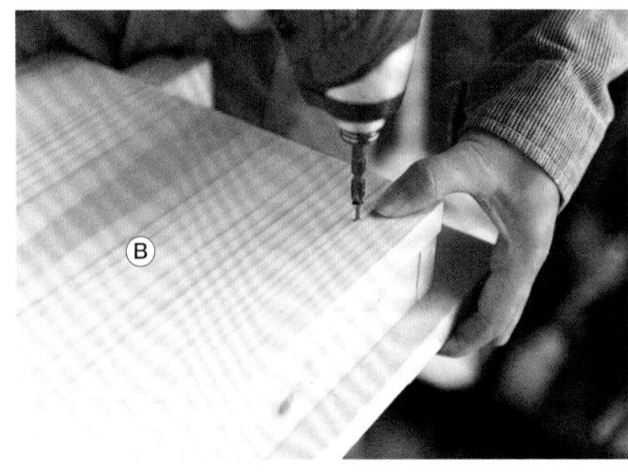

⑤ 将装饰条ⒹⒺ摆成外框的形状，然后将底板Ⓑ放在上面，画好标记的一面朝上，从Ⓑ侧用10根木螺丝加以固定。

⑥ 从Ⓑ侧用2根木螺丝固定1根橱柜腿，其余3根橱柜腿也按照同样的方法处理。

要点

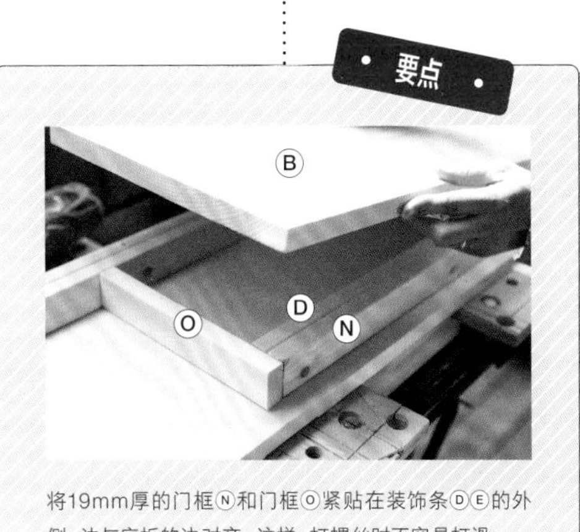

将19mm厚的门框Ⓝ和门框Ⓞ紧贴在装饰条ⒹⒺ的外侧，边与底板的边对齐。这样，打螺丝时不容易打滑。

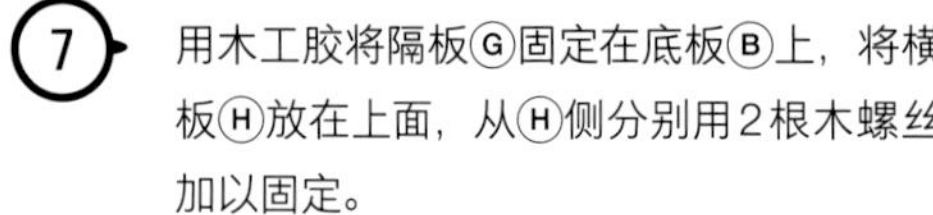

7 用木工胶将隔板Ⓖ固定在底板Ⓑ上，将横板Ⓗ放在上面，从Ⓗ侧分别用2根木螺丝加以固定。

8 将步骤⑦完成的部分翻过来，从底板Ⓑ侧也向每块隔板Ⓖ分别打入2根木螺丝。

9 将侧板Ⓐ插入底板Ⓑ边上的凹槽，向隔板Ⓗ打入3根木螺丝加以固定。然后按照同样的方法安装另一侧的侧板。

10 整体翻过来，从底板Ⓑ侧向侧板Ⓐ打入3根木螺丝。另一侧也按照同样的方法处理。

11 从上方将背板Ⓘ插入侧板Ⓐ的凹槽内，然后嵌入底板Ⓑ的凹槽内。

12 安装顶板Ⓒ，确认背板Ⓘ完全嵌入凹槽，从Ⓒ侧向2块侧板Ⓐ上分别打入3根木螺丝加以固定。

Process

制作抽屉

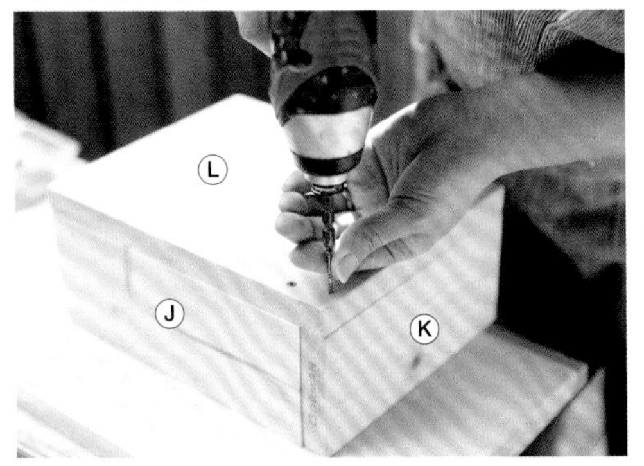

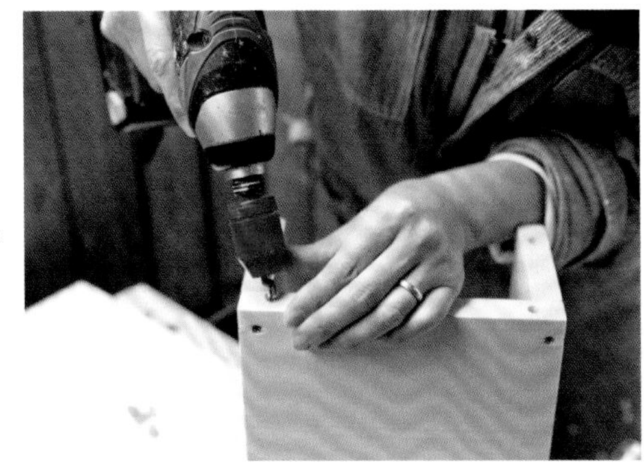

⑬ 将抽屉内板Ⓚ与2块抽屉侧板Ⓙ用木工胶粘成U字形，将抽屉底板Ⓛ放在上面，从Ⓛ侧分别用2根木螺丝加以固定。

⑭ 在步骤⑬的抽屉的前面，上下共打4个沉孔（→见第171页）。

⑮ 在步骤⑭的沉孔内嵌入圆木榫定位顶尖，放上抽屉前板Ⓜ，做好标记。在标记处打4个沉孔。

⑯ 向步骤⑮的沉孔内注入木工胶，然后插入圆木榫，套上抽屉前板。重复步骤⑬～⑯，再做2组抽屉。

Process

刷涂料

⑰ 在柜体、抽屉及剩余的板材上刷木蜡油，干燥后，用抹布将多余的油分擦掉（→见第177页）。

Process

制作柜门、收尾

⑱ 用修边机在门框Ⓝ和门框Ⓞ的中心处各开一道2mm宽、5mm深的凹槽（→见第174页），用于安装亚克力板。

⑲ 在门框Ⓝ的凹槽处上下各打一个沉孔，利用圆木榫定位顶尖，在门框Ⓞ的横切面（→见第169页）上也打2个沉孔（参照步骤⑭⑮）。

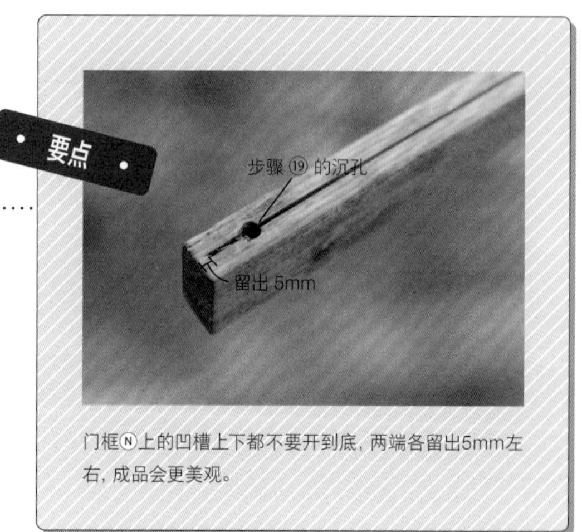

门框Ⓝ上的凹槽上下都不要开到底，两端各留出5mm左右，成品会更美观。

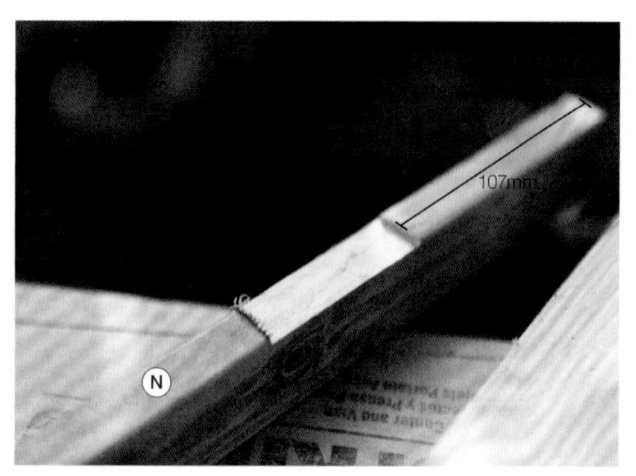

⑳ 用凿子在2根门框Ⓝ不带凹槽的一侧以及侧板Ⓐ的上下两侧分别凿出安装合页的部分（→见第39页）。

㉑ 用圆木榫将2根门框Ⓞ分别固定在步骤⑳的门框Ⓝ的两端（参照步骤⑯）。

㉒ 插入亚克力板。

㉓ 将剩下的1根门框Ⓝ用圆木榫固定在步骤㉒完成的部分上。按照同样的方法再做一扇柜门。

㉔ 在门上安装拉手，然后用合页将柜门固定在柜子上。在抽屉上安装拉手。

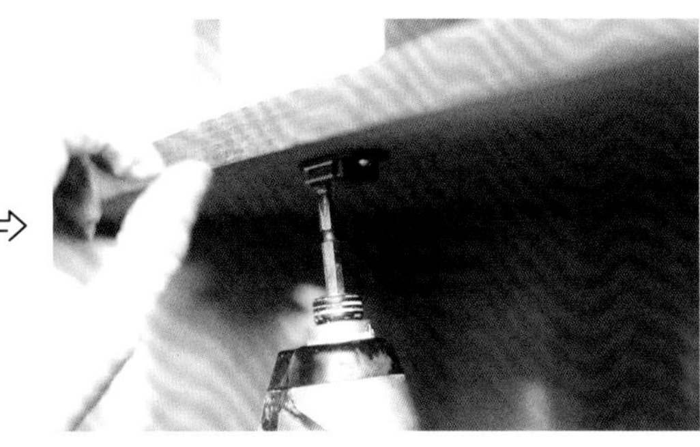

㉕ 在柜子上方中央位置安装柜门磁吸。将装在柜门上的吸座凸起面朝外吸在磁吸上。

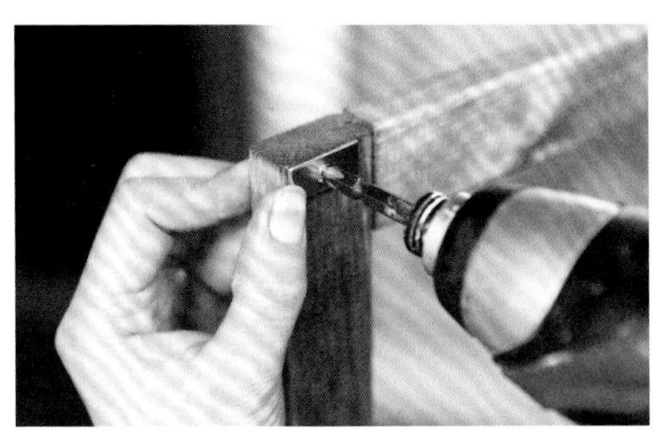

㉖ 保持步骤㉕的状态合上柜门，吸座凸起的部分会在柜门上留下痕迹，用配套的螺丝将吸座安装在这一位置。

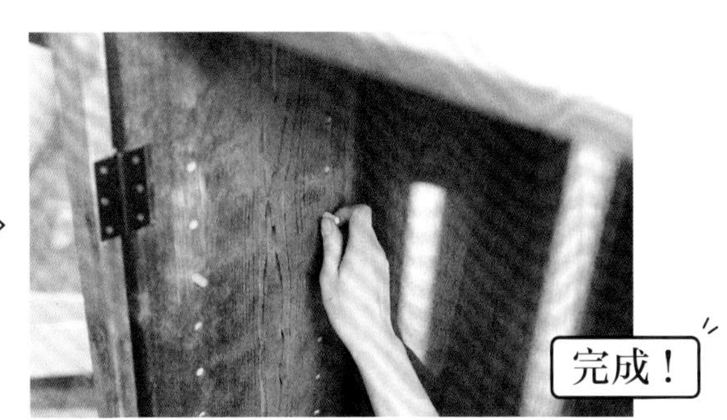

㉗ 插入圆木榫用以支撑搁板，安装搁板。

How to make 安装合页前应如何开槽

1 按照合页的大小与厚度，用铅笔在板材上做好标记。

2 将凿子扁平的一面朝外，垂直立在标志线内侧2mm左右的位置上，用锤子敲打出凿线。

3 在边上凿出一道凿线后，将凿子扁平的一面朝上，斜对着凿线，用锤子敲打，凿掉木材。

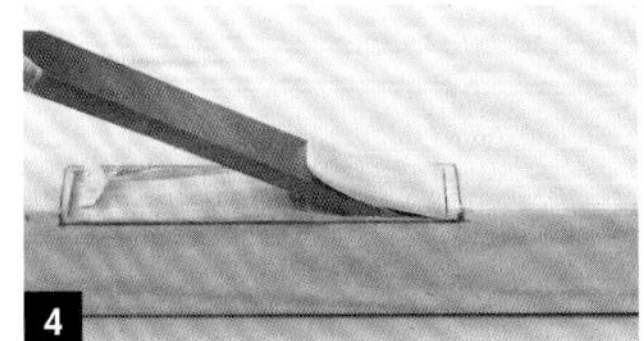

4 凿掉几毫米后，反过来，用同样的方法在另一面也凿掉几毫米。

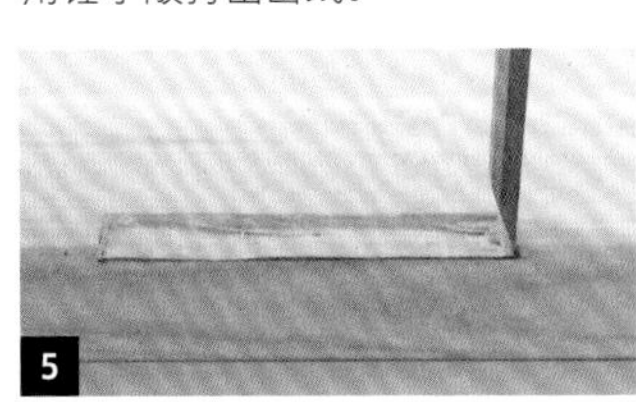

5 凿到理想的深度后，将凿子垂直对准标记线，做最后的调整。

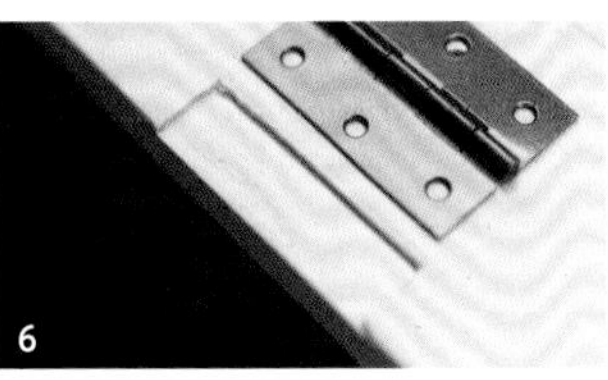

6 三条标记线边缘都凿干净后，完工。

梯形置物架

展示型收纳的明星产品。随便放置一些自己喜爱的物品，就能成为时尚室内装饰物。搁板的高度错落有致，方便整理，收纳能力超群。

制作者

sora-rarara

材 料 费：4000日元
（约合人民币200元）
制作时间：2h
难易程度：★☆☆☆☆

工具

- 木工角尺
- 卷尺
- 铅笔
- 手锯
- 平切锯
- 电钻
- 底孔钻头 3mm
- 批头 #2
- 沉孔钻头 8mm
- 木工胶
- 砂纸机（砂纸）
- 板刷
- 抹布

材料

成品尺寸
*W*1300mm×*H*1510mm×*D*420mm

Ⓐ 置物架腿：杉木板（19mm×45mm×1570mm）…4 根
Ⓑ 层板托：杉木板（19mm×45mm×330mm）…2 根
Ⓒ 层板托：SPF 板（19mm×19mm×330mm）… 6 根
Ⓓ 搁板：SPF 板（19mm×140mm×1300mm）…2 块
Ⓔ 搁板：SPF 板（19mm×140mm×1020mm）…2 块
Ⓕ 搁板：SPF 板（19mm×140mm×810mm）…2 块
Ⓖ 搁板：SPF 板（19mm×140mm×525mm）…2 块
Ⓗ 木挡条：SPF 板（19mm×19mm×100mm）…16 根

- 木螺丝（50mm）…52 根
- 圆木榫（8mm）…20 个
- 合页…2 个
- 水性涂料（ALESCO 家装涂料 - 奶油色、日本百元店“大创”水性清漆 - 胡桃木色）

Cut List 木料图

▒…边角料部分　单位：mm

杉木板（19mm×45mm×1820mm）×4根

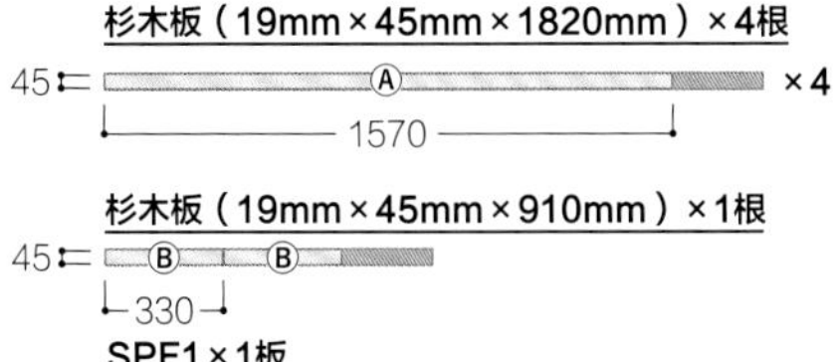

SPF1×1板
（19mm×19mm×1820mm）×3根

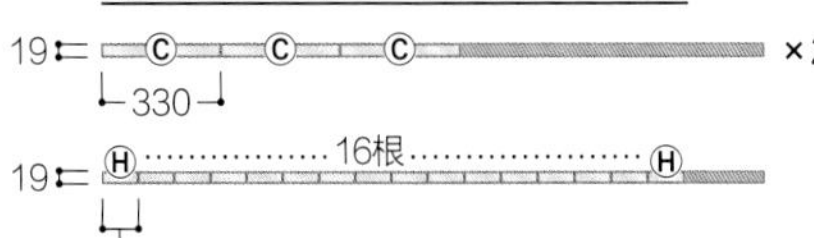

SPF1×6板
（19mm×140mm×1820mm）×5块

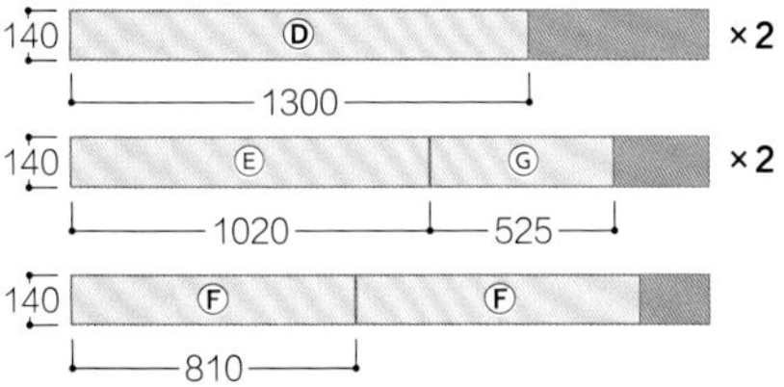

※所有板材使用前均需用砂纸打磨。

Drawing 组装图

▒…连接面
●…螺丝（钉子）孔的位置
●…沉孔的位置
单位：mm

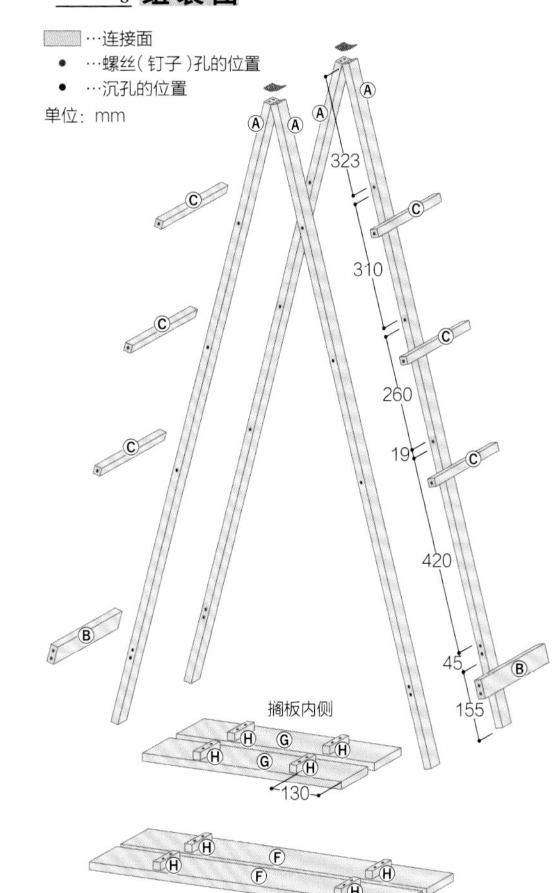

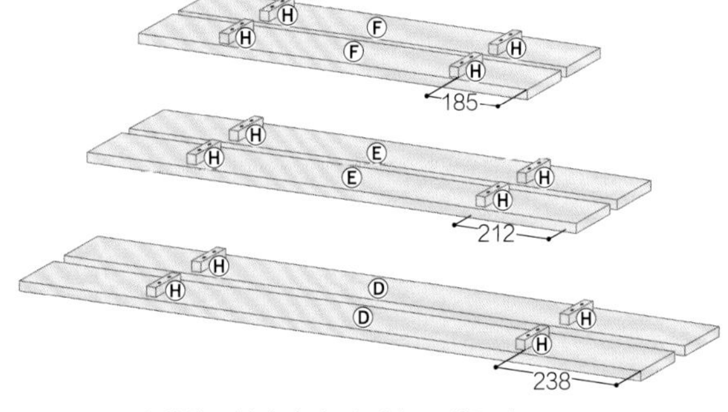

※组装前预先打好底孔、沉孔（→见第Ⅱ页）。

How to make 制作方法

Process
制作置物架腿

1. 用2根木螺丝将1块层板托Ⓑ固定在置物架腿Ⓐ上，再将3块层板托Ⓒ分别用1根木螺丝固定在置物架腿Ⓐ上。
2. 按照同样的方法将另一根置物架腿Ⓐ安装在另一侧。重复步骤①②，再做1组。
3. 对所有沉孔进行隐藏处理（→见第171页）。

Process
刷涂料

4. 在步骤③完成的部分上刷白色涂料，在搁板Ⓓ～Ⓖ上刷棕色涂料。

Process
组装

5. 用合页将2组置物架腿的上方连在一起。
6. 分别用2根木螺丝将木挡条固定在搁板Ⓓ～Ⓖ的内侧。
7. 把置物架腿分开立好，安装搁板。

开放式置物架

这款置物架形状小巧，可放在客厅、厨房，甚至浴室的任意位置。只需插入搁板即可使用，简单方便。

制作者

sora-rarara

材 料 费：3000日元（约合人民币150元）

制作时间：2h

难易程度：★☆☆☆☆

STOCK

工具

- 木工角尺
- 卷尺
- 铅笔
- 手锯
- 平切锯
- 电钻
- 底孔钻头 3mm
- 批头 #2
- 沉孔钻头 8mm
- 木工胶
- 砂纸机(砂纸)
- 板刷
- 抹布

材料

成品尺寸
*W*1200mm×*H*700mm×*D*343mm

Ⓐ置物架腿: SPF 板(38mm×38mm×700mm) …4 根
Ⓑ层板托: SPF 板(38mm×38mm×270mm) … 6 根
Ⓒ搁板: SPF 板(19mm×89mm×1200mm) …3 块
Ⓓ搁板: SPF 板(19mm×89mm×900mm) …3 块

- 木螺丝(50mm) …24 根
- 圆木榫…24 个
- 水性涂料(ALESCO 家装涂料 - 奶油色、日本百元店"大创" 水性清漆 - 胡桃木色)

Cut List 木料图

▒ …边角料部分　单位: mm

SPF2×2板(38mm×38mm×1820mm) ×3根

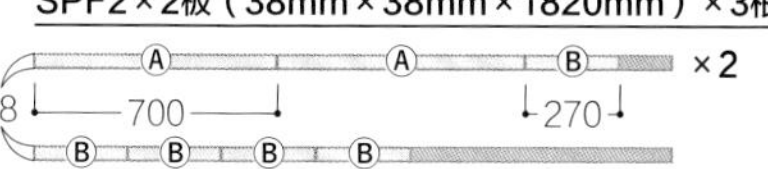

SPF1×4板(19mm×89mm×1820mm) ×5块

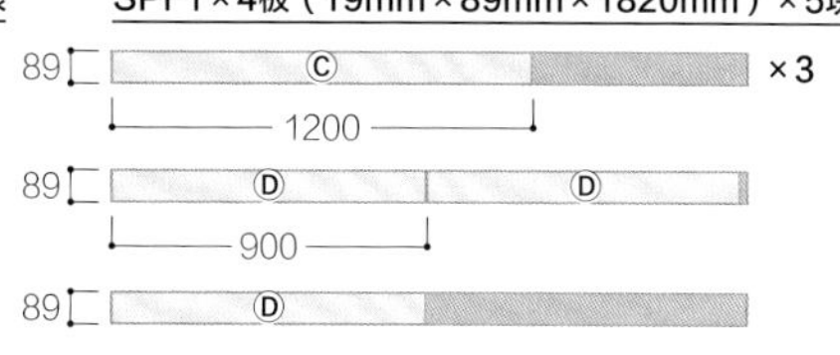

※ 所有板材使用前均需用砂纸打磨。

How to make 制作方法

Process
制作置物架腿

1. 将 3 根层板托Ⓑ分别用 2 根木螺丝固定在置物架腿Ⓐ上。
2. 按照同样的方法将另一根置物架腿Ⓐ安装在另一侧。重复步骤①②，再做 1 组。
3. 对所有沉孔进行隐藏处理(→见第 171 页)。

Process
制作搁板

4. 用木工胶将 3 块搁板Ⓒ与 3 块搁板Ⓓ分别粘在一起。

Process
收尾

5. 在步骤③完成的部分上刷白色涂料，在步骤④完成的部分上刷棕色涂料。
6. 将 2 块搁板插入 2 组置物架腿中。

Drawing 组装图

▒ …连接面
• …螺丝(钉子)孔的位置
• …沉孔的位置
单位: mm

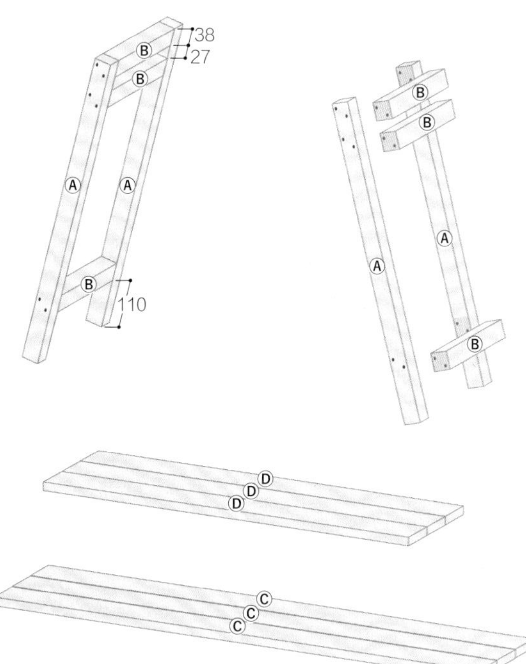

※组装前预先打好底孔、沉孔(→见第Ⅱ页)。

客厅 08

365 GOOD DAYS

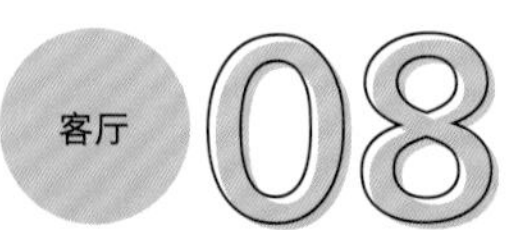

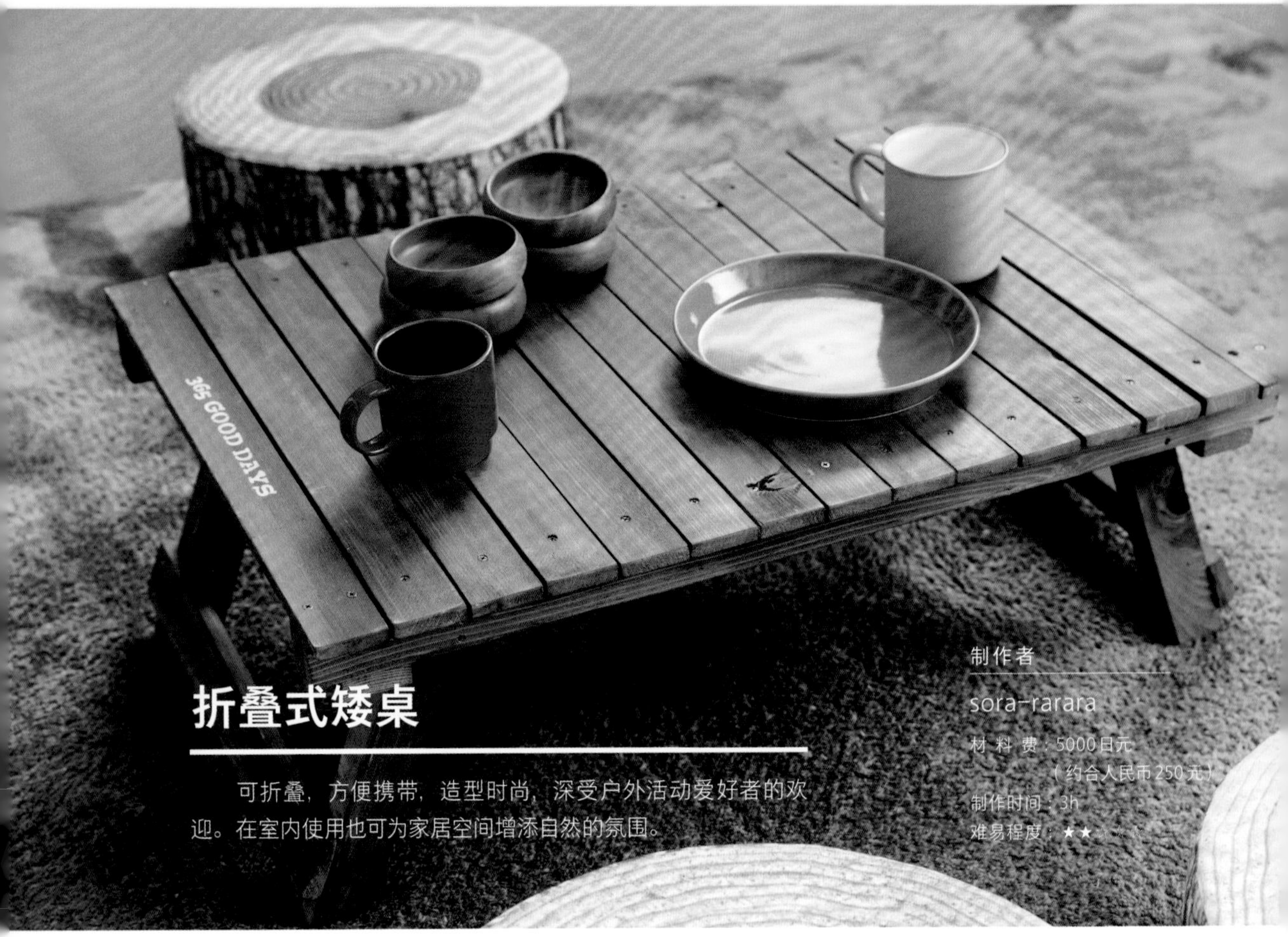

折叠式矮桌

可折叠，方便携带，造型时尚，深受户外活动爱好者的欢迎。在室内使用也可为家居空间增添自然的氛围。

制作者

sora-rarara

材 料 费：5000日元

（约合人民币250元）

制作时间：3h

难易程度：★★

工具

- 木工角尺
- 卷尺
- 铅笔
- 手锯
- 电钻
- 底孔钻头 3mm
- 麻花钻头 5mm
- 批头 #2
- 沉孔钻头 10mm
- 木工胶
- 砂纸机（砂纸）
- 板刷
- 抹布

材料

成品尺寸

*W*710mm×*H*270mm×*D*500mm

Ⓐ 木挡条：杉木板（30mm×40mm×710mm）…2 根

Ⓑ 顶板：杉木板（10mm×45mm×500mm）…15 块

Ⓒ 加固板：杉木板（10mm×45mm×440mm）…2 块

Ⓓ 桌腿：杉木板（30mm×40mm×270mm）…4 根

Ⓔ 加固板：杉木板（10mm×45mm×377mm）…2 块

- 木螺丝（25mm）…50 根
- 螺栓、螺母（30mm）…4 根
- 水性涂料（日本百元店“大创”水性清漆 - 胡桃木色）

Cut List 木料图

▇…边角料部分 单位：mm

杉木板（30mm×40mm×1820mm）×2根

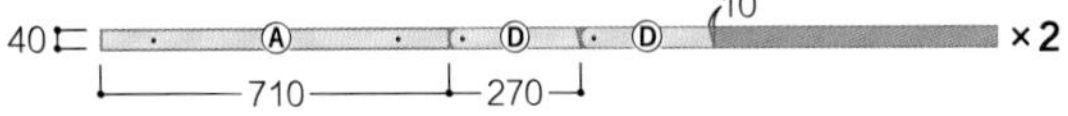

40
Ⓐ
Ⓓ
Ⓓ
10
×2
710
270

杉木板（10mm×45mm×1820mm）×6块

45
Ⓑ
Ⓑ
Ⓑ
×5
500
45
Ⓒ
Ⓒ
440

杉木板（10mm×45mm×910mm）×1块

45
Ⓔ
Ⓔ
377

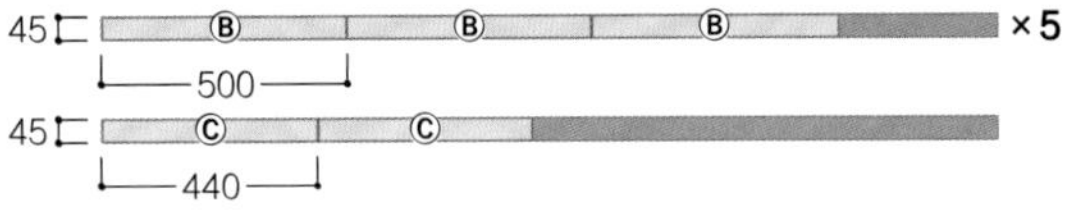

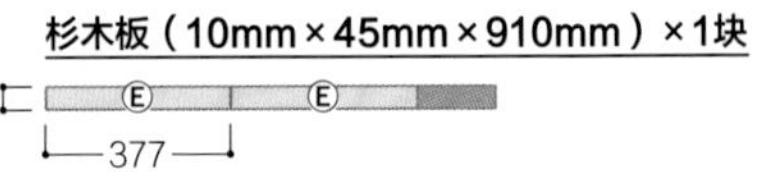

※ 所有板材使用前均需用砂纸打磨。

How to make 制作方法

Process
组装桌面

1. 在2根木挡条Ⓐ上分别打2个螺栓孔。用5mm麻花钻头打一个通孔，再用10mm沉孔钻头钻到10mm深。
2. 将顶板Ⓑ整齐地摆在木挡条Ⓐ上，间隔2mm左右。摆放时，最好将一张2mm厚的纸放在板与板之间，帮助确认间隔距离。
3. 从顶板Ⓑ一侧打入木螺丝。两端的顶板分别用4根木螺丝，中间的每块用2根木螺丝加以固定。
4. 将步骤③完成的部分翻转过来，将加固板Ⓒ放在木挡条Ⓐ上，分别用4根木螺丝固定在Ⓐ的左右两侧。

Process
组装桌腿

5. 从10mm高的位置将4根桌腿Ⓓ的一端锯成一个斜面。
6. 用麻花钻头在步骤⑤处理后的4根桌腿的另一端打一个通孔。
7. 用手锯将打孔一侧的桌腿的棱角切削成一定斜面(倒角)，然后用砂纸机打磨圆滑。
8. 在2根桌腿Ⓓ之间架1根加固板Ⓔ，从Ⓔ侧用4根木螺丝加以固定。按照同样的方法再做1组桌腿。

Process
刷涂料、收尾

9. 在步骤④完成的桌面和步骤⑧完成的桌腿上刷水性涂料。
10. 用螺栓和螺母将2组桌腿固定在桌面上。

Drawing 组装图

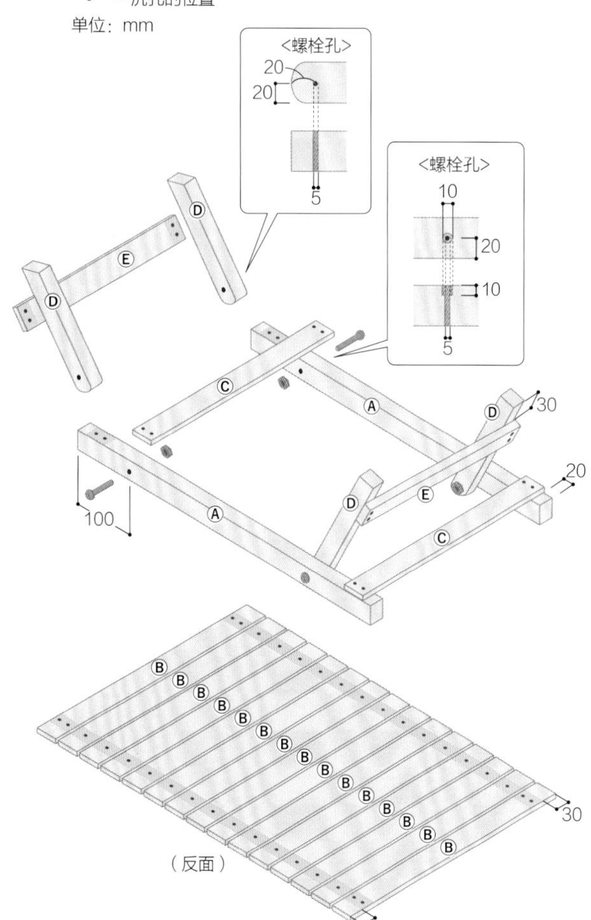

※ 组装前预先打好底孔(→见第Ⅱ页)。

客厅
08
折叠式矮桌

带收纳功能的坐凳

配有 2 个篮筐，收纳更为方便！下装脚轮，可灵活移动。

制作者

go slow and smile

材 料 费：4000日元（约合人民币200元）

制作时间：半天

难易程度：★★★☆☆

工具

- 木工角尺
- 卷尺
- 铅笔
- 手锯（或圆锯）
- 凿子
- 电钻
- 底孔钻头 3mm
- 批头 #2
- 砂纸架（砂纸）
- 板刷
- 抹布

材料

成品尺寸

*W*768mm×*H*378mm×*D*305mm

- Ⓐ 侧板：SPF 板（19mm×89mm×356mm）…6 块
- Ⓑ 加固板（侧面）：SPF 板（19mm×38mm×305mm）…2 根
- Ⓒ 背板：SPF 板（19mm×89mm×730mm）…4 块
- Ⓓ 层板托：SPF 板（19mm×38mm×265mm）…4 根
- Ⓔ 底板·搁板：SPF 板（19mm×89mm×690mm）…6 块
- Ⓕ 前板：SPF 板（19mm×55mm×730mm）…2 块
- Ⓖ 前板：SPF 板（19mm×89mm×730mm）…1 块
- Ⓗ 顶板：SPF 板（19mm×89mm×730mm）…3 块
- Ⓘ 固定板：SPF 板（19mm×38mm×215mm）…2 根
- Ⓙ 顶板：SPF 板（19mm×38mm×730mm）…1 根
- 木螺丝（32mm）…103 根
- 合页（64mm）…2 个
- 二折撑杆…1 套
- 脚轮（38mm）…4 个
- 篮筐…2 个
- 木蜡油

Cut List **木料图**

…边角料部分　单位：mm

SPF1×4板（19mm×89mm×1820mm）×8块

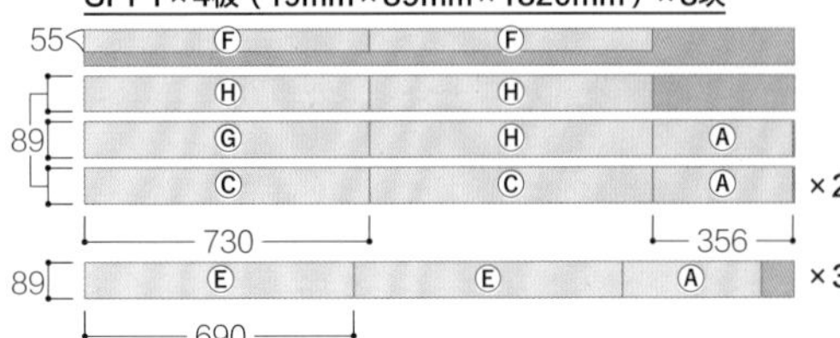

SPF1×2板（19mm×38mm×1820mm）×2根

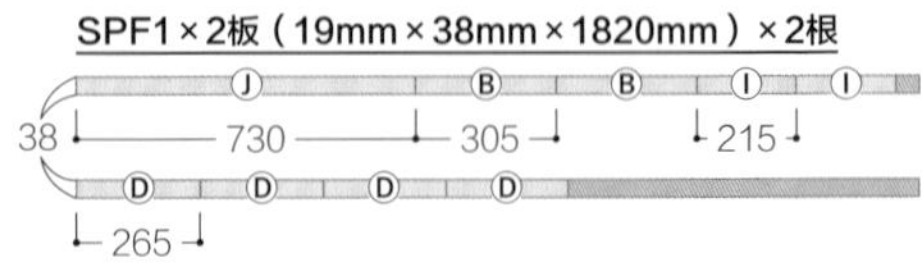

※ 所有板材使用前均需用砂纸打磨。

How to make 制作方法

Process

提前准备

1. 用板刷在所有板材表面刷一层木蜡油。干燥后，用抹布将多余的油分擦掉。

Process

制作收纳空间

2. 将 3 块侧板Ⓐ并列摆好，上端与加固板Ⓑ对齐，从Ⓐ侧用 6 根木螺丝将加固板Ⓑ固定在侧板Ⓐ上。按照同样的方法再做 1 组。
3. 将 2 根层板托Ⓓ从Ⓓ侧分别用 6 根木螺丝固定在侧板Ⓐ上。按照同样的方法在另一组侧板上也安装 2 根层板托Ⓓ。
4. 从Ⓒ侧分别用 4 根木螺丝将 4 块背板Ⓒ与步骤③完成的 2 组侧板固定在一起。
5. 从Ⓔ侧分别用 4 根木螺丝将 3 块底板Ⓔ与下面的层板托Ⓓ固定在一起。按照同样的方法，分别用 4 根木螺丝将 3 块搁板Ⓔ与上面的层板托Ⓓ固定在一起。
6. 将 1 块前板Ⓕ的上边与底板Ⓔ的高度对齐，然后从Ⓕ侧用 4 根木螺丝将它固定在侧板Ⓐ上。另一块前板Ⓕ上边与上面的搁板Ⓔ的高度对齐，然后从Ⓕ侧用 4 根木螺丝将它固定在侧板Ⓐ上。上面再放 1 块前板Ⓖ，对齐后，从Ⓖ侧用 4 根木螺丝将它固定在侧板Ⓐ上。

Process

制作顶板

7. 将 3 块顶板Ⓗ并列摆好，将 2 根固定板Ⓘ分别用 4 根木螺丝从Ⓘ侧固定在顶板上。
8. 用凿子在步骤⑦完成的部分与顶板Ⓙ上开一道凹槽（→见第 39 页），用于安装合页。如果没有凿子，也可直接将合页装在步骤⑦完成的部分与顶板Ⓙ的上方。
9. 将步骤⑧完成的部分放在凳体上，将顶板Ⓙ从Ⓙ侧用 7 根木螺丝固定在背板Ⓒ上。一边开合顶板一边确认二折撑杆的安装位置，用配套的木螺丝将撑杆安装在侧板与顶板上。
10. 在底板四角安装脚轮，将篮筐放进收纳空间。

Drawing 组装图

▒…连接面
● …螺丝（钉子）孔的位置
单位：mm

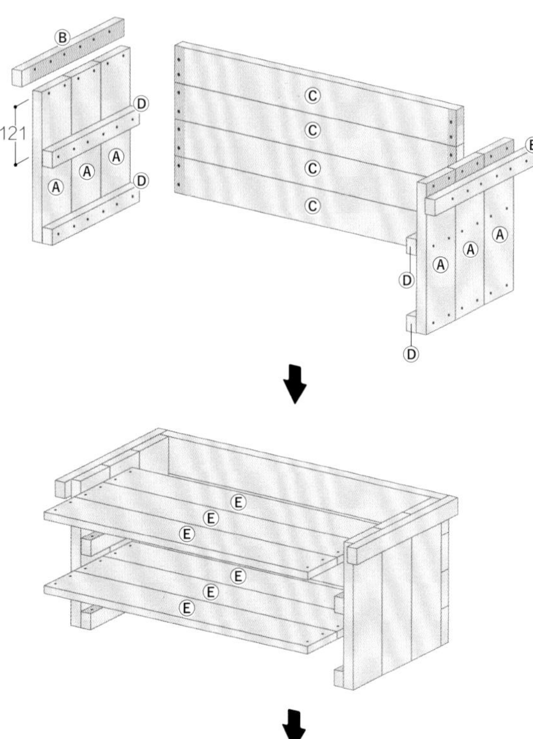

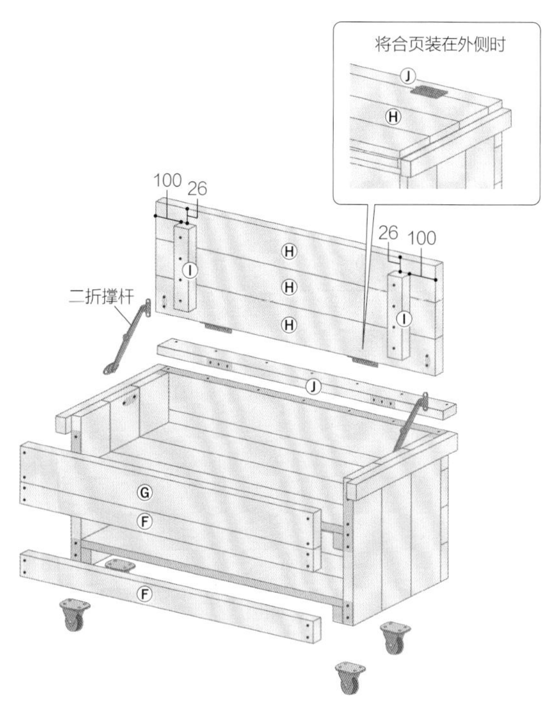

※ 组装前预先打好底孔（→见第Ⅱ页）。

客厅
09
带收纳功能的坐凳

展示柜

北欧风格的展示柜。工序中采用了圆木榫连接的方法(→见第62页)，也可先用木螺丝固定，然后利用圆木榫进行隐藏处理。

制作者

Hisayo

材 料 费：30000日元
（约合人民币1500元）

制作时间：2天

难易程度：★★★★★

工具

- 木工角尺
- 直尺
- 卷尺
- 铅笔
- 手锯
- 电钻
- 底孔钻头 3mm
- 批头 #2
- 沉孔钻头 6mm
- 圆木榫定位顶尖（木销孔定位器）
- 螺丝刀
- 木工锤
- 木工胶
- 砂纸
- 板刷

材料

成品尺寸

*W*610mm×*H*1040mm×*D*300mm

Ⓐ 侧板：橡木集成板（20mm×300mm×870mm）…2 块

Ⓑ 搁板：橡木集成板（20mm×225mm×560mm）…1 块

Ⓒ 搁板：橡木集成板（20mm×240mm×560mm）…1 块

Ⓓ 搁板：橡木集成板（20mm×282mm×560mm）…1 块

Ⓔ 底板：橡木集成板（20mm×300mm×560mm）…1 块

Ⓕ 背板：松木集成板（18mm×280mm×850mm）…2 块

Ⓖ 顶板：橡木实木板（25mm×255mm×610mm）…1 块

Ⓗ 望板：橡木集成板（20mm×50mm×400mm）…2 块

Ⓘ 望板：橡木集成板（20mm×50mm×140mm）…2 块

Ⓙ 柜腿：橡木集成板（50mm×50mm×150mm）…4 根

Ⓚ 底板（抽屉）：SPF 板（19mm×140mm×520mm）…1 块

Ⓚ' 底板（抽屉）：SPF 板（19mm×89mm×520mm）…1 块

Ⓛ 侧板（抽屉）：SPF 板（19mm×89mm×248mm）…2 块

Ⓜ 背板（抽屉）：SPF 板（19mm×140mm×520mm）…1 块

Ⓝ 前板（抽屉）：橡木实木板（25mm×148mm×558mm）…1 块

- 圆木榫（6mm）… 60 个
- 拉手…1 个
- 油性涂料（OSMO 家装木蜡油 -3164 橡木色、3032 透明色）

Cut List 木料图

▒ …边角料部分　单位：mm

橡木集成板（20mm×300mm×1820mm）×3块

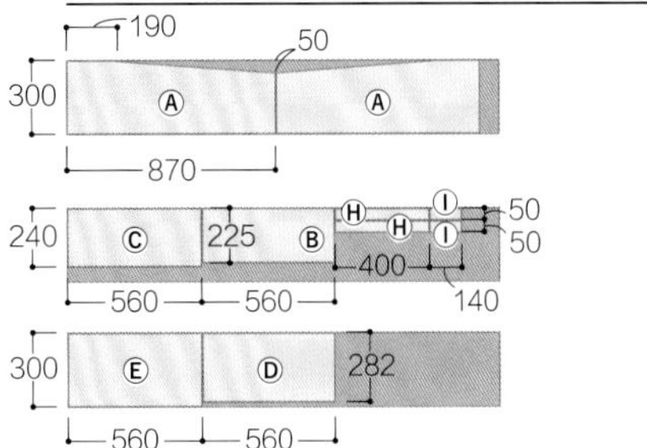

松木集成板（18mm×300mm×1820mm）×1块

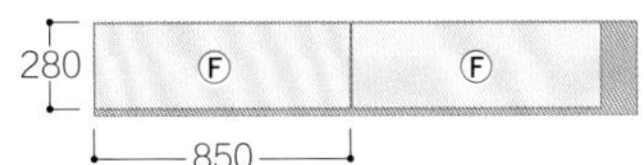

橡木实木板（25mm×300mm×1820mm）×1块

255 Ⓖ Ⓝ 148

610 558

SPF1×6板（19mm×140mm×1820mm）×1块

140 Ⓚ Ⓜ

520 520

SPF1×4板（19mm×89mm×1820mm）×1块

89 Ⓚ Ⓛ Ⓛ

520 248

橡木集成板（50mm×50mm×400mm）×2根

50 Ⓙ Ⓙ ×2

150

※所有板材使用前均需用砂纸打磨。

How to make 制作方法

Process
提前准备

1. 用铅笔在 2 块侧板Ⓐ的侧边距离底边 190mm 处向上画一条斜线，斜线到达顶边时距离侧边 50mm。用手锯沿这条线切割出一道斜边。

2. 在 1 块侧板Ⓐ的内侧用铅笔画出安装搁板ⒷⒸⒹ、底板Ⓔ、背板Ⓕ的位置的标记线。

3. 用沉孔钻头在标记线的内侧各打 2 个沉孔。

4. 用圆木榫定位顶尖(→见第 62 页)在与步骤③对应的搁板、底板的横切面以及背板的侧面(→见第 169 页)做好标记，然后在对应位置打沉孔。

5. 用与步骤③④相同的方法，在望板ⒽⒾ的横切面正中央打一个沉孔，然后在对应的 4 根柜腿上也各打 1 个沉孔。

Process
刷涂料

6. 在 2 块背板Ⓕ上刷橡木色油性涂料，其他板材上刷透明色油性涂料。干燥后再刷一遍。

Process
组装柜腿

7. 向柜腿Ⓙ的沉孔内注入木工胶，然后插入圆木榫。在圆木榫顶端与连接面也涂上一层木工胶，然后将望板Ⓗ套进圆木榫内(圆木榫连接→见第 62 页)。

8. 在步骤⑦的望板Ⓗ的另一侧也用圆木榫连接的方法套上 1 根柜腿。按照同样的方法再做 1 组柜腿。

9. 将步骤⑧的 1 组柜腿与 2 块望板Ⓘ用圆木榫连接起来。对面一侧的柜腿也用同样的方法连接。

Process
组装柜体

10. 将步骤⑨的柜腿翻转过来放在底板Ⓔ上，用铅笔在安装处画好标记线。

11. 在步骤⑩的标记线四角、正对着柜腿Ⓙ横切面部分的中央处分别打上沉孔。

Plan view 平面图

●▬ …圆木榫连接的位置
单位：mm

<俯视图>

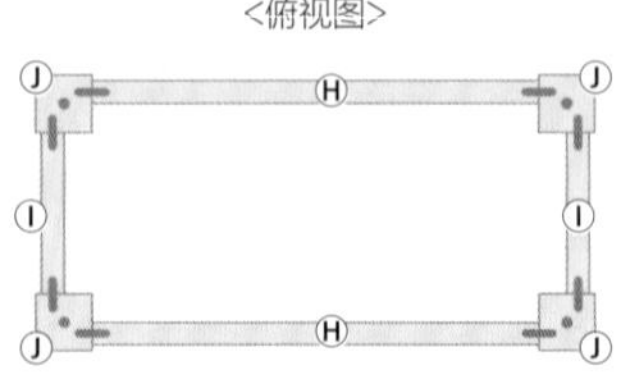

<侧面图>

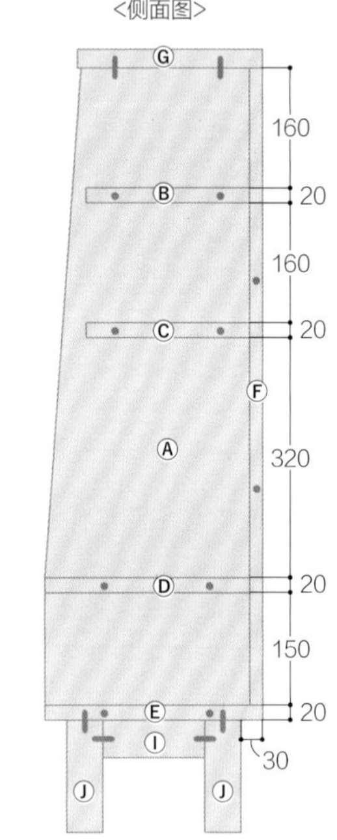

Drawing 组装图

▒ …连接面
● …螺丝(钉子)孔的位置
● …沉孔的位置

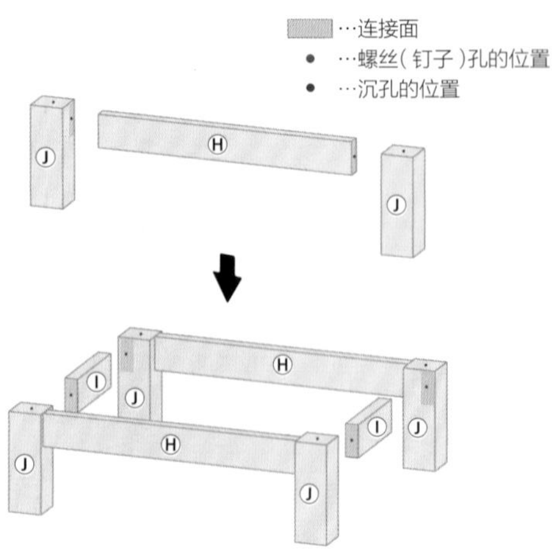

Drawing 组装图

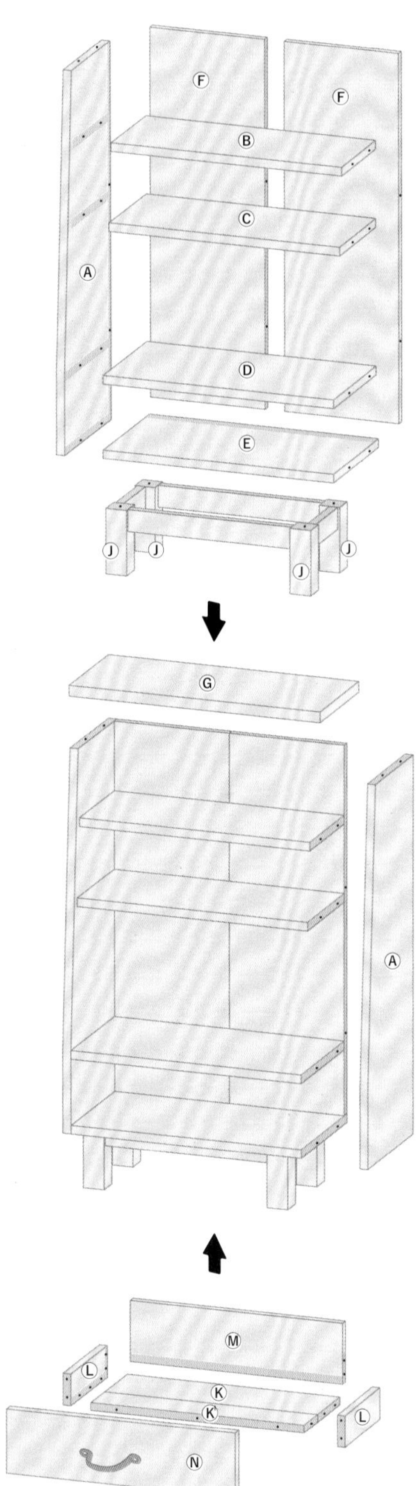

12 在步骤 ⑪ 的沉孔内套上圆木榫定位顶尖，再将步骤⑨的柜腿放在上面，做好标记。在柜腿上打沉孔，将柜腿与底板Ⓔ用圆木榫连接起来。

13 利用步骤③④打好的沉孔，用圆木榫将步骤②的侧板Ⓐ与搁板ⒷⒸⒹ连接起来。

14 利用步骤③④打好的沉孔，用圆木榫将步骤 ⑫ 中安装好柜腿的底板Ⓔ与步骤 ⑪ 的侧板Ⓐ连接起来。

15 利用步骤③④打好的沉孔，用圆木榫将步骤 ⑭ 的侧板Ⓐ与 1 块背板Ⓕ连接起来。

16 利用与步骤③④相同的方法，在步骤 ⑮ 的背板Ⓕ与另一块背板Ⓕ的侧面各打 2 个沉孔，用圆木榫将 2 块背板连接起来。

17 在步骤 ⑯ 的搁板、底板的横切面，背板的侧面各打 2 个沉孔。

18 用圆木榫定位顶尖在另一块侧板Ⓐ上做好标记，打好沉孔。用圆木榫连接另一块侧板Ⓐ。

19 在柜体上方、侧板Ⓐ的横切面各打 2 个沉孔。

20 用圆木榫定位顶尖在对应的顶板Ⓖ上做好标记，打好沉孔。用圆木榫连接顶板。

Process

制作抽屉

21 用 3 个圆木榫将底板ⓀⓀ'的长边连接在一起。

22 用圆木榫将侧板Ⓛ与步骤 ㉑ 的底板，以及背板Ⓜ连接在一起。用圆木榫将另一面的侧板Ⓛ也连接在一起。

23 用圆木榫将步骤 ㉒ 完成的部分与前板Ⓝ连接在一起。

24 用配套的木螺丝将拉手安装在步骤 ㉓ 完成的部分上，将抽屉装进展示柜。

客厅 11

玄关桌

单独摆在房间里就能成为一道时尚风景。只要掌握了基本技巧，就能轻松制作出来。

制作者

yupinoko

材 料 费：4300日元（约合人民币215元）

制作时间：2h

难易程度：★★☆☆☆

工具

- 木工角尺
- 铅笔
- 手锯
- 平切锯
- 电钻
- 底孔钻头 3mm
- 批头 #2
- 沉孔钻头 8mm（或麻花钻头）
- 木工胶
- 砂纸架（砂纸）
- 板刷
- 抹布

材料

成品尺寸

*W*950mm×*H*715×*D*220mm

- Ⓐ 顶板：木栈板（15mm×110mm×950mm）…2块
- Ⓑ 桌腿：杉木板（42mm×42mm×700mm）…4根
- Ⓒ 加固板：杉木板（42mm×42mm×110mm）…2根
- Ⓓ 望板：杉木板（27mm×42mm×110mm）…2根
- Ⓔ 望板：杉木板（27mm×42mm×460mm）…2根
- Ⓕ 横档：杉木板（42mm×42mm×460mm）…1根
- 木螺丝（50mm）…28根
- 木螺丝（41mm）…10根
- 圆木榫（8mm）…28个
- 木蜡油

※ 木栈板使用的是二手材料。

Cut List 木料图

▨…边角料部分　单位：mm

木栈板（15mm×110mm×950mm）×2块

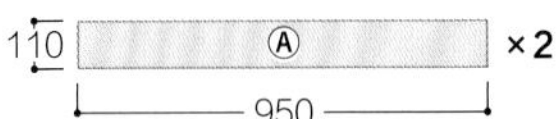

杉木板（42mm×42mm×1000mm）×1根

42 Ⓕ 460

杉木板（42mm×42mm×2000mm）×2根

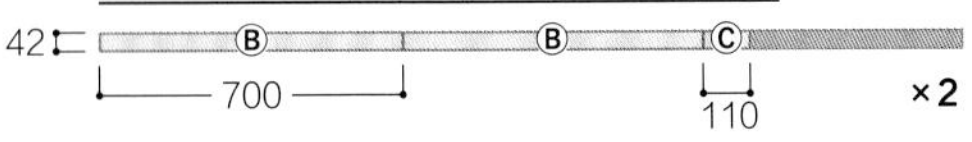

杉木板（27mm×42mm×2000mm）×1根

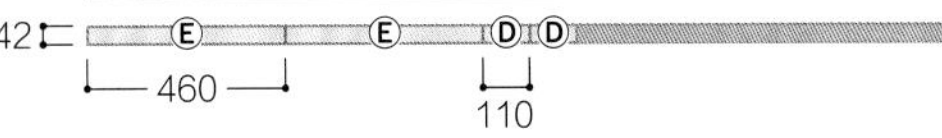

※ 所有板材使用前均需用砂纸打磨。

How to make 制作方法

Process
制作顶板

1 用木工胶将 2 块顶板Ⓐ粘在一起。

Process
制作桌腿

2 分别用 4 根 50mm 木螺丝将加固板Ⓒ与望板Ⓓ固定在 2 根桌腿Ⓑ之间。按照同样的方法再做 1 组。

3 将 2 组桌腿Ⓑ与 2 根望板Ⓔ的上端对齐，从Ⓑ侧分别用 4 根 50mm 木螺丝加以固定。

4 用 4 根 50mm 木螺丝将横档Ⓕ固定在 2 根后腿之间。

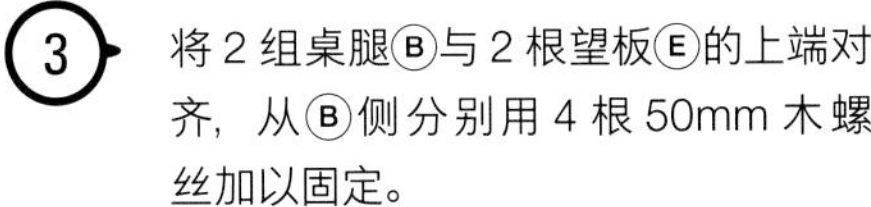

5 对所有沉孔进行隐藏处理（→见第 171 页）。

Process
刷涂料

6 整体进行打磨处理，在桌腿处刷木蜡油。

Process
安装顶板

7 将顶板Ⓐ翻转过来放在步骤⑥完成的桌腿上，从Ⓔ侧分别打入 3 根 41mm 木螺丝，从Ⓓ侧分别打入 2 根 41mm 木螺丝加以固定。

Drawing 组装图

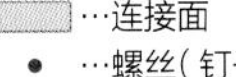

▨…连接面
●　…螺丝（钉子）孔的位置
●　…沉孔的位置
单位：mm

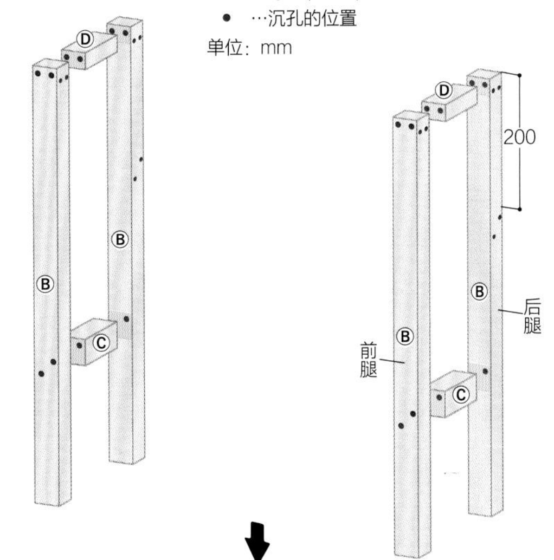

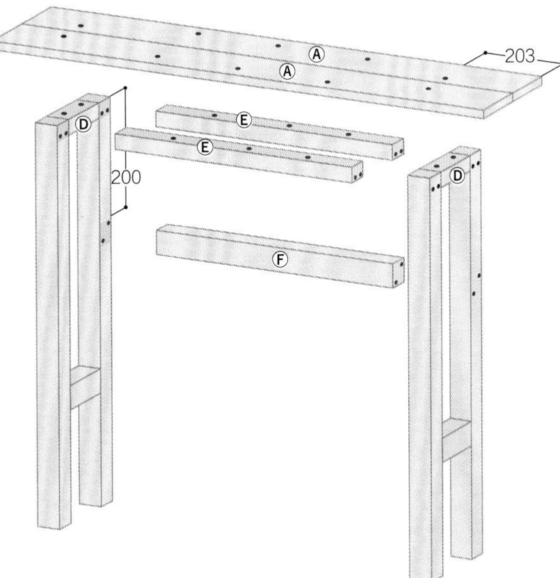

※ 组装前预先打好底孔、沉孔（→见第Ⅱ页）。

客厅

12 百叶屏风

不仅可用于隔断和遮挡，还是绝佳的软装素材。乍看上去，制作方法似乎十分复杂，其实只需重复几个简单的步骤就能轻松完成。

制作者

末永京

材料费：3000 日元

（约合人民币 150 元）

制作时间：4h

难易程度：★★☆☆☆

工具

- 木工角尺
- 卷尺
- 铅笔
- 手锯
- 平切锯
- 电钻
- 底孔钻头 2mm
- 批头 #2
- 沉孔钻头 8mm
- 木工胶
- 砂纸
- 板刷

材料

成品尺寸
*W*880mm×*H*1520mm×*D*40mm

- Ⓐ外框：赤松板(30mm×40mm×1490mm)…4 根
- Ⓑ腰板：SPF 板(19mm×89mm×760mm)…8 块
- Ⓒ横板：赤松板(30mm×40mm×356mm)…4 根
- Ⓓ外框：赤松板(30mm×40mm×416mm)…2 根
- Ⓔ百叶板：胶合板(2.5mm×40mm×376mm)…52 块

- 木螺丝(60mm)…32 根
- 木螺丝(50mm)…24 根
- 圆木榫…56 个
- 合页…2 个
- 水性涂料(Old Village 水性牛奶漆 -picture frame cream color)

Cut List 木料图

▒…边角料部分　单位：mm

赤松板(30mm×40mm×1820mm)×6根

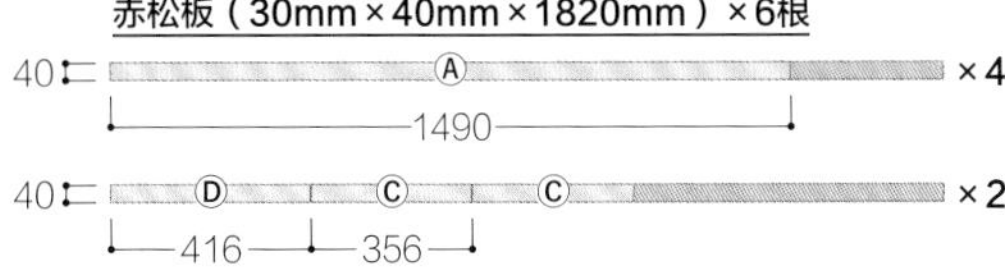

SPF1×4板(19mm×89mm×1820mm)×4块

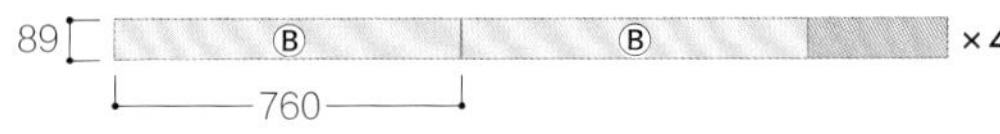

胶合板(2.5mm×910mm×1820mm)×1块

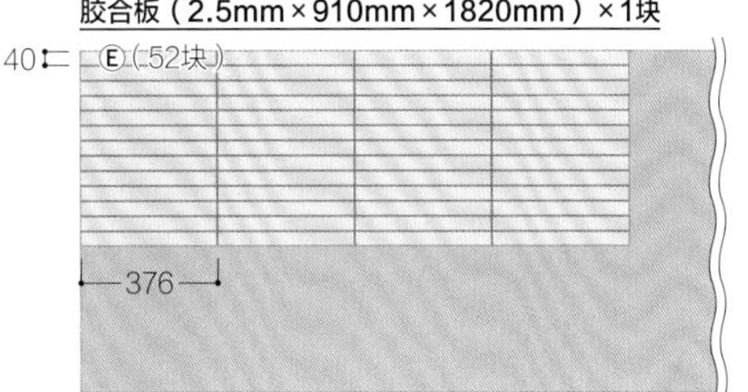

※ 所有板材使用前均需用砂纸打磨。

How to make 制作方法

Process

提前准备

1. 用手锯在外框Ⓐ上每隔 25mm 斜着切割出一道宽 3mm、深 10mm 的凹槽，注意 2 根外框上的凹槽要左右对称，共制作 2 组。

Process

制作板架

2. 将 4 块腰板Ⓑ并列摆好，用 2 块横板Ⓒ从上下两端将腰板夹在中间。上下两端分别从Ⓒ侧打入 8 根 60mm 木螺丝加以固定
3. 用 2 根外框Ⓐ将步骤②完成的部分夹在中间，从Ⓐ侧分别向横板Ⓒ的位置打入 2 根 50mm 木螺丝加以固定。
4. 将外框Ⓓ放在步骤③完成的部分的上方，两端分别从Ⓓ侧打入 2 根 50mm 木螺丝加以固定。

Process

收尾

5. 将百叶板插入步骤①锯好的凹槽内。
6. 对所有沉孔进行隐藏处理(→见第 171 页)。重复步骤②~⑥，再做 1 组板架。
7. 刷上自己喜欢的彩色涂料。上下各安装 1 个合页，将 2 组板架连接起来。

Drawing 组装图

▒…连接面
•…螺丝(钉子)孔的位置
•…沉孔的位置
单位：mm

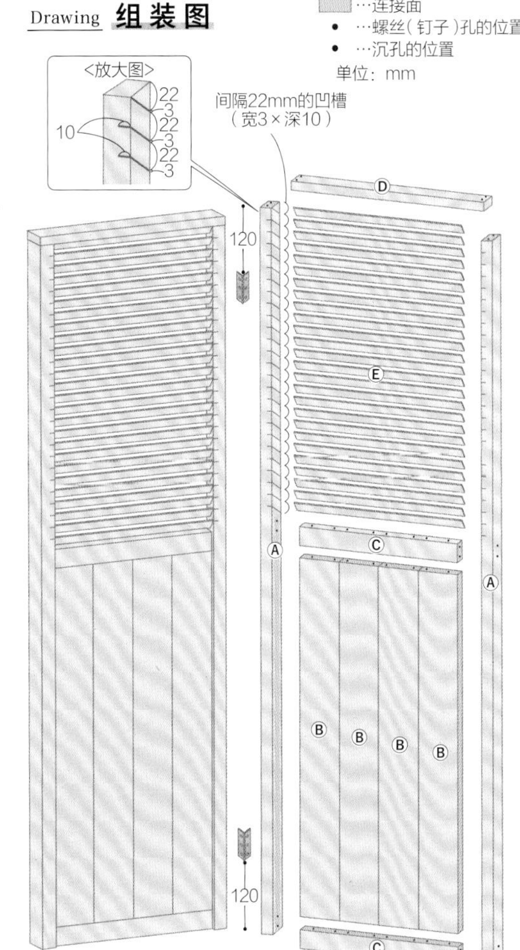

※ 组装前预先打好底孔、沉孔(→见第Ⅱ页)。

厨房 13

折叠式垃圾箱

不仅造型可爱，而且非常实用，最多可进行三种垃圾分类。也可将超市的塑料袋直接套在拉手上使用。

制作者

sora-rarara

材 料 费：3000日元
（约合人民币150元）
制作时间：2h
难易程度：★★☆☆☆

工具

- 木工角尺
- 卷尺
- 铅笔
- 手锯
- 电钻
- 底孔钻头 3mm
- 麻花钻头 5mm
- 批头 #2
- 射钉枪
- 木工胶
- 砂纸
- 板刷
- 抹布

材料

成品尺寸
*W*640mm×*H*460mm×*D*425mm

Ⓐ 箱腿：杉木板（19mm×38mm×650mm）…4 根
Ⓑ 横档：SPF 板（19mm×38mm×600mm）…4 根
Ⓒ 拉手：圆木棒（ϕ15mm×60mm）…6 根
Ⓓ 盖板：胶合板（4mm×210mm×560mm）…2 块
ⒺⒻ 加固板：杉木板（17mm×17mm×150mm）…6 根
Ⓖ 盖板托：杉木板（17mm×17mm×600mm）…1 根

- 木螺丝（24mm）…30 根
- 螺栓、螺母（35mm）…2 根
- 圆木榫（8mm）…12 个
- 合页…2 个
- 拆卸式合页…2 个
- 水性涂料（棕色、白色）
- 布（40mm×500mm）…2 块
- 垃圾袋（无纺布）
- 魔术贴

Cut List 木料图

▒…边角料部分　单位：mm

杉木板（19mm×38mm×1820mm）×2根
38　Ⓐ Ⓐ　×2
650

SPF1×2板（19mm×38mm×1820mm）×2根
38　Ⓑ Ⓑ　×2
600

杉木板（17mm×17mm×1820mm）×1根
17　Ⓖ Ⓔ Ⓔ Ⓔ Ⓔ Ⓕ Ⓕ
600　150　150

圆木棒（ϕ15mm×450mm）×1根
15　ⒸⒸⒸⒸⒸⒸ
60

胶合板（4mm×600mm×910mm）

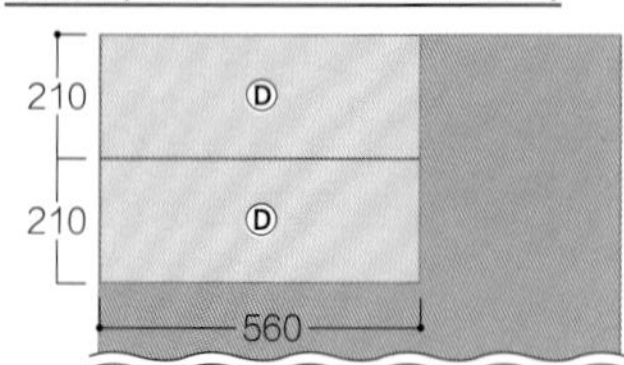

※ 所有板材使用前均需用砂纸打磨。

How to make 制作方法

Process

组装箱腿

1. 用麻花钻头在 4 根箱腿Ⓐ的正中处各打 1 个通孔，用于安装螺栓。
2. 将 2 根箱腿Ⓐ用螺栓和螺母固定在一起，共做 2 组。
3. 在 2 组箱腿之间架 4 根横档Ⓑ，各用 4 根木螺丝固定。
4. 将圆木榫锯成 15mm 长，用木工胶将 2 个圆木榫粘在 1 根圆木棒Ⓒ上做成拉手。按照同样的方法，共做 6 个。
5. 用木工胶将步骤④的拉手粘在上方 2 根横档上的所需位置。

Process

刷作料

6. 在步骤⑤完成的部分上刷棕色涂料，在 2 块盖板Ⓓ上刷白色涂料。

Process

制作盖板

7. 在 2 块盖板Ⓓ的背面安装 4 根加固板Ⓔ和 2 根加固板Ⓕ，分别从Ⓔ侧和Ⓕ侧各自用 2 根木螺丝加以固定
8. 将步骤⑦的 2 组盖板的加固板Ⓔ并排对在一起，中央处各装一个合页。

Process

收尾

9. 用 2 根木螺丝将盖板托Ⓖ固定在后面的箱腿上方，注意角度要倾斜 30°，以保证打开时可以变成水平。
10. 在下方的 2 块加固板Ⓑ之间铺一块布，用射钉枪固定。
11. 在盖板前方安装拉手。
12. 将拆卸式合页分开，分别安装在盖板上的加固板Ⓕ的中央和盖板托Ⓖ上，将盖板与箱体连接在一起。
13. 在上方横档Ⓑ的内侧和垃圾袋上分别用射钉枪钉 4 块大小合适的魔术贴。将垃圾袋套进垃圾箱内。

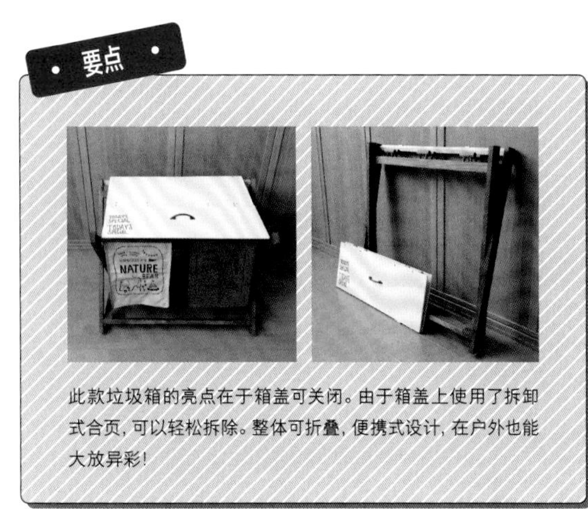

此款垃圾箱的亮点在于箱盖可关闭。由于箱盖上使用了拆卸式合页，可以轻松拆除。整体可折叠，便携式设计，在户外也能大放异彩！

厨房

13

折叠式垃圾箱

Drawing 组装图

▨…连接面
•…螺丝（钉子）孔的位置
•…沉孔的位置
单位：mm

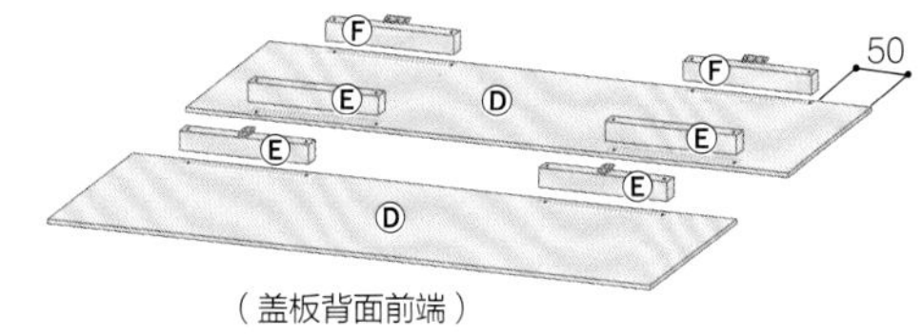

（盖板背面前端）

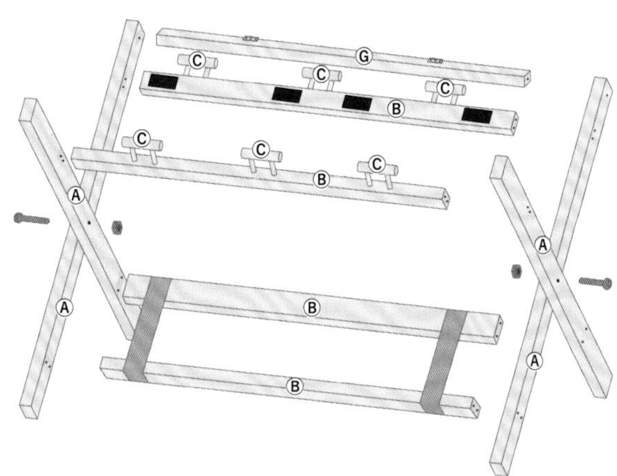

※ 组装前预先打好底孔（→见第Ⅱ页）。

客厅 14

挂衣架

造型小巧，可折叠，能够有效利用狭小空间。不仅可以挂衣服，下方的搁架还可放置书包等杂物。

制作者

末永京

材料费：4000 日元

（约合人民币 200 元）

制作时间：2h

难易程度：★★☆☆☆

工具

- 木工角尺
- 卷尺
- 铅笔
- 手锯
- 平切锯
- 电钻
- 底孔钻头 2mm
- 麻花钻头 25mm
- 批头 #2
- 沉孔钻头 8mm
- 木工锤
- 砂纸
- 板刷
- 抹布

材料

成品尺寸

*W*910mm×*H*1500mm×*D*400mm

Ⓐ 衣架腿：SPF 板（19mm×63mm×1500mm）…4 块

Ⓑ 加固板：SPF 板（19mm×38mm×822mm）…2 根

Ⓒ 层板托：SPF 板（19mm×38mm×798mm）…2 块

Ⓓ 搁板：SPF 板（19mm×38mm×400mm）…9 块

Ⓔ 圆木棒（ϕ24mm×910mm）…1 根

- 木螺丝（35mm）…8 根
- 木螺丝（50mm）…36 根
- 圆木榫（8mm）…8 个
- 水性涂料（NATURAL COLOR 家装涂料 - 自然白色）

Cut List 木料图

▨ …边角料部分 单位：mm

SPF1×3板（19mm×63mm×1820mm）×4块

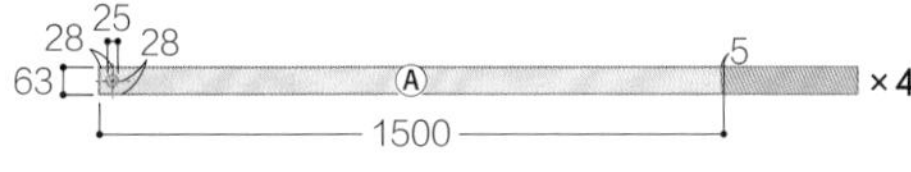

圆木棒（ϕ24mm×910mm）×1根

SPF1×2板（19mm×38mm×1820mm）×5块

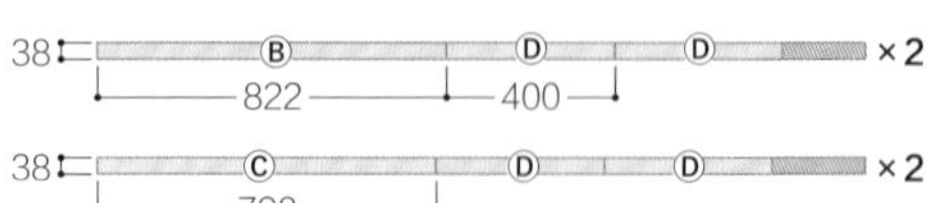

※ 所有板材使用前均需用砂纸打磨。

How to make 制作方法

Process

提前准备

1. 从 5mm 高的位置将 2 根衣架腿Ⓐ的下端锯成斜面，注意保持左右对称。用 25mm 麻花钻头在每根腿上打 1 个通孔，用来穿圆木棒Ⓔ。按照同样的方法，再做 1 组。

Process

制作外框

2. 从Ⓐ侧分别用 2 根 35mm 木螺丝将加固板Ⓑ固定在一组左右对称的衣架腿 A 之间。按照同样的方法，再做 1 组。
3. 对步骤②的所有沉孔进行隐藏处理（→见第 171 页）。
4. 将 2 组衣架腿的圆孔对齐，将圆木棒Ⓔ的两端插入孔内，组装架体。

Process

制作搁架

5. 将 9 块搁板Ⓓ以 57mm 的间隔并列摆好。
6. 在步骤⑤摆好的搁板上摆 2 块层板托Ⓒ，从Ⓒ侧分别用 4 根木螺丝对每块搁板加以固定。

Process

收尾

7. 在步骤④和⑥完成的部分上刷上自己喜欢的彩色涂料。
8. 将衣架腿打开，将层板托Ⓒ挂在加固板Ⓑ的外侧，装上搁架。

Drawing 组装图

▨ …连接面
● …螺丝（钉子）孔的位置
● …沉孔的位置
单位：mm

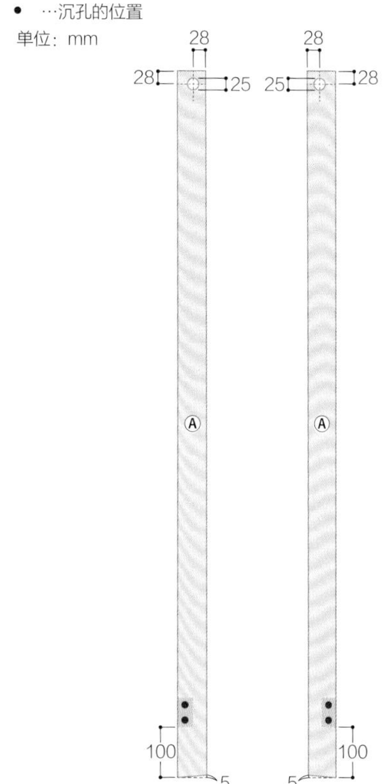

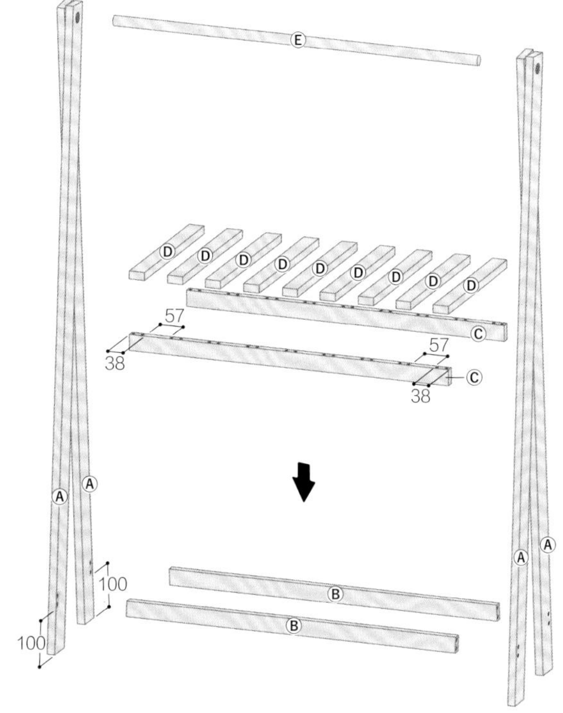

※ 组装前预先打好底孔、沉孔（→见第Ⅱ页）。

电视柜

电视柜为实木打造，木材纹理十分美观。图中作品使用了“槽口榫”（→见第 185 页）等榫卯加工工艺，下文利用圆木榫连接的方法也可达到同样的效果。

制作者

Hisayo

材料费：40000 日元
（约合人民币 2000 元）

制作时间：3 天

难易程度：★★★★★

工具

- 木工角尺
- 直尺
- 卷尺
- 铅笔
- 手锯
- 电钻
- 麻花钻头 4mm·7mm
- 批头 #2
- 沉孔钻头 6mm
- 圆木榫定位顶尖（木销孔定位器）
- 螺丝刀
- 木工锤
- 木工胶
- 砂纸
- 板刷
- 抹布

材料

成品尺寸
*W*1200mm×*H*380mm×*D*350mm

- Ⓐ 顶板：橡木实木板（20mm×350mm×1200mm）…1 块
- Ⓑ 侧板：橡木实木板（20mm×140mm×350mm）…2 块
- Ⓒ 底板：橡木实木板（20mm×350mm×1200mm）…1 块
- Ⓓ 望板：橡木实木板（20mm×50mm×700mm）…2 块
- Ⓔ 横档：橡木实木板（20mm×50mm×220mm）…2 块
- Ⓕ 柜腿：橡木实木板（40mm×40mm×200mm）…4 根
- 圆木榫（6mm）…28 个
- 木螺丝（50mm）…6 根
- 油性涂料（OSMO 家装木蜡油 -3101 透明色）

Cut List 木料图

▒ …边角料部分　单位：mm

橡木实木板（20mm×350mm×1820mm）×2块

橡木实木板（20mm×150mm×1820mm）×1块

橡木实木板（40mm×40mm×500mm）×2根

※ 所有板材使用前均需用砂纸打磨。

Plan view 平面图

●━ …圆木榫连接的位置
● …螺丝（钉子）孔的位置
单位：mm

[俯视图]

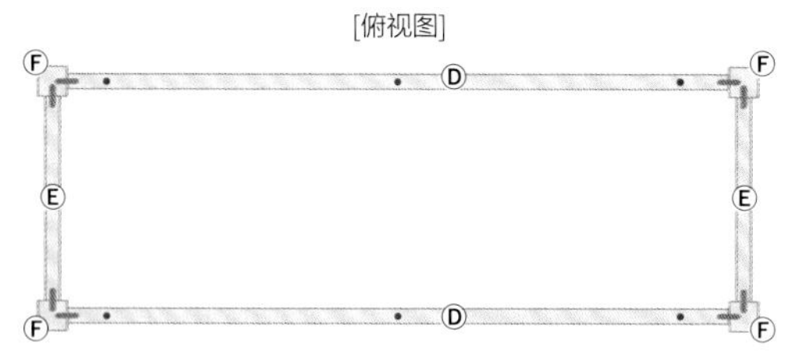

[正面图]

[侧面图]

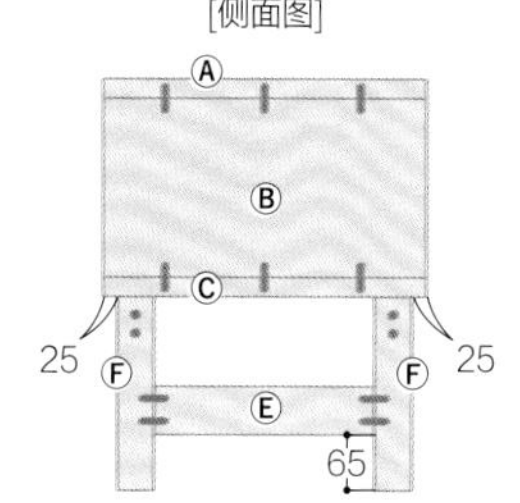

How to make 制作方法

Process
提前准备

1. 用沉孔钻头在顶板Ⓐ和底板Ⓒ的两端各打 4 个沉孔，用于安装侧板Ⓑ(→参照第 61 页平面图上圆木榫连接的位置)。

2. 利用圆木榫定位顶尖在 2 块侧板Ⓑ的横切面(→见第 169 页)做好标记，然后在标记处打沉孔。

3. 按照同样的方法在 2 块望板Ⓓ和 2 根横档Ⓔ上打沉孔，然后在对应的 4 根柜腿Ⓕ上也打好沉孔。

Drawing 组装图

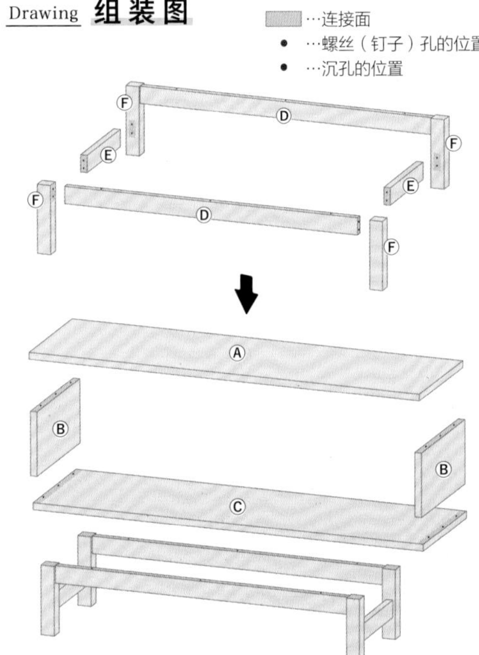

Process
刷涂料

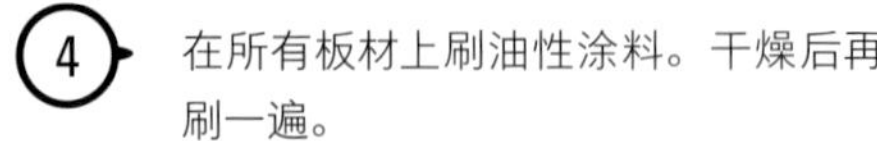

4. 在所有板材上刷油性涂料。干燥后再刷一遍。

Process
组装柜腿

5. 向柜腿Ⓕ上方的沉孔内注入木工胶，然后插入圆木榫。在圆木榫顶端和所有连接面上也涂上一层木工胶，然后将望板Ⓓ套进圆木榫内(圆木榫连接)。

6. 按照同样的步骤，将望板Ⓓ的另一侧也用圆木榫与柜腿Ⓕ连接起来。按照同样的方法再做 1 组。

7. 用圆木榫将 2 组柜腿与 2 根横档Ⓔ连接起来。

Process
组装柜体

8. 用圆木榫将 2 块侧板Ⓑ连接在底板Ⓒ上。

9. 用圆木榫将步骤⑧的 2 块侧板Ⓑ连接在顶板Ⓐ上。

10. 将柜腿翻转过来，用 4mm 麻花钻头在 2 块望板Ⓓ上打 3 个通孔，注意孔间距保持均等。再在同一位置，用 7mm 麻花钻头打 14mm 深的孔。

11. 将步骤⑨的柜体翻转过来，底板Ⓒ朝上，将步骤⑩的柜腿翻转过来放在底板Ⓒ上，向步骤⑩打好的孔内打入 6 根木螺丝加以固定。

How to make 圆木榫拼接的方法

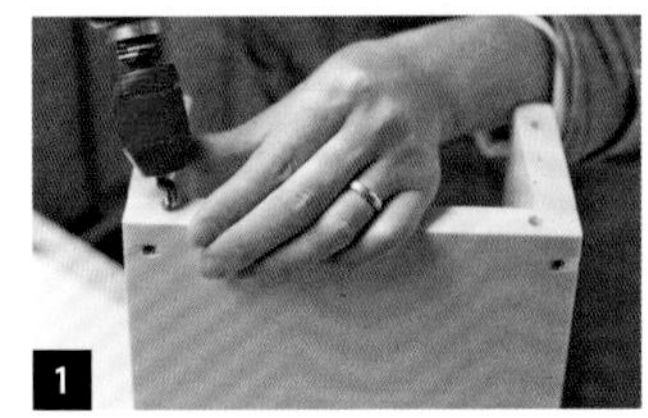

利用圆木榫拼接 2 块板材时，应先用沉孔钻头在其中一块板材上打沉孔。

在步骤①打好的沉孔内嵌入圆木榫定位顶尖，利用定位顶尖在另一块板材的对应位置做好标记，然后在标记处打沉孔。

在步骤①打好的沉孔内注入木工胶，然后插入圆木榫。在圆木榫的另一端以及板材连接面上也涂一层木工胶，将另一块板材套进圆木榫内。

卫生间

16 毛巾柜

毛巾可以从下方圆孔直接取出，集收纳与悬挂功能于一身。利用曲线锯，可轻松制作出各种曲线及镂空造型。

制作者

末永京

材料费：10000 日元（约合人民币 500 元）

制作时间：3h

难易程度：★★★☆☆

要点

在底板挖一个取毛巾的圆孔，就可以按洗涤的先后顺序抽取毛巾。利用曲线锯可以轻松在板材上镂空。

→详见第 172 页

工具

- 木工角尺
- 卷尺
- 铅笔
- 手锯
- 平切锯
- 曲线锯
- 电钻
- 底孔钻头 2.5mm
- 批头 #2
- 沉孔钻头 8mm
- 木工胶
- 砂纸
- 板刷
- 抹布

材料

成品尺寸
*W*600mm×*H*569mm×*D*235mm

Ⓐ 底板：SPF 板(19mm×235mm×562mm) …1 块
Ⓑ 侧板：SPF 板(19mm×235mm×550mm) …2 块
Ⓒ 顶板：SPF 板(19mm×235mm×600mm) …1 块
Ⓓ 隔板：SPF 板(19mm×235mm×362mm) …1 块
Ⓔ 柜门：南洋楹集成板(14mm×248mm×400mm) …1 块
Ⓕ 柜门：南洋楹集成板(14mm×350mm×400mm) …1 块
Ⓖ 毛巾挂杆：圆木棒(ϕ18mm×562mm) …1 根

- 木螺丝(35mm) …26 根
- 圆木榫(8mm) …20 个
- 合页…4 个
- 拉手…2 个
- 柜门磁吸…2 套
- 木蜡油

Cut List 木料图

▒…边角料部分 单位：mm

SPF1×10板（19mm×235mm×1820mm）×2块

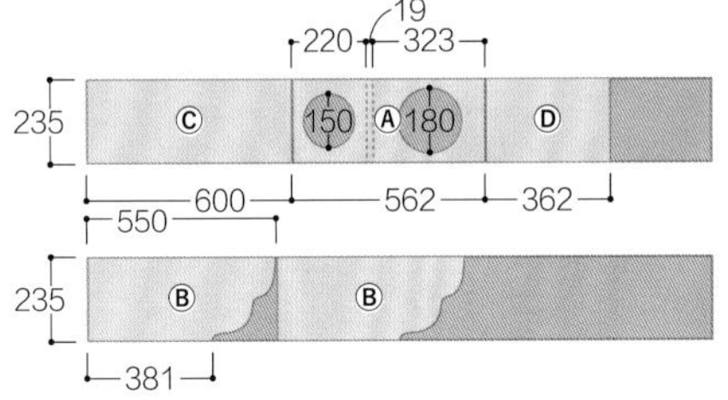

南洋楹集成板（14mm×400mm×910mm）×1块

圆木棒（ϕ18mm×910mm）×1根

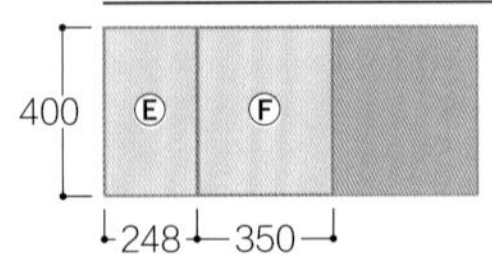

※ 所有板材使用前均需用砂纸打磨。

How to make 制作方法

Process

提前准备

1. 用曲线锯在底板Ⓐ上挖 2 个抽取毛巾的圆孔。如果是面巾，圆孔直径大约 15cm，如果是浴巾，圆孔直径大约 20cm。

2. 在 2 块侧板Ⓑ上设计出自己喜欢的曲线形状，用曲线锯进行切割。

Process

组装

3. 上下各用 3 根木螺丝将隔板Ⓑ固定在底板Ⓐ与顶板Ⓒ之间。

4. 将步骤③的部分放倒，将 1 块侧板Ⓑ放在上面，从Ⓑ侧向底板Ⓐ打入 3 根木螺丝加以固定。从顶板Ⓒ侧向侧板Ⓑ打入 3 根木螺丝加以固定。

5. 用 1 根木螺丝将圆木棒Ⓖ固定在步骤④的部分上。

6. 将另一块侧板Ⓑ放在步骤⑤的部分的另一侧，按照与步骤④⑤相同的方法加以固定。

7. 对所有沉孔进行隐藏处理(→见第 171 页)。

8. 在步骤⑦完成的部分和门板ⒺⒻ上刷木蜡油。

9. 用配套的木螺丝在门板ⒺⒻ和柜体上左右各装 2 个合页。

10. 用配套的木螺丝在门板上安装拉手。

11. 用配套的木螺丝在柜体上方安装柜门磁吸。将要装在柜门上的吸座凸起面朝外吸在磁吸上。

12. 保持步骤 ⑪ 的状态合上柜门，吸座凸起的部分会在柜门上留下痕迹，用配套的螺丝将吸座安装在这一位置。

13. 往墙壁上安装柜体时，先打开柜门，在顶板Ⓒ两侧分别用木螺丝从内侧安装 L 型角码，然后固定在墙上。

Drawing 组装图

▒ …连接面
• …螺丝（钉子）孔的位置
• …沉孔的位置
单位：mm

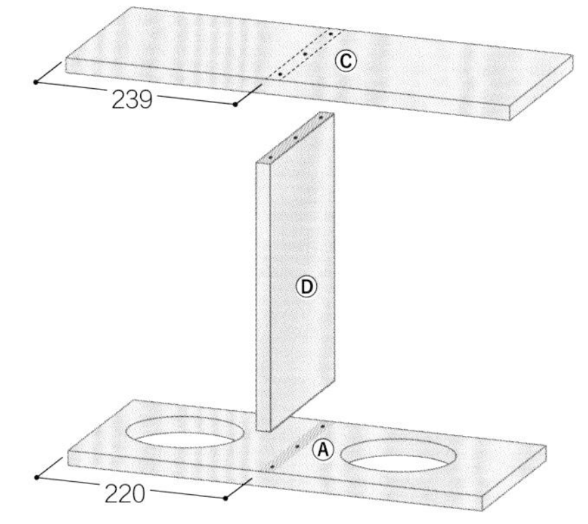

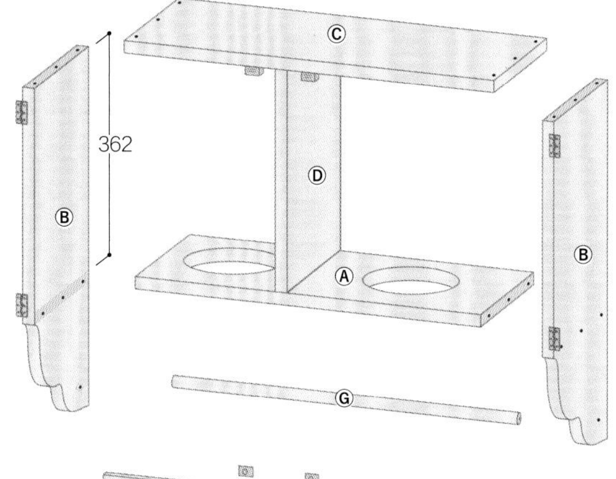

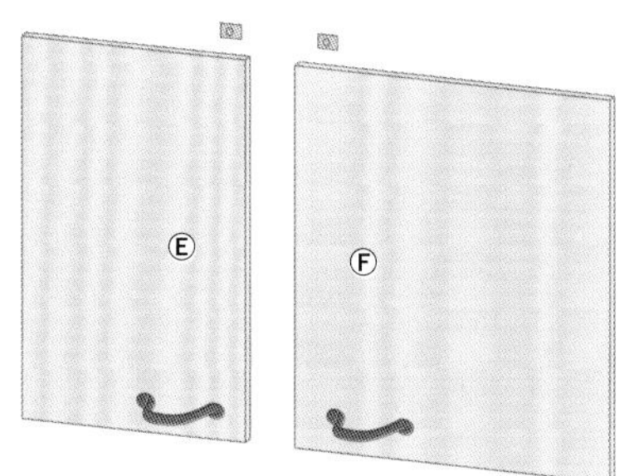

※ 组装前预先打好底孔(→见第Ⅱ页)。

儿童房

17

儿童仿真厨房

厨房背面为咖啡店柜台的风格，过家家时，也可玩儿开店游戏，乐趣加倍。虽然配件很多，但组装简单，初学者也不妨一试。

制作者

sora-rarara

材料费：13000 日元

（约合人民币 650 元）

制作时间：2 天

难易程度：★★★★☆

要点

利用滑轨将烤架做成可推拉式，细节还原，与真实的厨房场景别无二致！灶台旋钮与水龙头均由市售的积木搭配边角料制成。

工具

① 木工角尺
② 卷尺
③ 木工夹
④ 手锯
⑤ 平切锯
⑥ 曲线锯
⑦ 电钻
⑧ 射钉枪
⑨ 砂纸机（砂纸）

- 铅笔
- 底孔钻头 3mm
- 麻花钻头 9mm
- 批头 #2
- 沉孔钻头 8mm
- 木工胶
- 锤子
- 板刷
- 抹布

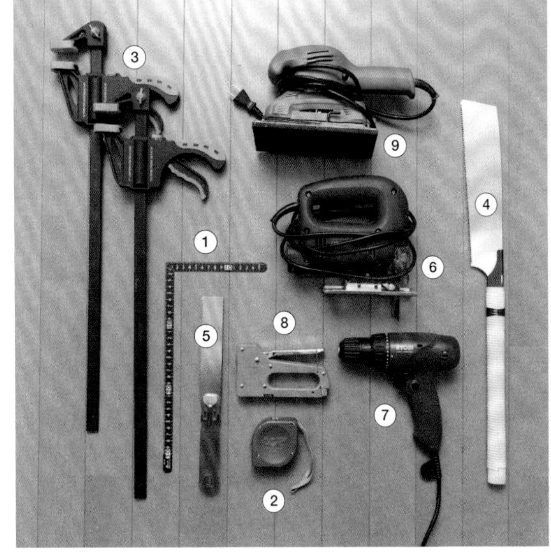

材料

成品尺寸
*W*770mm×*H*910mm×*D*356mm

Ⓐ 侧板：SPF 板（19mm×89mm×910mm）…2 块
Ⓑ 侧板·背板：SPF 板（19mm×89mm×505mm）…14 块
Ⓒ 加固板：SPF 板（19mm×38mm×280mm）… 6 根
Ⓓ 隔板：SPF 板（19mm×89mm×465mm）…2 块
Ⓔ 隔板：SPF 板（19mm×89mm×465mm）…1 块
Ⓕ 隔板：SPF 板（19mm×69mm×465mm）…1 块
Ⓖ 层板托：SPF 板（19mm×19mm×280mm）…2 根
Ⓗ 层板托：SPF 板（19mm×19mm×220mm）…2 根
Ⓘ 加固板：SPF 板（19mm×38mm×640mm）…2 根
Ⓙ 前板：SPF 板（19mm×89mm×710mm）…1 块
Ⓚ 前板：SPF 板（19mm×38mm×710mm）…2 块
Ⓛ 底板：胶合板（9mm×318mm×710mm）…1 块
Ⓜ 顶板：SPF 板（19mm×89mm×710mm）…1 块
Ⓝ 顶板：SPF 板（19mm×140mm×770mm）…2 块
Ⓞ 屋顶板：杉木板（13mm×89mm×710mm）…1 块
Ⓟ 屋顶板：杉木板（13mm×89mm×165mm）…8 块
Ⓠ 搁板：SPF 板（19mm×89mm×300mm）…1 块
Ⓡ 柜门：南洋楹板（6mm×218mm×368mm）…2 块
Ⓢ 柜门框：木工板（6mm×38mm×292mm）…4 块
Ⓣ 柜门框：木工板（6mm×38mm×218mm）…4 块
Ⓤ 烤箱门：胶合板（9mm×247mm×248mm）…1 块
Ⓥ 烤架滑轨：SPF 板（19mm×19mm×220mm）…2 根
Ⓦ 烤架：圆木棒（ϕ9mm×240mm）…7 根
Ⓧ 烤架门：胶合板（9mm×108mm×248mm）…1 块
Ⓨ 窗框：SPF 板（19mm×19mm×262mm）…3 根
Ⓩ 窗框：SPF 板（19mm×19mm×87mm）…2 根
ⓐ 窗框：SPF 板（19mm×19mm×231mm）…2 根

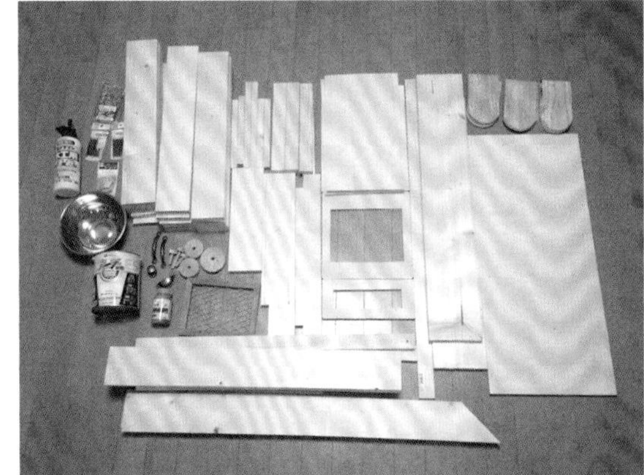

- 搁板（烤架）：胶合板（9mm×250mm×337mm）…1 块
- 窗（烤箱）：网架（日本百元店“Seria”）…1 片
- 窗（烤架）：较厚的透明文件夹…1 个
- 水槽：金属碗（ϕ18cm）…1 个
- 灶台旋钮、水龙头、灶眼…使用积木及边角料制作
- 木螺丝（24mm）…130 根左右
- 圆木榫（8mm）…40 个左右
- 拉手（柜门）…2 个
- 拉手（烤箱、烤架）…2 种 ×1 个
- 合页（柜门）…4 个
- 合页（烤箱门）…2 个
- 水性涂料（ALESCO 家装涂料 - 奶油色、日本百元店“大创”水性清漆 - 胡桃木色）

Cut List 木料图

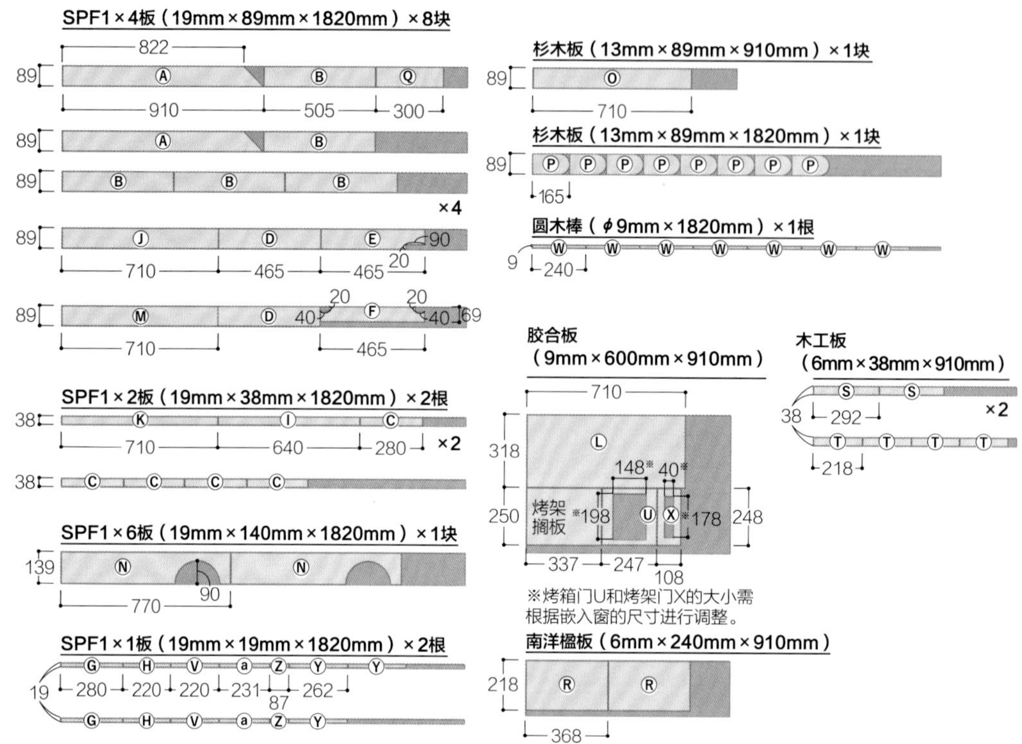

※ 所有板材使用前均需用砂纸打磨。

Drawing 组装图

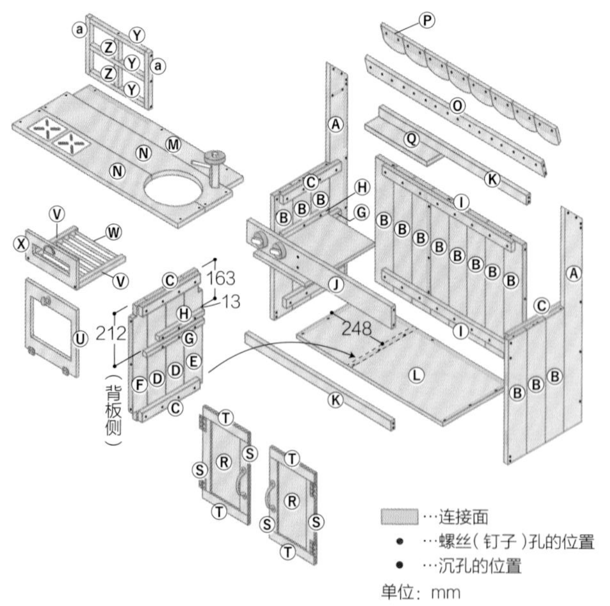

※ 组装前预先打好底孔（→见第Ⅱ页）。

How to make **制作方法**

Process

提前准备

1 组装完成后再刷涂料会比较困难，因此，应提前在所有板材上刷好水性涂料。Ⓐ～ⓀⓇⓋ刷奶油色涂料，其他板材刷胡桃木色涂料。

Process

制作框架

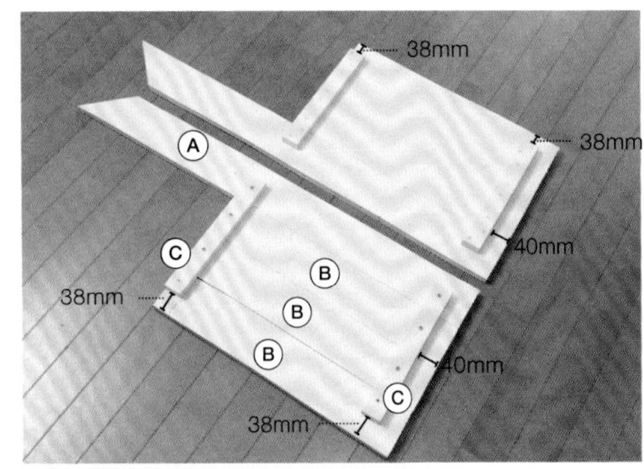

2 将侧板Ⓐ的一端锯掉一个角（如图）。用木工胶将1块侧板Ⓐ与3块侧板Ⓑ粘在一起，上下各加1块加固板Ⓒ，分别用4根木螺丝加以固定。按照同样的方法再做1组，注意保持左右对称。

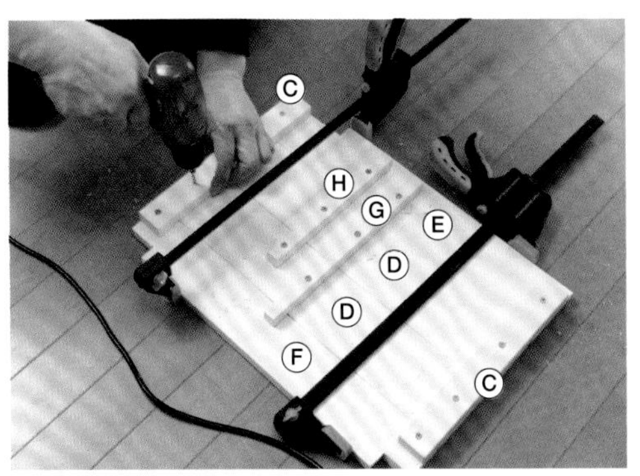

3 用木工胶将2块隔板Ⓓ与ⒺⒻ粘在一起，用木工夹夹好。上下各加1块加固板Ⓒ，分别用4根木螺丝加以固定。再各用3根木螺丝将烤架的层板托ⒼⒽ固定在适当位置。

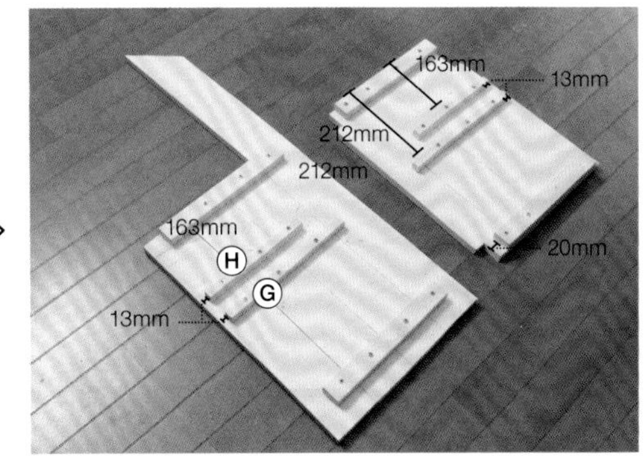

4 用木螺丝将烤架的层板托ⒼⒽ固定在步骤②的一组侧板上，注意要与步骤③的隔板左右对称。

Process

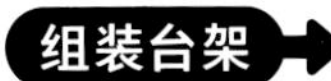

组装台架

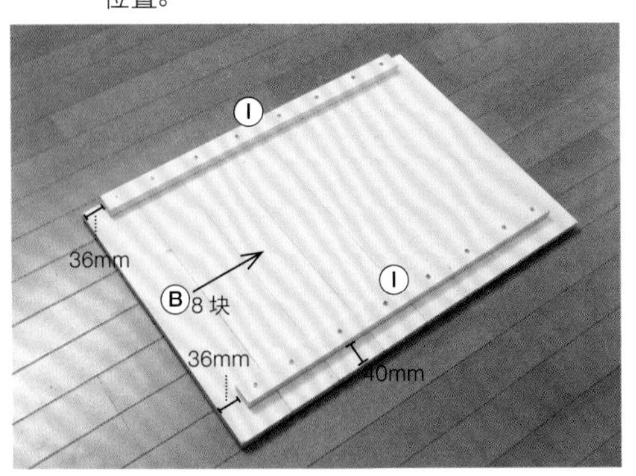

5 将8块背板Ⓑ并列摆好，先用木工胶粘一下，上下各加1块加固板Ⓘ，分别用8根木螺丝加以固定。

6 在2组侧板之间安装步骤⑤的背板，分别用3根木螺丝加以固定。

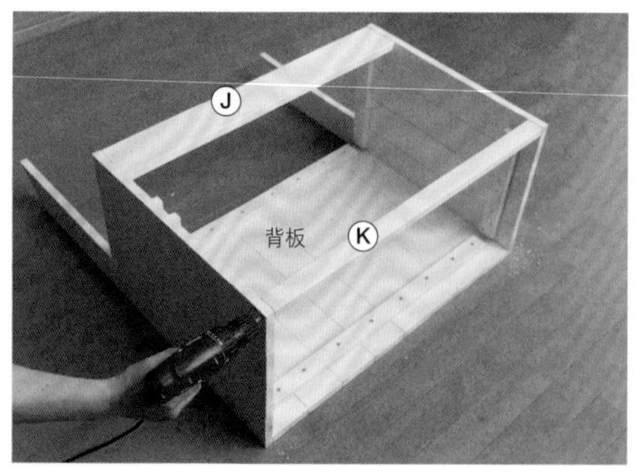

⇨

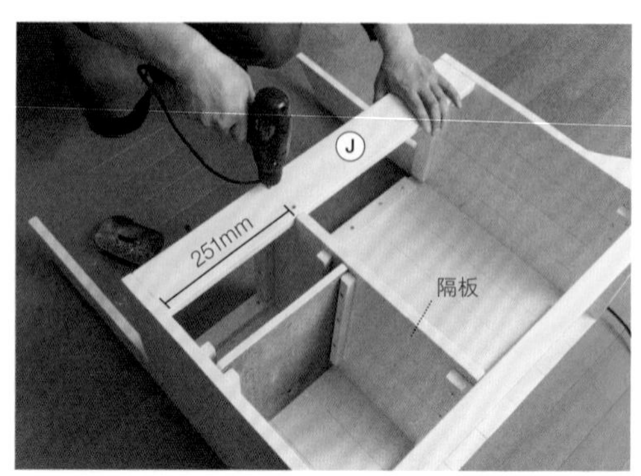

⑦ 分别用 4 根木螺丝将前板ⒿⓀ固定在侧板之间。

⑧ 从上方插入步骤 ③ 的隔板，从前板Ⓙ侧用 2 根木螺丝加以固定。

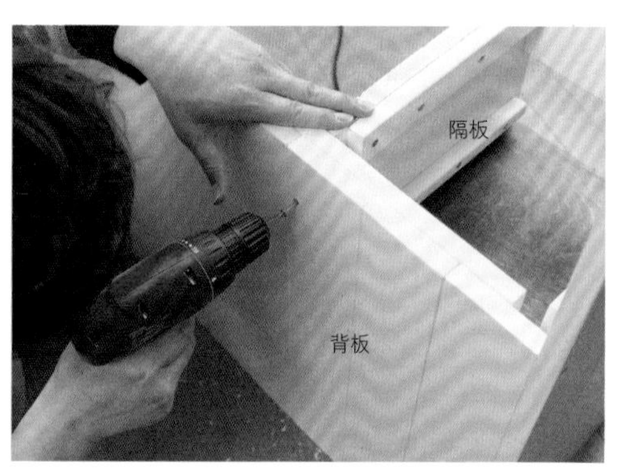

⇨

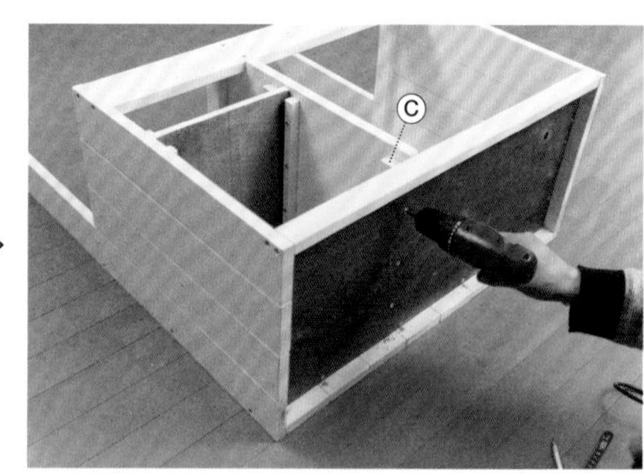

⑨ 从背板侧向隔板打入 3 根木螺丝，加以固定。

⑩ 从下方套入底板Ⓛ，从Ⓛ侧向安装在侧板与隔板上的加固板Ⓒ分别打入 3 根木螺丝加以固定。

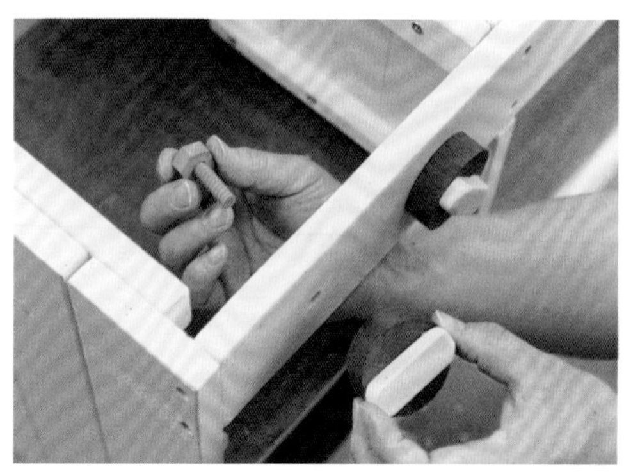

⇨

⑪ 用麻花钻头在前板Ⓙ上打一个通孔。用木工胶将灶台旋钮与玩具螺丝固定在一起。

⑫ 装上顶板后操作会不太方便，因此，先对台架上的沉孔进行隐藏处理(→见第 171 页)。

Process

制作屋顶与置物架

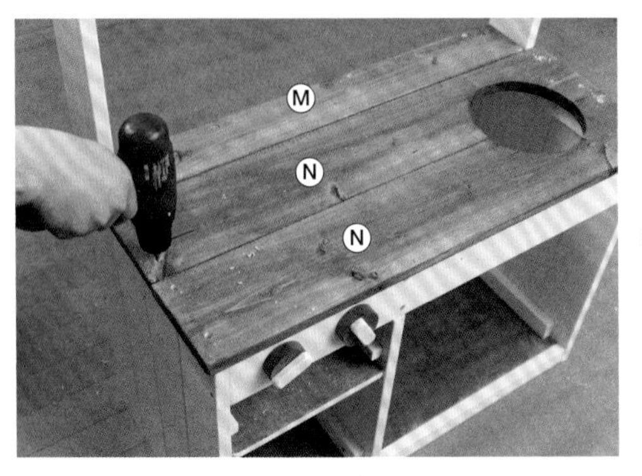

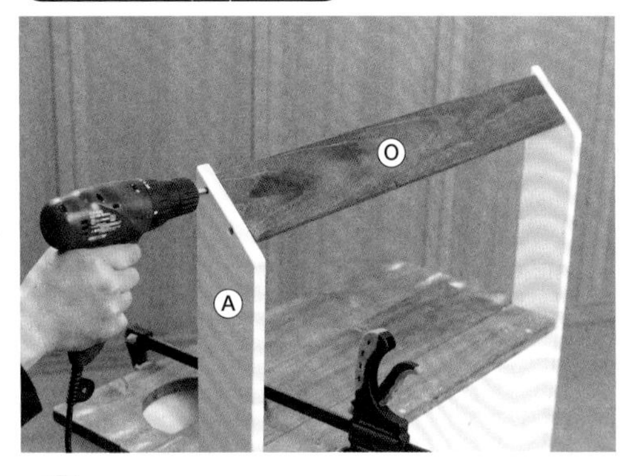

13 将 1 块顶板Ⓜ 2 块顶板Ⓝ放在台架上，从顶板一侧向侧板及背板打入 11 根木螺丝加以固定。

14 将屋顶板Ⓞ与侧板Ⓐ的斜角部分对齐，从Ⓐ侧分别打入 2 根木螺丝加以固定。

15 先用木工胶将屋顶板整齐地固定在屋顶板Ⓞ上，彼此间略微留出一些缝隙，注意保持等距。从Ⓞ侧分别用 2 根木螺丝加以固定。

16 用手锯锯掉侧板Ⓐ从屋顶上突出的部分。

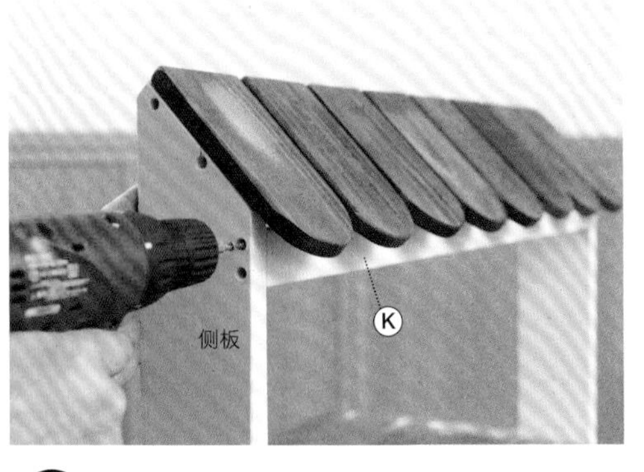

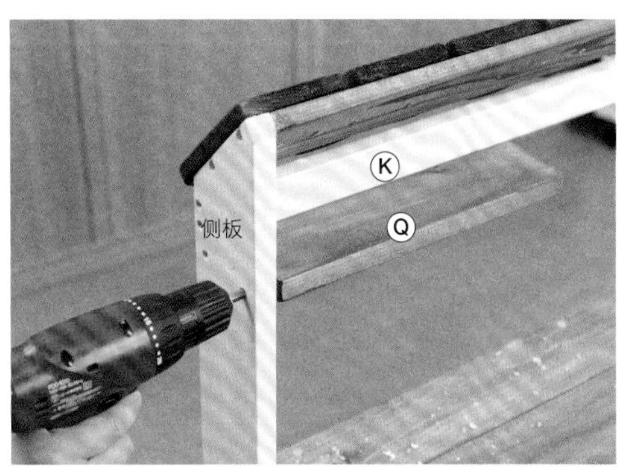

17 从侧板左右两侧分别打入 2 根木螺丝，将前板Ⓚ固定在侧板之间。

18 从侧板一侧打入 2 根木螺丝，将搁板Ⓠ固定在侧板上。

Process

安装门及各种装饰物

19 从顶板内侧打入 1 根木螺丝，固定水龙头。用木工胶将灶眼粘在顶板上，将金属碗套进顶板的圆孔内。

20 用木工胶将柜门框ⓈⓉ粘在柜门Ⓡ上。待胶干后，安装门拉手，然后分别用 2 个合页将柜门装在台架上。

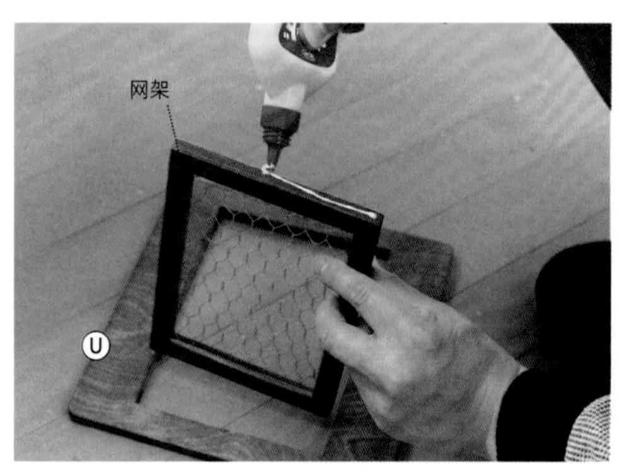

21 用木工胶将网架粘在烤箱门Ⓤ上，安装烤箱拉手。下方安装 2 个合页，将其固定在台架上。

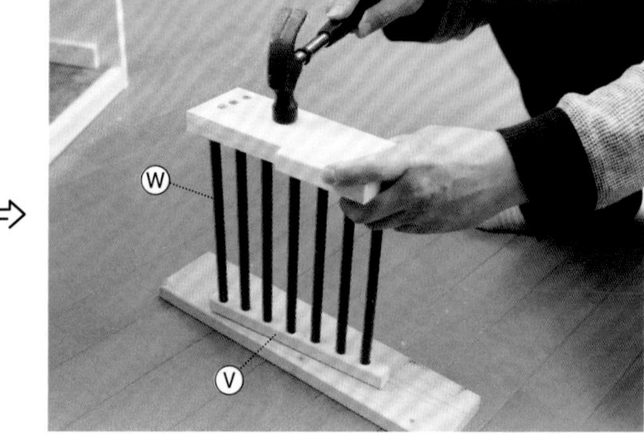

22 用麻花钻头在 2 根烤架滑轨Ⓥ上打 7 个间距相等的孔，然后插入 7 根圆木棒Ⓦ。在圆木棒上垫一块废木料，用锤子将圆木棒敲入孔内。先用锤子将圆木棒顶端敲尖一些，会更方便插入(→见第 171 页)。

23 用 2 根木螺丝将烤架门Ⓧ固定在烤架滑轨Ⓥ上。剪一块适合烤架门的窗口部分大小的透明文件夹，从内侧用射钉枪固定在烤架门上，然后在门上安装拉手。

完成！

24 用木工胶和木螺丝将窗框ⓎⓏⓐ固定在顶板上。

储物柜创意改造

只需在拉手或装饰条等细节上花一些心思，即使是初学者也能轻松地完成储物柜大变身！

制作者

go slow and smile

材料费：13000 日元
（约合人民币 650 元）
制作时间：半天
难易程度：★★☆☆☆

打开！

工具

- 木工角尺
- 卷尺
- 铅笔
- 手锯（或圆锯）
- 曲线锯
- 电钻
- 底孔钻头 3mm
- 批头 #2
- 射钉枪
- 木工胶
- 砂纸架（砂纸）
- 板刷
- 滚刷

材料

成品尺寸
*W*1609mm×*H*1200mm×*D*354mm

Ⓐ 柜门（带窗柜）：柳安木胶合板（12mm×443mm×1172mm）…1 块
Ⓑ 侧板（带窗柜）：柳安木胶合板（12mm×350mm×1176mm）…2 块
Ⓒ 顶板·底板（带窗柜）：柳安木胶合板（12mm×350mm×469mm）…2 块
Ⓓ 背板（带窗柜）：柳安木胶合板（12mm×469mm×1200mm）…1 块
Ⓔ 柜门（单门柜）：柳安木胶合板（12mm×298mm×870mm）…1 块
Ⓕ 侧板（单门柜）：柳安木胶合板（12mm×288mm×856mm）…2 块
Ⓖ 顶板·底板（单门柜）：柳安木胶合板（12mm×288mm×300mm）…2 块
Ⓗ 背板（单门柜）：柳安木胶合板（12mm×300mm×880mm）…1 块
Ⓘ 柜门（双门柜）：柳安木胶合板（12mm×410mm×870mm）…2 块
Ⓙ 顶板：脚手板（15mm×177mm×1140mm）…2 块
Ⓚ 装饰条：方木条（10mm×10mm×290mm）…4 根
Ⓛ 装饰条：方木条（10mm×10mm×340mm）…2 根
Ⓜ 装饰条：方木条（10mm×10mm×540mm）…2 根
Ⓝ 圆木棒（ϕ30mm×450mm）…1 根
- 收纳盒（300mm×420mm×880mm）…2 个
- 塑料纸板（3mm×310mm×560mm）…1 块
- 拉手…4 个
- 柜门磁吸…4 套
- 合页…8 个
- 木螺丝（25mm）…94 根
- 水性涂料（ALESCO 家装涂料 - 灰色、白色、自选颜色）

Cut List 木料图

▒ …边角料部分　单位：mm

柳安木胶合板（12mm×910mm×1820mm）×4块

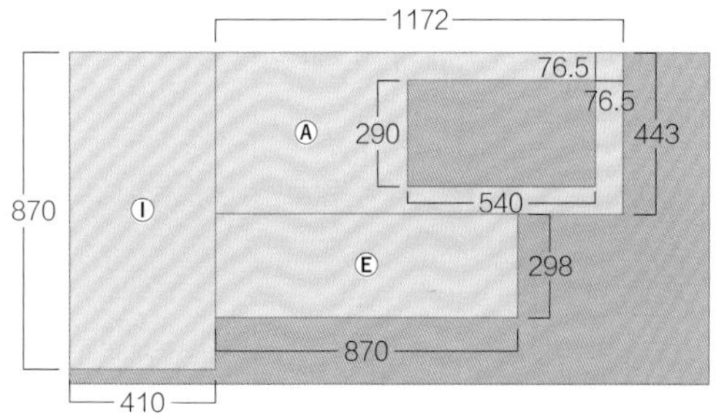

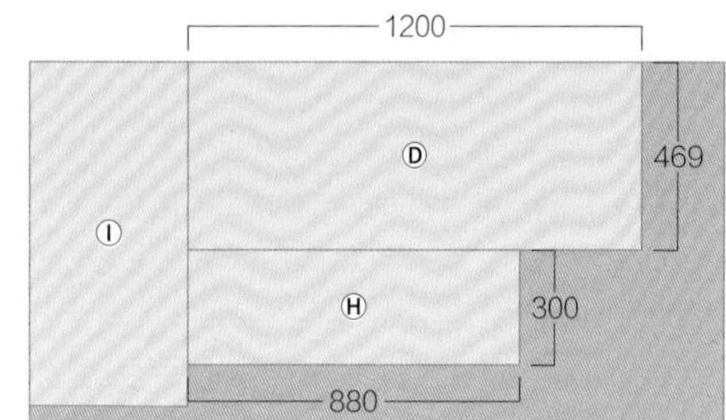

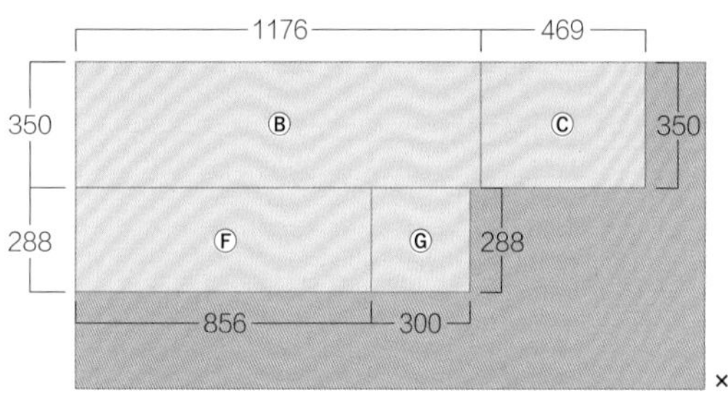

脚手板（15mm×177mm×1140mm）×2块

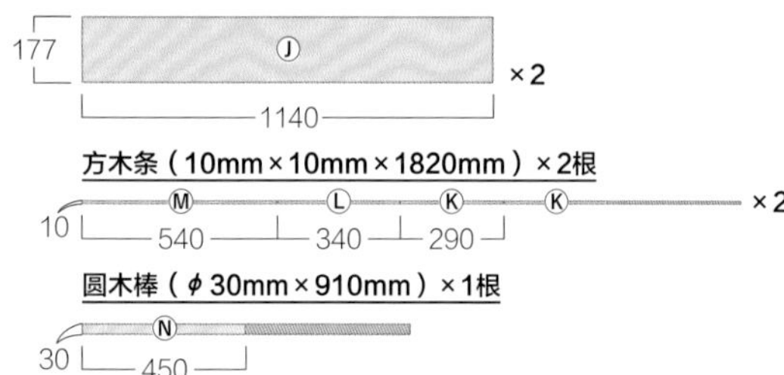

※ 所有板材使用前均需用砂纸打磨。

※ 如果储物柜的尺寸与图中不符，请参照以下标准调整板材尺寸。

- 侧板Ⓕ、背板Ⓗ的长边＝
  储物柜的高度−顶板·底板Ⓖ的厚度×2
- 侧板Ⓕ的短边、顶板·底板Ⓖ的短边＝
  储物柜的深度−背板Ⓗ的厚度
- 柜门ⒺⒾ的长边＝储物柜的高度−10mm
- 柜门Ⓘ的短边＝储物柜的长度−10mm

How to make 制作方法

Process 提前准备

1. 用曲线锯在柜门Ⓐ上挖一个方形的窗（→见第 172 页）。所有装饰条的两端都锯成 45° 的形状（→见第 143 页）。
2. 在板材Ⓐ～Ⓘ的外侧及装饰条Ⓚ～Ⓜ上刷灰色涂料，在板材Ⓐ～Ⓘ的内侧刷白色涂料。然后，在板材Ⓐ～Ⓓ的内侧用自己喜欢的颜色画上图案。
3. 用射钉枪将塑料纸板钉在柜门Ⓐ的镂空部分。
4. 用 2 根装饰条Ⓚ和 2 根装饰条Ⓛ拼成一个长方形，用木工胶固定在柜门Ⓐ外侧的下方。用 2 根装饰条Ⓚ和 2 根装饰条Ⓜ拼成窗的外框，用木工胶固定在窗周边。

Process 组装柜体

5. 用 2 块侧板Ⓑ、2 块顶板·底板Ⓒ制作柜体框架，从Ⓒ侧分别用 6 根木螺丝加以固定。从Ⓓ侧用 22 根木螺丝固定背板Ⓓ。
6. 按照同样的方法，用 2 块侧板Ⓕ、2 块顶板·底板Ⓖ、1 块背板Ⓗ制作柜体。
7. 将 2 个储物柜与步骤⑥的柜子并列摆放，将 2 块脚手板Ⓙ与柜子里边对齐，摆在柜顶，分别从柜子内侧用 8 根木螺丝加以固定。
8. 从侧板Ⓑ左右两侧各用 1 根木螺丝将圆木棒Ⓝ固定在步骤⑤制作完成的柜子内侧的适当位置。
9. 分别用 2 个合页将柜门Ⓐ安装在步骤⑧完成的带窗柜上，将柜门Ⓔ安装在步骤⑥完成的柜子上。分别用 2 个合页将 2 块柜门Ⓘ的侧面与步骤⑦的储物柜连在一起。

Process 收尾

10. 在柜门ⒶⒺⒾ上安装拉手。
11. 在每个柜子的上方和柜门内侧安装柜门磁吸（→见第 39 页）。

Drawing 组装图

▭ …连接面
● …螺丝（钉子）孔的位置
● …沉孔的位置
单位：mm

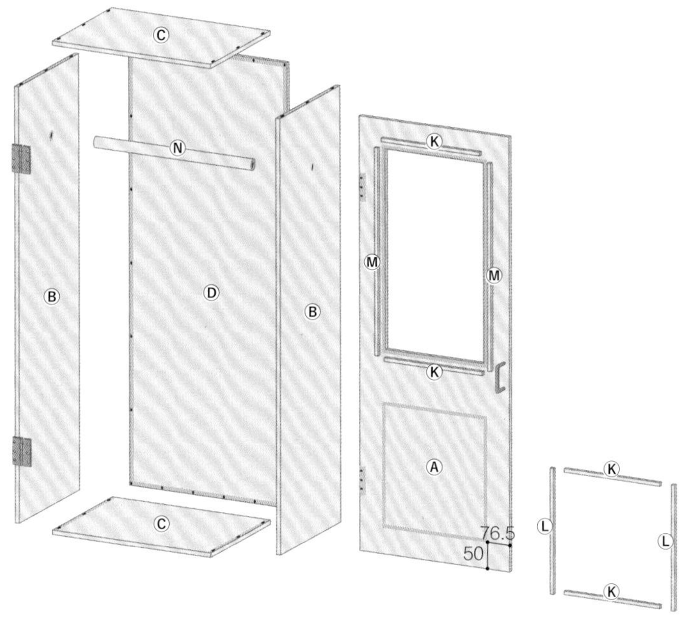

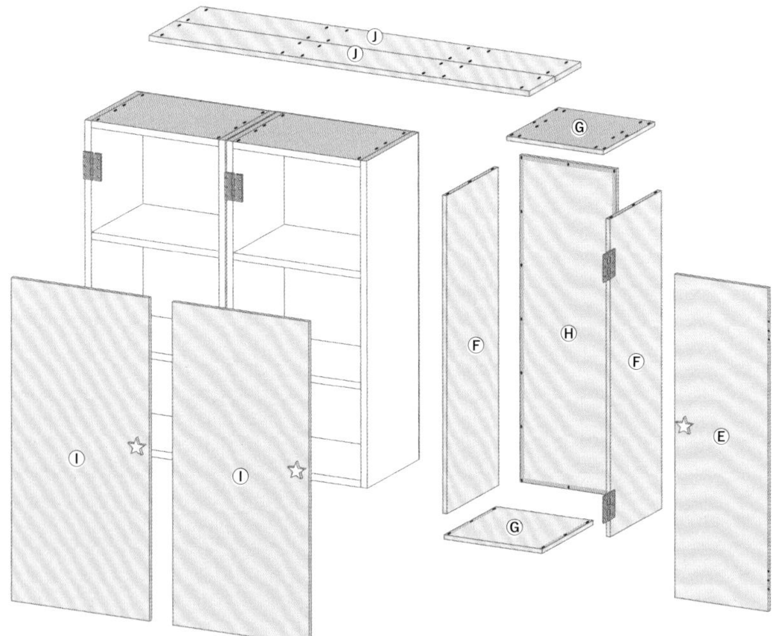

※ 组装前预先打好底孔（→见第Ⅱ页）。

儿童房

19

儿童桌椅

造型洗练，经久耐看，可长期使用。棕、白色调十分符合房间的自然风格。

制作者

sora-rarara

材料费：10000 日元

（约合人民币 500 元）

制作时间：半天

难易程度：★★☆☆☆

工具

- 木工角尺
- 卷尺
- 铅笔
- 手锯
- 平切锯
- 电钻
- 底孔钻头 3mm
- 批头 #2
- 沉孔钻头 8mm
- 木工胶
- 砂纸机（砂纸）
- 板刷
- 抹布

材料

[儿童桌]

成品尺寸
W750mm×H730mm×D450mm

Ⓐ 桌腿：SPF 板（38mm×38mm×713mm）…4 根
Ⓑ 望板：SPF 板（19mm×89mm×360mm）…2 块
Ⓒ 加固板：SPF 板（38mm×38mm×360mm）…2 根
Ⓓ 望板：SPF 板（19mm×89mm×670mm）…1 块
Ⓔ 加固板：SPF 板（38mm×38mm×670mm）…1 根
Ⓕ 前板：柏木板（13mm×90mm×666mm）…1 块
Ⓖ 背板：柏木板（13mm×70mm×620mm）…1 块
Ⓗ 侧板：柏木板（13mm×70mm×380mm）…2 块
Ⓘ 底板：胶合板（4mm×380mm×646mm）…1 块
Ⓙ 顶板：松木集成板（17mm×450mm×750mm）…1 块

- 木螺丝（50mm）…30 根、木螺丝（24mm）…27 根
- 圆木榫（8mm）…34 个
- 滑轨
- 拉手
- 水性涂料（ALESCO 家装涂料 - 奶油色、日本百元店“大创”水性清漆 - 胡桃木色）

[儿童椅]

成品尺寸
W380mm×H740mm×D368mm

Ⓐ 椅腿：SPF 板（38mm×38mm×740mm）…2 根
Ⓑ 椅腿：SPF 板（38mm×38mm×400mm）…2 根
Ⓒ 横木：SPF 板（38mm×38mm×275mm）…4 根
Ⓓ 横木：SPF 板（38mm×38mm×303mm）…4 根
Ⓔ 背板：SPF 板（19mm×89mm×303mm）…1 块
Ⓕ 背板：SPF 板（19mm×38mm×303mm）…1 块
Ⓖ 座椅面：SPF 板（19mm×184mm×380mm）…1 块
Ⓗ 座椅面：SPF 板（19mm×184mm×380mm）…1 块

- 木螺丝（50mm）…40 根、木螺丝（24mm）…8 根
- 圆木榫（8mm）…48 个
- 水性涂料（ALESCO 家装涂料 - 奶油色、日本百元店“大创”水性清漆 - 胡桃木色）

How to make 制作方法

Process

制作桌腿

1. 从桌腿Ⓐ侧分别向望板Ⓑ及加固板Ⓒ打入 2 根 50mm 木螺丝，将它们固定在桌腿上。
2. 按照同样的方法，将另一根桌腿Ⓐ固定在步骤①完成的部分的另一侧。重复同样步骤，再做 1 组。
3. 分别用 4 根 50mm 木螺丝将望板Ⓓ及加固板Ⓔ固定在 2 组桌腿之间。

Process

制作抽屉

4. 将背板Ⓖ和 2 块侧板Ⓗ摆成 U 字形，从Ⓗ侧分别用 2 根 24mm 木螺丝加以固定。
5. 将底板Ⓘ放在步骤④完成的部分上，从Ⓘ侧打入 9 根 24mm 木螺丝加以固定，注意螺丝间隔保持等距。
6. 将步骤⑤的部分翻转过来，摆好前板Ⓕ，从Ⓕ侧向 2 块侧板Ⓗ各打入 2 根 24mm 木螺丝加以固定。

Process

刷涂料、收尾

7. 对步骤③和⑥完成的部分的所有沉孔进行隐藏处理(→见第 171 页)。
8. 在桌体与抽屉上刷白色涂料，顶板刷棕色涂料。干燥后再刷一遍。
9. 在望板Ⓑ的内侧和抽屉侧板Ⓗ的外侧安装滑轨。
10. 将顶板Ⓙ放在桌腿上，从Ⓙ侧打入 6 根 24mm 木螺丝加以固定，注意螺丝间隔保持等距。对所有沉孔进行隐藏处理，圆木榫处刷成棕色。
11. 在抽屉上安装拉手，装好抽屉。

※ 组装前预先打好底孔(→见第Ⅱ页)。

Cut List 木料图

▒ …边角料部分　单位：mm

SPF2×2板（38mm×38mm×1820mm）×2根

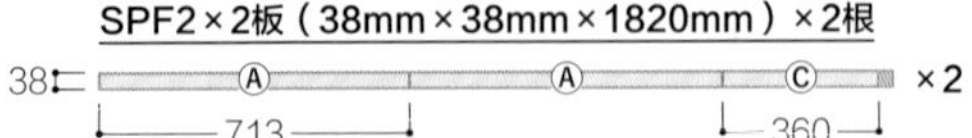

SPF2×2板（38mm×38mm×910mm）×1根

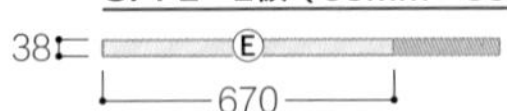

SPF1×4板（19mm×89mm×1820mm）×1块

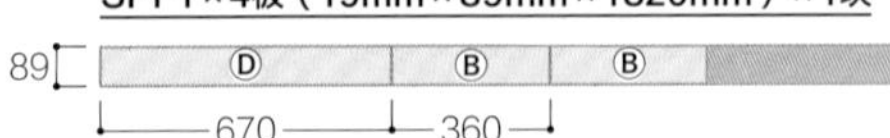

柏木板（13mm×90mm×1820mm）×1块

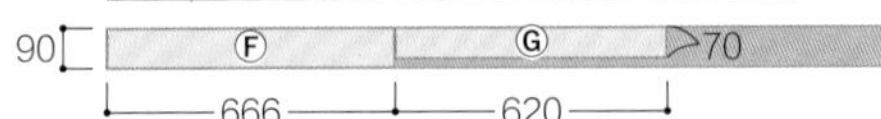

柏木板（13mm×90mm×910mm）×1块

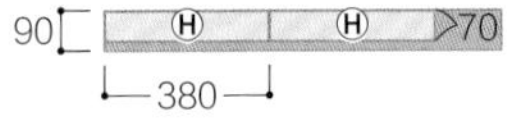

胶合板（4mm×600mm×910mm）×1块　　松木集成板（17mm×450mm×910mm）×1块

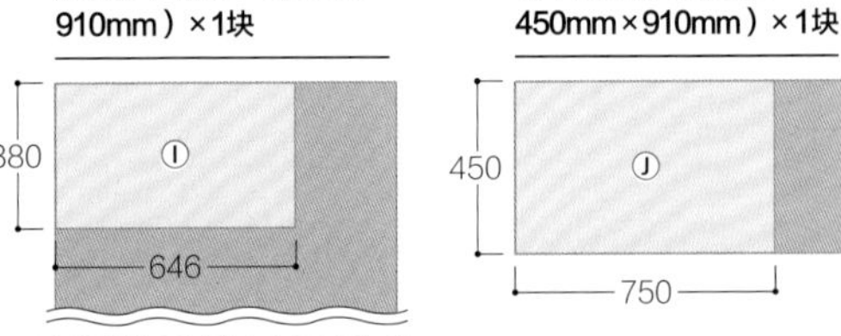

※ 所有板材使用前均需用砂纸打磨。

Drawing 组装图

▒ …连接面
● …螺丝(钉子)孔的位置
● …沉孔的位置
单位：mm

How to make 儿童椅的制作方法

Process

提前准备、刷涂料

1. 将座椅面Ⓖ的长边两角各锯掉一个边长40mm的正方形。

2. 在座椅面ⒼⒽ、背板ⒺⒻ上刷棕色涂料，其余板材刷白色涂料。干燥后再刷一遍。

Process

制作椅子框架

3. 从椅腿Ⓐ侧分别向2根横木Ⓒ打入2根50mm木螺丝，将横木固定在椅腿上。

4. 按照同样的方法，将椅腿Ⓑ安装在步骤③的部分的另一侧。重复同样步骤，再做1组。

5. 从椅腿侧分别向4根横木Ⓓ、背板ⒺⒻ打入2根50mm木螺丝，将它们固定在步骤④的一组椅腿上。

6. 按照同样的方法，将步骤④的另一组椅腿固定在另一侧。

Process

收尾

7. 将座椅面ⒼⒽ放在步骤⑥制作好的椅腿上，从ⒼⒽ侧分别打入4根24mm木螺丝加以固定。

8. 对所有沉孔进行隐藏处理，圆木榫处刷涂料。

Cut List 木料图

▒…边角料部分 单位：mm

SPF2×2板（38mm×38mm×1820mm）×3根

Ⓐ Ⓑ Ⓒ Ⓒ ×2

38 740 400 275

Ⓓ Ⓓ Ⓓ Ⓓ

303

SPF1×4板（19mm×89mm×910mm）×1块

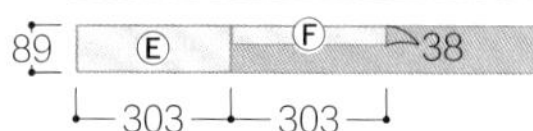

SPF1×8板（19mm×184mm×910mm）×1块

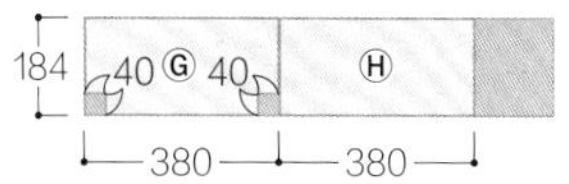

※所有板材使用前均需用砂纸打磨。

Drawing 组装图

▒…连接面

• …螺丝（钉子）孔的位置

• …沉孔的位置

单位：mm

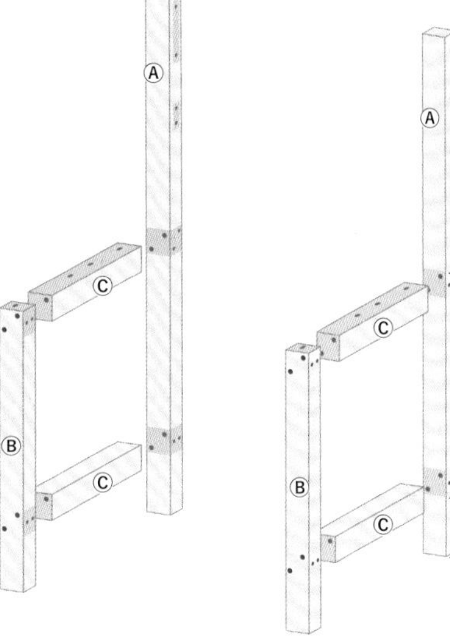

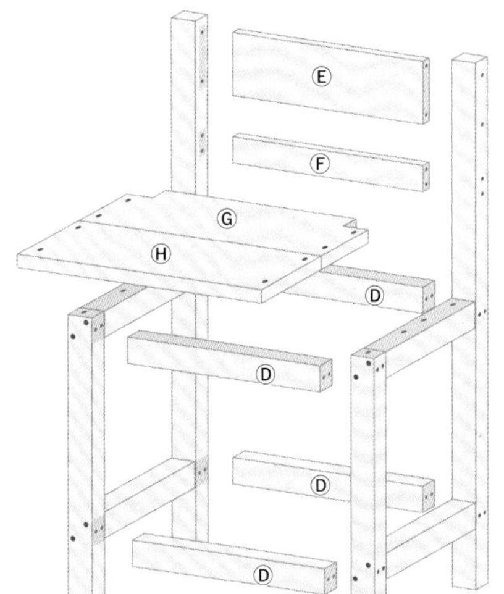

※组装前预先打好底孔、沉孔（→见第Ⅱ页）。

儿童房 20

锥形帐篷

如同一个秘密基地，绝对是孩子最爱的室内空间！圆形的地毯不仅有防滑效果，更是完美的家装点缀。

※ 如果下面没有毯子，帐篷很容易滑倒。因此，为了增强帐篷的稳定性，一定要在帐篷下铺一张圆毯。

制作者

川名惠介

材料费：13000 日元（约合人民币 650 元）

制作时间：3h

难易程度：★★☆☆☆

工具

- 木工角尺
- 铅笔
- 裁缝剪
- 缝纫机
- 电钻
- 麻花钻头 8mm

材料

成品尺寸

ϕ1500mm×H1700mm

- Ⓐ 圆木棒（ϕ30mm×1820mm）…5 根
- 麻布（上底 90mm× 下底 892mm× 高 1550mm）…4 块
- 麻布（上底 45mm× 下底 446mm× 高 1550mm）…2 块
- 棉绳（6mm×0.5m）…1 根
- 别针（能够固定住厚布的别针）…6 个
- 圆毯（ϕ1500mm）…1 张

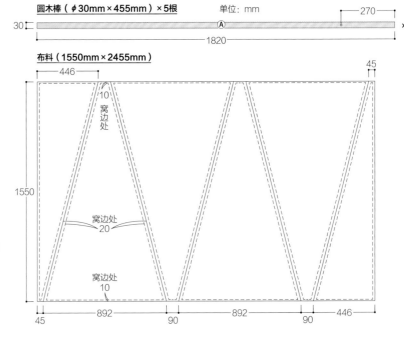

Cut List 木料图

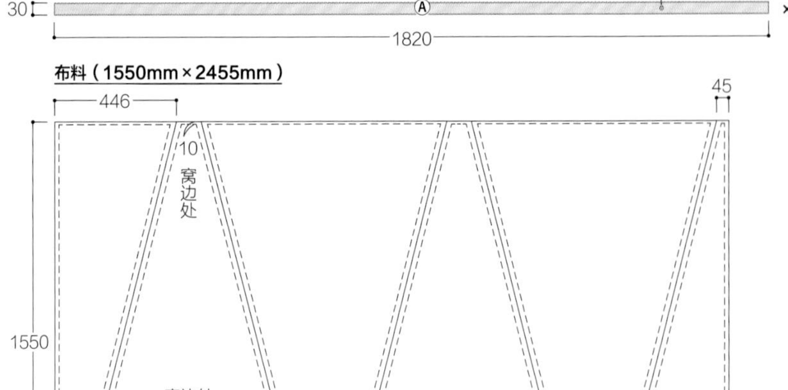

How to make 制作方法

Process

制作帐篷围布

1. 将麻布裁成梯形，顶边和底边各向内窝边两次，每次 5mm，然后包边。六块麻布均做同样处理。
2. 将步骤①的 2 块布正面相对重合叠放，在距离长边一侧 20mm 处起针，将 2 块布平缝在一起。按照相同方法将 6 块布缝在一起，2 块窄布放在两侧，形成一块巨大的扇形布面。
3. 在步骤②缝好的布的两端各向内窝边一次，在距离布边 10mm 处平缝包边。
4. 将扇形两端上方重叠 10cm 左右，然后从上至下，每隔 15cm 左右用 2 个别针固定住，一共固定 3 处。

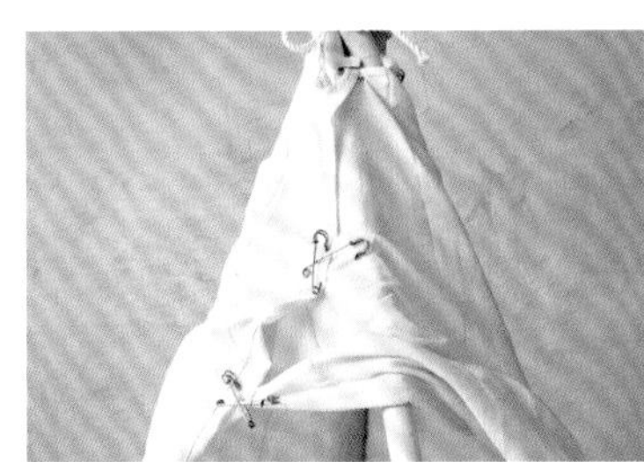

Drawing 组装图

单位：mm

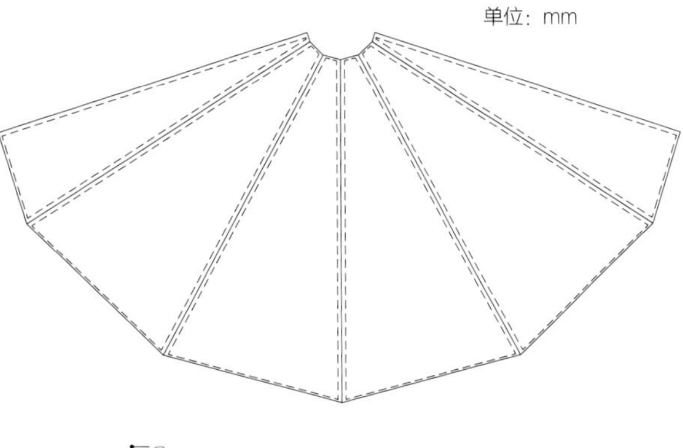

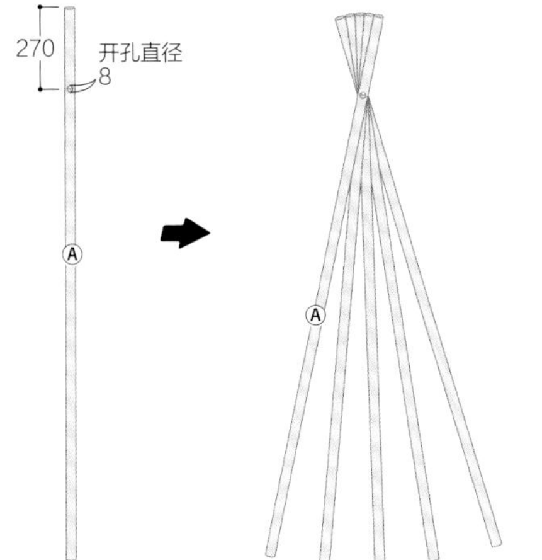

※ 组装前预先打好底孔(→见第Ⅱ页)。

Process

组装

5. 用麻花钻头在距离圆木棒Ⓐ顶端 27mm 处打一个通孔。5 根圆木棒均做同样处理。
6. 将棉绳穿进圆木棒的孔内，将 5 根木棒系在一起，轻轻地打一个结。
7. 将系在一起的 5 根圆木棒下方轻轻撑开，围成圆状，然后将棉线绕木棒一周，用力打一个死结。

8. 将步骤⑦的圆木棒合拢立在圆毯中央，将缝好的帐篷围布从上方罩在木棒上。将木棒下方一点点撑开，形成一个五角锥形，直到木棒底端到达圆毯边缘。将帐篷围布的开口处整理一下，制成帐篷的入口。

※ 攀爬、倚靠容易造成危险，儿童使用时应注意安全。

儿童房 21

书包柜

制作方法十分简单，稍微添加一些曲线设计，就能令可爱感倍增。

制作者

末永京

材料费：8000 日元

（约合人民币 400 元）

制作时间：4h

难易程度：★★★☆☆

工具

- 木工角尺
- 卷尺
- 铅笔
- 手锯
- 曲线锯
- 电钻
- 底孔钻头 2mm
- 批头 #2
- 木工胶
- 砂纸架（砂纸）
- 板刷
- 抹布

材料

成品尺寸

*W*448mm×*D*410mm×*H*1130mm（一个）

- Ⓐ 侧板：椴木木芯板（18mm×410mm×1130mm）…2 块
- Ⓑ 搁板：椴木木芯板（18mm×340mm×412mm）…5 块
- Ⓒ 底板（抽屉）：椴木木芯板（18mm×314mm×382mm）…2 块
- Ⓓ 前板·背板（上抽屉）：南洋楹集成板（13mm×90mm×408mm）…2 块
- Ⓔ 侧板（上抽屉）：南洋楹集成板（13mm×90mm×314mm）…2 块
- Ⓕ 前板·背板（下抽屉）：南洋楹集成板（13mm×148mm×408mm）…2 块
- Ⓖ 侧板（下抽屉）：南洋楹集成板（13mm×148mm×314mm）…2 块
- Ⓗ 背板：胶合板（4mm×448mm×932mm）…1 块
- Ⓘ 横档：圆木棒（ϕ30mm×412mm）…1 根
- 细割尾螺丝（35mm）…85 根左右
- 拉手…2 个
- 挂钩…4 个
- 抛光蜡
- 水性涂料（Old Village 水性牛奶漆 -Fancy Chair Yellow、Fancy Chair Green）

Cut List 木料图

▒…边角料部分　单位：mm

椴木木芯板
（18mm×910mm×1820mm）×2块

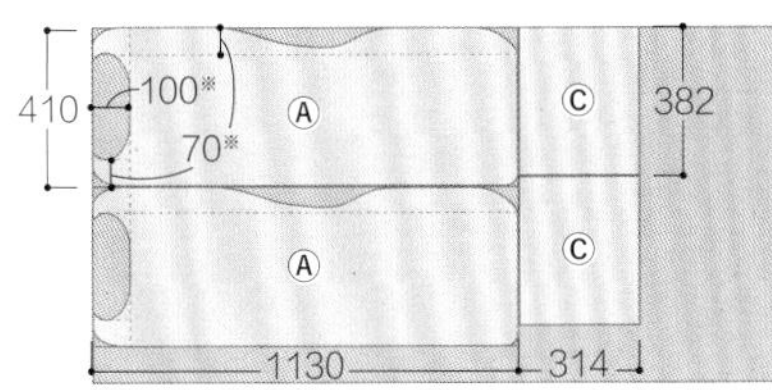

※设计曲线造型时，应控制在虚线范围内。

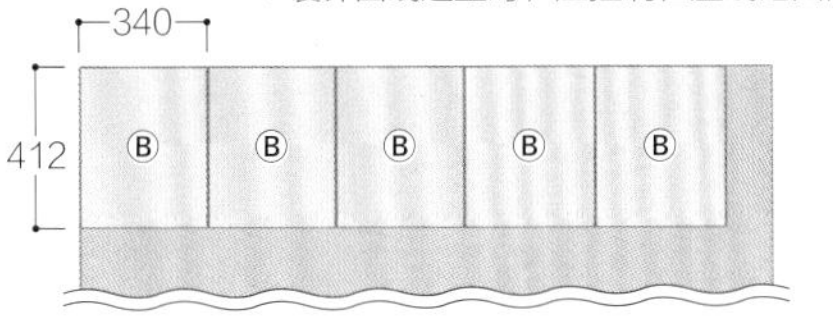

南洋楹集成板
（13mm×200mm×1820mm）×1块

90　Ⓓ Ⓓ Ⓔ Ⓔ
148　Ⓕ Ⓕ Ⓖ Ⓖ
408　314

胶合板（4mm×600mm×1820mm）×1块

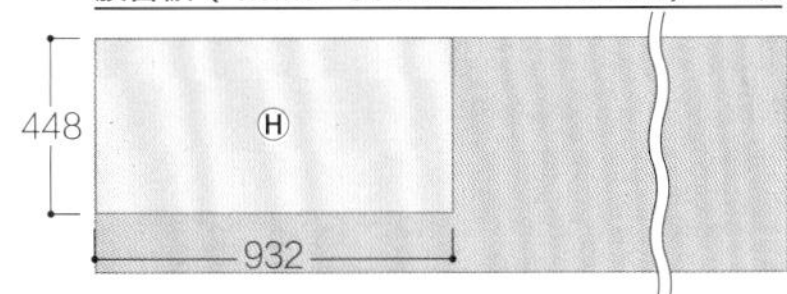

圆木棒（ϕ30mm×910mm）×1根

30　Ⓘ
412

※也可如图片所示，使用树枝等材料。

※ 所有板材使用前均需用砂纸打磨。

How to make 制作方法

Process
提前准备

1. 在 2 块侧板Ⓐ的前端与柜腿部分画上自己喜欢的曲线，用曲线锯进行切割(→见第 172 页)。

Process
组装柜体

2. 从侧板Ⓐ一侧分别向 5 块搁板Ⓑ打入 3 根细割尾螺丝，将搁板固定在侧板上。
3. 将圆木棒Ⓘ嵌入步骤②的部分的上方，从侧板Ⓐ侧打入 1 根细割尾螺丝加以固定。
4. 重复步骤②③，将另一块侧板Ⓐ安装在对面。
5. 将背板Ⓗ的上边与最上面一块搁板对齐，从Ⓗ侧向侧板Ⓐ分别打入 4 根细割尾螺丝加以固定。

Process
制作抽屉

6. 将 2 块侧板Ⓔ与底板Ⓒ的短边垂直对齐，从Ⓔ侧分别打入 3 根细割尾螺丝加以固定。
7. 从Ⓓ侧分别打入 7 根细割尾螺丝，将 2 块前板·背板Ⓓ固定在步骤⑥的部分上。
8. 按照同样的步骤，用 1 块底板Ⓒ、2 块侧板Ⓖ、2 块前板·背板Ⓕ再做一个抽屉。

Process
刷涂料

9. 在柜体侧面以及上面 2 块搁板的横切面(→见第 169 页)、圆木棒以及抽屉表面刷水性涂料。柜体内侧刷抛光蜡。

Process
收尾

10. 在 2 个抽屉上分别安装拉手，然后装进柜子里。在侧板Ⓐ的适当位置上安装挂钩。

Drawing 组装图

…连接面
● …螺丝(钉子)孔的位置
● …沉孔的位置
单位：mm

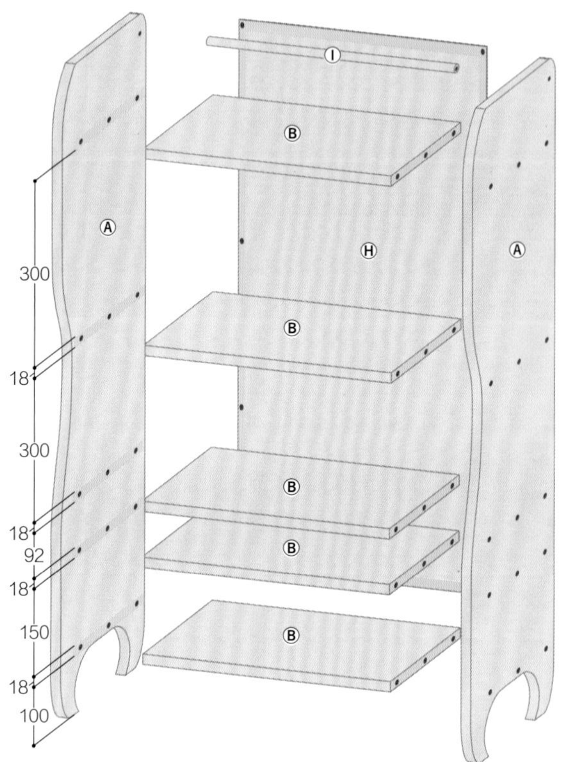

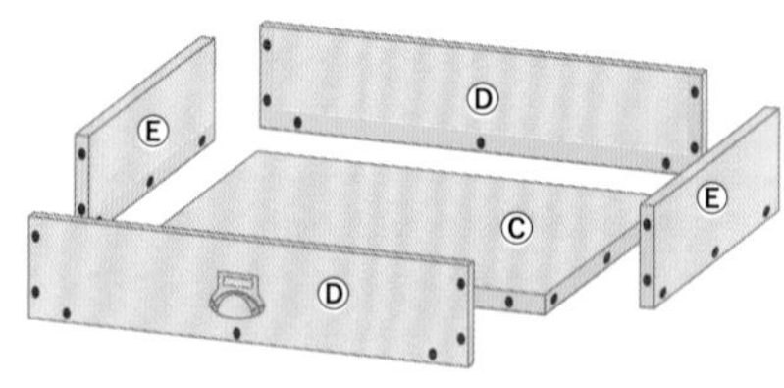

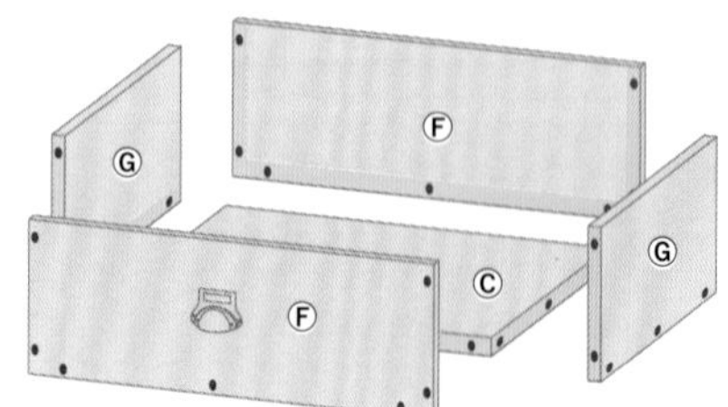

※ 组装前预先打好底孔(→见第Ⅱ页)。

首饰盒

大小适中，适用于收纳各种零散物品。图中作品使用了"槽口榫"这一难度较高的木工技巧，本书则为您介绍如何用圆木榫拼接的方法达到同样的效果。

制作者

Hisayo

材料费：6000 日元
（约合人民币 300 元）
制作时间：10h
难易程度：★★★★☆

Cut List 木料图

桤木实木板（18mm×1200mm×1820mm）×1块

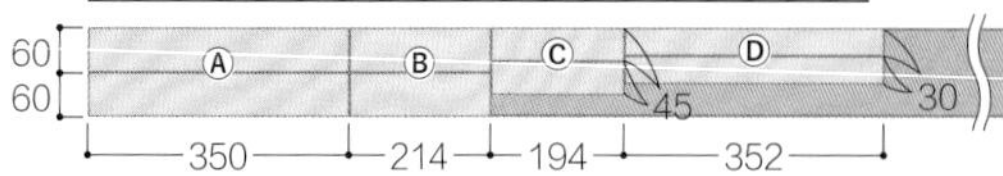

亚克力板（2mm×204mm×272mm）×1块

椴木胶合板（4mm×300mm×400mm）×1块

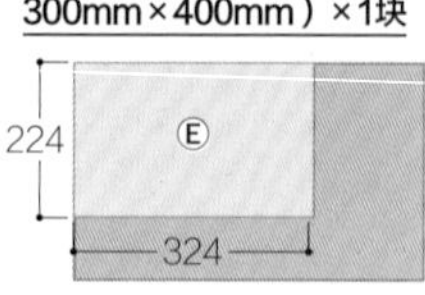

椴木胶合板（7mm×300mm×400mm）×1块

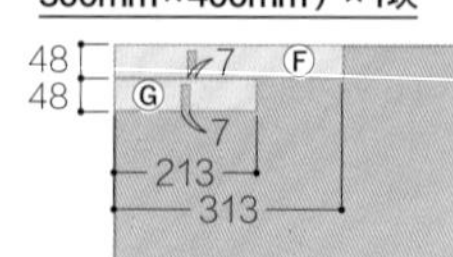

方木条（5mm×9mm×1820mm）×1根

9 Ⓗ Ⓗ Ⓘ Ⓘ

272　204

▒…边角料部分　单位：mm

※ 所有板材使用前均需用砂纸打磨。

工具

- 木工角尺
- 直尺
- 铅笔
- 手锯
- 修边机
- 凿子（或一字螺丝刀）
- 电钻
- 沉孔钻头 6mm
- 螺丝刀
- 木工锤
- 木工胶
- 砂纸
- 板刷

材料

成品尺寸　*W*352mm×*H*78mm×*D*254mm

Ⓐ 前板·背板：桤木实木板（18mm×60mm×350mm）…2 块
Ⓑ 侧板：桤木实木板（18mm×60mm×214mm）…2 块
Ⓒ 盒盖短框：桤木实木板（18mm×45mm×194mm）…2 块
Ⓓ 盒盖长框：桤木实木板（18mm×30mm×352mm）…2 块
Ⓔ 底板：椴木胶合板（4mm×224mm×324mm）…1 块
Ⓕ 隔板：椴木胶合板（7mm×48mm×313mm）…1 块
Ⓖ 隔板：椴木胶合板（7mm×48mm×213mm）…1 块
Ⓗ 压条：方木条（5mm×9mm×272mm）…2 根
Ⓘ 压条：方木条（5mm×9mm×204mm）…2 根
Ⓙ 亚克力板（2mm×204mm×272mm）…1 块

- 圆木榫（6mm）…8 个
- 微型螺丝（10mm）…10 根
- 合页…2 个
- 油性涂料（OSMO 家装木蜡油 -3032 透明色）

Plan view 平面图　单位：mm

<凹槽尺寸>

Ⓐ
18　6　（底面）　18

Ⓑ　宽4×深5的凹槽
6　（底面）

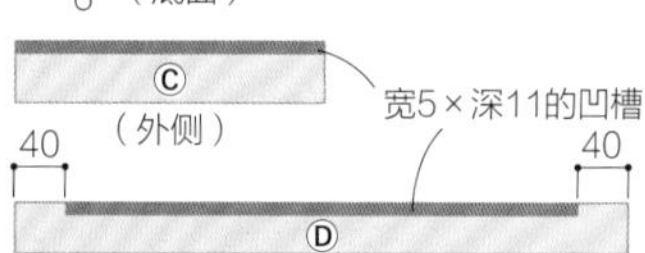

How to make 制作方法

Process

提前准备

1. 如平面图所示，用修边机在 2 块前板·背板Ⓐ、2 块侧板Ⓑ、2 块盒盖短框Ⓒ、2 块盒盖长框Ⓓ上各开一道凹槽（→见第 174 页）。
2. 在隔板ⒻⒼ的适当位置上做一个宽 7mm、深 24mm 的标记。先用手锯锯开一个小小的切口，然后用凿子将标记部分凿空。
3. 在 2 块侧板Ⓑ的横切面（→见第 169 页）上打沉孔，然后嵌上圆木榫定位顶尖，在对应的 2 块前板·背板Ⓐ上做好标记后，在标记处也打上沉孔（→见第 62 页）。
4. 按照同样的方法，在 2 块盒盖短框Ⓒ的横切面与盒盖长框Ⓓ的对应位置上也打上沉孔。

Process
组装盒体

5 向 2 块侧板Ⓑ一侧的沉孔内注入木工胶，插入圆木榫。然后在圆木榫顶端涂抹木工胶，套上背板Ⓐ（圆木榫拼接→见第 62 页）。

6 将底板Ⓔ插入步骤⑤完成的部分的凹槽内，然后按照同样的方法，将侧板Ⓑ与前板Ⓐ用圆木榫拼接在一起。

Process
刷涂料、制作盒盖

7 在步骤⑥的盒体以及所有剩余板材上刷涂料。

8 用圆木榫拼接的方式将 2 块盒盖短框Ⓒ与 2 块盒盖长框Ⓓ拼接起来，做成盒盖框。

9 将亚克力板嵌入步骤⑧完成的部分的凹槽内，四周分别放上 2 根压条ⒽⒾ，从ⒽⒾ侧打入 10 根微型螺丝加以固定。

Process
收尾

10 将步骤②里的隔板ⒻⒼ的切口拼在一起，放入步骤⑦的盒体内。

11 用凿子在步骤⑨的盒盖的内侧与盒体背板Ⓐ的上方安装合页的位置各开两道凹槽（→见第 39 页），大小、厚度均与合页相同。

12 在步骤 ⑪ 的凹槽内安装 2 个合页，接盒盖与盒体。

• 要点 •

如果没有凿子，无法开槽，可将合页安装在盒盖长边的侧面与背板Ⓐ的外侧。

Drawing **组装图**

▒ …连接面
• …螺丝（钉子）孔的位置
• …沉孔的位置
单位：mm

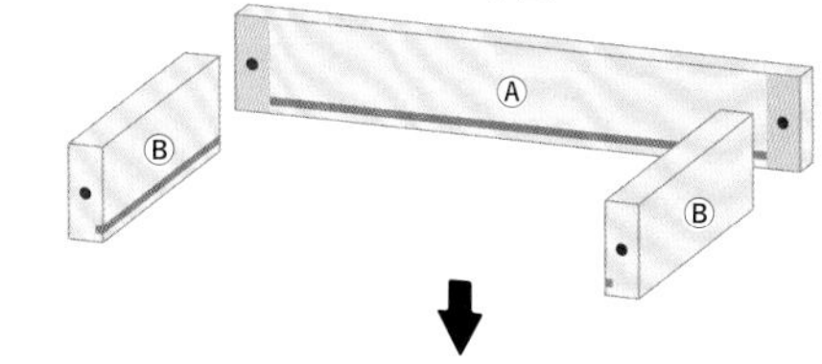

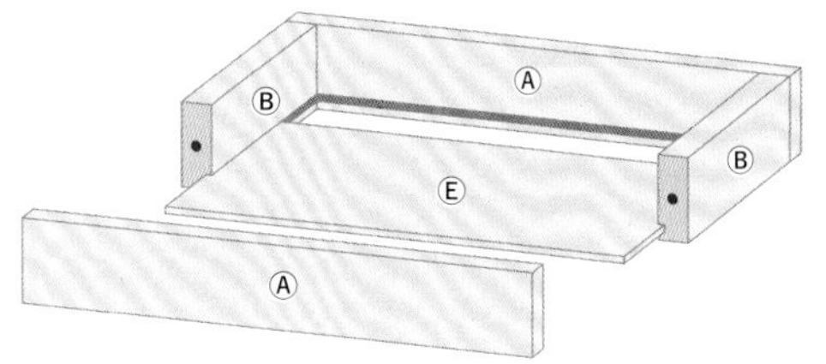

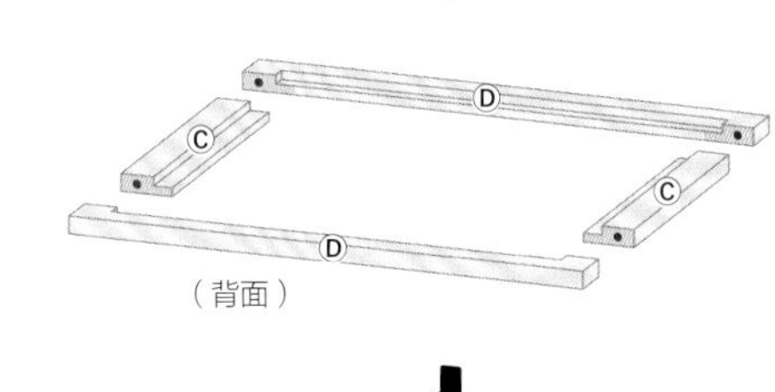

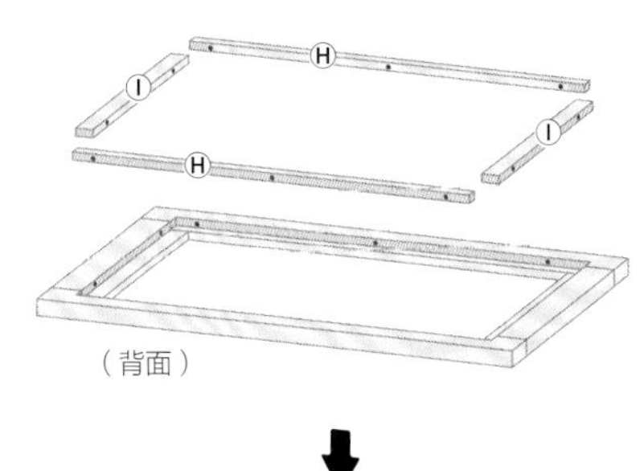

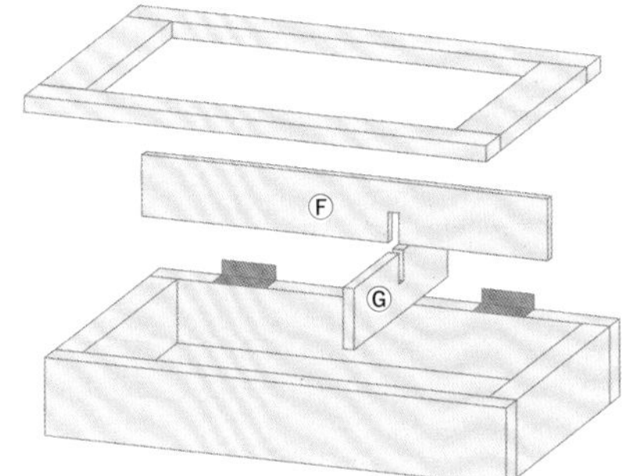

厨房 23

餐具架①

嵌入圆木棒的工序对技术要求比较高，需要有耐心。不过，此款餐具架，能令生活气息浓郁的水槽周围变得更为时尚，同时，壁挂设计还可以节省大量空间。

制作者

川名惠介

材料费：3500日元
（约合人民币175元）
制作时间：6h
难易程度：★★★☆☆

Cut List 木料图

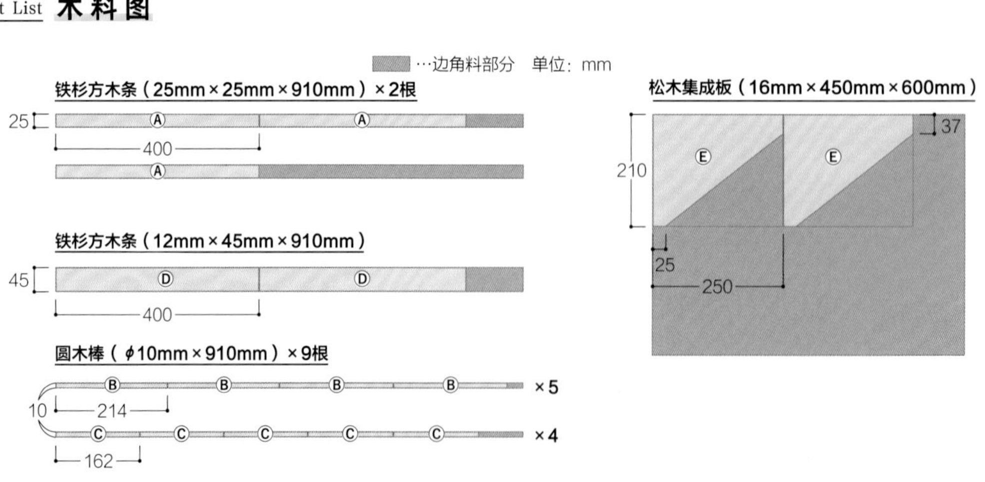

※ 所有板材使用前均需用砂纸打磨。

工具

- 木工角尺
- 铅笔
- 手锯
- 电钻
- 底孔钻头 3mm
- 麻花钻头 10mm
- 批头 #2
- 木工锤
- 木工胶
- 砂纸架(砂纸)

How to make 制作方法

Process

在方木条上打孔

1. 在 2 根横板Ⓐ的一面以及 1 根横板Ⓐ的相邻两面上标记圆木棒孔位的中心点，从距离木条一端 10mm 处开始，每隔 20mm 标记一点，3 根横板Ⓐ摆在一起标记不容易出现偏差。

2. 以步骤①的标记处为中心，用麻花钻头分别打深 7mm 的孔。·

• 要点 •

打孔时，一定要注意保持电钻完全垂直于板材，否则孔眼会歪，圆木棒很难插入。

Process

组装

3. 向双面打孔的横板Ⓐ一侧的孔内注入木工胶，插入圆木棒Ⓑ，用木工锤将圆木棒顶端敲尖一些，深深插进孔内。按照同样的方法，在另一侧的孔内插入圆木棒Ⓒ。

4. 向其余 2 根横板Ⓐ的孔内注入木工胶，分别安装在圆木棒的另一侧。用木工锤敲打圆木棒，使其深深插入孔内，敲打时注意在圆木棒上垫一块废木料。

5. 将圆木棒Ⓑ上下 2 根横板Ⓐ的上边分别与 2 块背板Ⓓ的上边对齐，从Ⓓ侧分别打入 3 根木螺丝加以固定。

   ※ 放置使用时，下方的背板Ⓓ与Ⓐ的下边对齐。

6. 从侧板Ⓔ一侧分别打入 3 根木螺丝，将 2 块侧板Ⓔ固定在两侧。

7. 制作壁挂款时，从上下 2 块背板Ⓓ侧分别向墙内打入 2 根木螺丝，将餐具架固定在墙上(参照第 88 页图片)。

材料

成品尺寸 *W*432mm×*H*250mm×*D*210mm

Ⓐ 横板：方木条(25mm×25mm×400mm)…3 根
Ⓑ 圆木棒(ϕ10mm×214mm)…20 根
Ⓒ 圆木棒(ϕ10mm×162mm)…20 根
Ⓓ 背板：方木条(12mm×45mm×400mm)…2 块
Ⓔ 侧板：松木集成板(16mm×210mm×250mm)…2 块
- 木螺丝(40mm)…14 根

Drawing 组装图

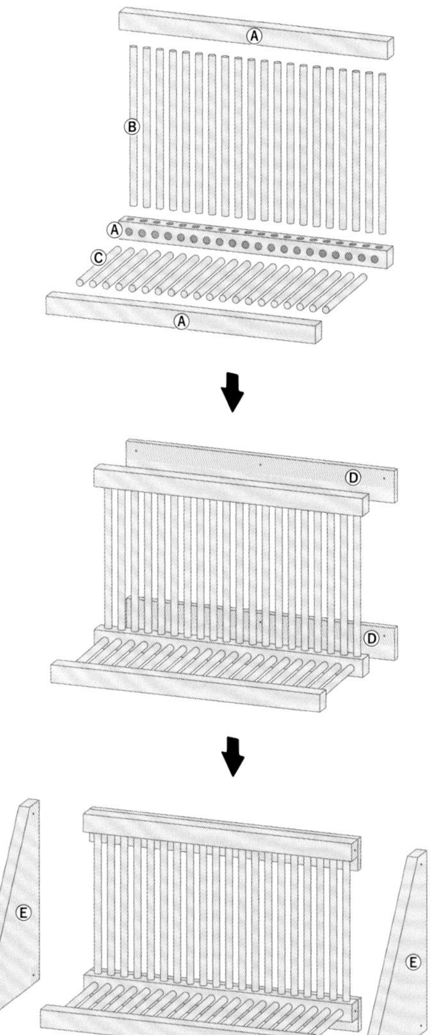

※ 组装前预先打好底孔(→见第Ⅱ页)。

厨房 24

餐具架②

制作者

Hisayo

材料费：3400 日元（约合人民币 170 元）

制作时间：半天

难易程度：★★★☆☆

壁挂式餐具架。造型简洁，细节设计到位。也可用作调料架。

工具

① 木工角尺
② 直尺
③ 卷尺
④ 布基胶带
⑤ 木工夹
⑥ 手锯
⑦ 刨子
⑧ 电钻
⑨ 螺丝刀
⑩ 锤子
⑪ 砂纸
⑫ 板刷
- 铅笔
- 底孔钻头 3mm
- 麻花钻头 9mm
- 批头 #2
- 木工胶
- 毛笔

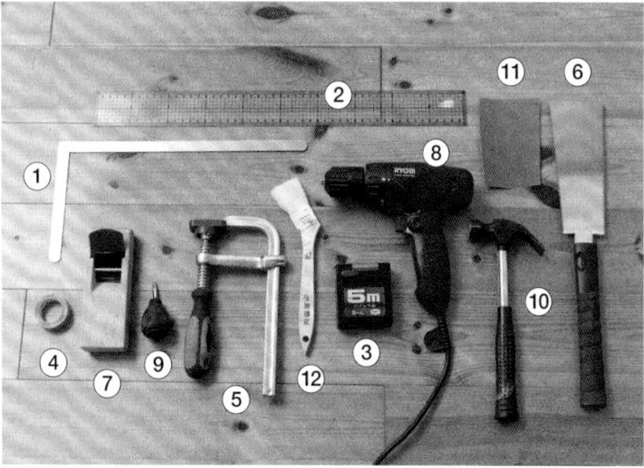

材料

成品尺寸
*W*600mm×*H*712mm×*D*100mm

Ⓐ 侧板：松木集成板（12mm×100mm×700mm）…2 块
Ⓑ 背板：松木集成板（12mm×50mm×576mm）…2 块
Ⓒ 搁板：松木集成板（12mm×100mm×576mm）…2 块
Ⓓ 圆木棒（ϕ9mm×600mm）…3 根
Ⓔ 顶板：松木集成板（12mm×100mm×600mm）…1 块
- 木螺丝（30mm）…20 根
- 水性涂料（TURNER 牛奶漆）

Cut List 木料图

▒…边角料部分　单位：mm

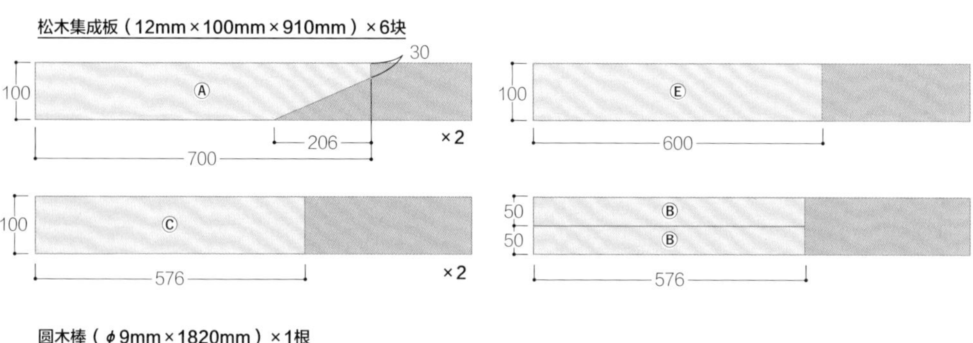

※ 所有板材使用前均需用砂纸打磨。

Drawing 组装图

…连接面

• …螺丝（钉子）孔的位置

单位：mm

※ 组装前预先打好底孔(→见第Ⅱ页)。

How to make 制作方法

Process

提前准备

① 用麻花钻头在 2 块侧板Ⓐ上各打 3 个通孔，用来插入圆木棒Ⓓ。将 2 块侧板Ⓐ摞在一起，用布基胶带粘牢，一次可同时在 2 个板上打孔。

② 将 2 块侧板Ⓐ的一侧锯掉一个角，顶端用刨子刨一下，削去棱角。如果没有刨子，也可用砂纸打磨。

Process

刷涂料

③ 在所有板材上刷水性涂料。干燥后再刷一遍。

Process

组装

④ 从侧板Ⓐ一侧分别打入 2 根木螺丝，将 2 块背板Ⓑ与 2 块搁板Ⓒ固定在侧板Ⓐ上。

⑤ 向侧板Ⓐ的通孔内注入木工胶，然后插入 3 根圆木棒Ⓓ。先用锤子将圆木棒顶端敲尖一些，会更方便插入(→见第 171 页)。

⑥ 在圆木棒顶端垫一块废木料，然后用锤子从上方敲打，使其深深插入孔内。

⇨

⑦ 在圆木棒顶端涂抹木工胶，然后将另一块侧板Ⓐ放在上面，注意圆木棒应插入通孔。

⑧ 在通孔处垫一块废木料，然后用锤子从上方敲打，使圆木棒深深插入孔内。

⇨

⑨ 从侧板Ⓐ一侧分别向背板Ⓑ和搁板Ⓒ打入 2 根木螺丝，加以固定。

Process

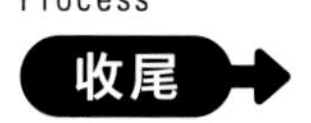

⑩ 放上顶板Ⓔ，从顶板Ⓔ一侧分别向侧板Ⓐ打入 2 根木螺丝，加以固定。

⇨

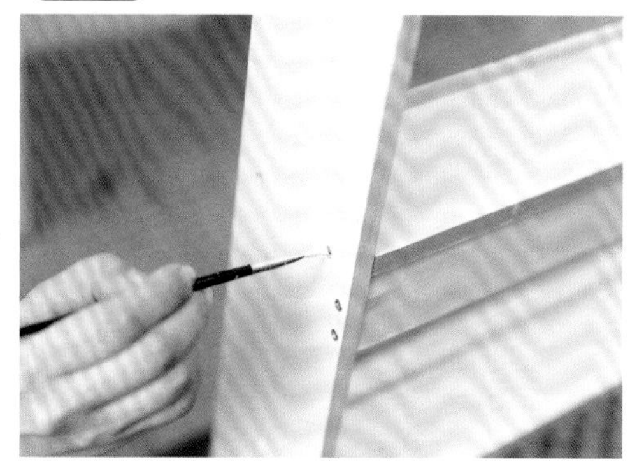

⑪ 在侧板Ⓐ及顶板Ⓔ的木螺丝螺头上，以及圆木棒顶端露出的部分分别刷上水性涂料。

厨房 25

台面收纳盒

小型收纳盒，可放在餐桌上。带门的设计，可以将各种调料全部收纳其中，不显凌乱。

制作者

yupinoko

材料费：4500 日元

（约合人民币 225 元）

制作时间：2h

难易程度：★★★☆☆

工具

- 直尺
- 铅笔
- 手锯
- 锯条导向器
- 平切锯
- 电钻
- 底孔钻头 3mm
- 批头 #2
- 沉孔钻头 6mm
- 木工锤
- 木工胶
- 砂纸架（砂纸）
- 板刷
- 抹布

材料

成品尺寸 W380mm×H250mm×D184mm

- Ⓐ 侧板：SPF 板（19mm×184mm×231mm）…2 块
- Ⓑ 底板：SPF 板（19mm×184mm×342mm）…1 块
- Ⓒ 顶板：SPF 板（19mm×184mm×380mm）…1 块
- Ⓓ 门框：SPF 板（19mm×38mm×340mm）…2 块
- Ⓔ 门框：SPF 板（19mm×38mm×189mm）…2 块
- Ⓕ 背板：柳安木胶合板（5.5mm×227mm×376mm）…1 块
- 亚克力板（3mm×143mm×295mm）…1 块
- 木螺丝（35mm）…20 根
- 钉子（19mm）…10 根
- 圆木榫（6mm）…12 个
- 自攻螺丝（10mm）…10 根
- 拉手…1 个
- 合页…2 个
- 柜门磁吸…1 个
- 木蜡油

Cut List 木料图

▭…边角料部分 单位：mm

SPF1×8板（19mm×184mm×1820mm）×1块

184 Ⓐ Ⓐ Ⓑ Ⓒ

231 342 380

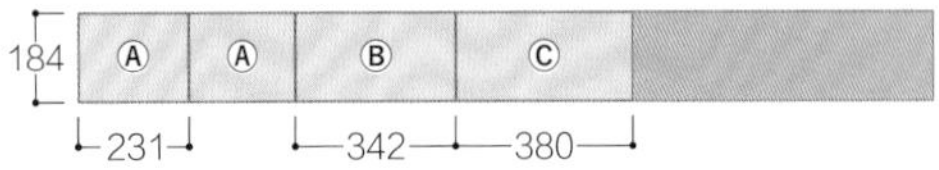

SPF1×2板（19mm×38mm×1820mm）×1块

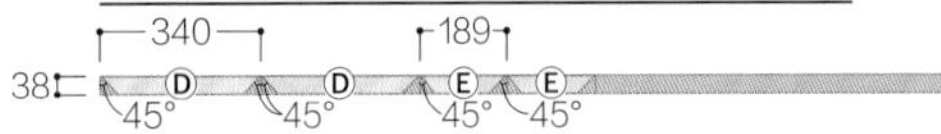

柳安木胶合板（5.5mm×910mm×1820mm）×1块

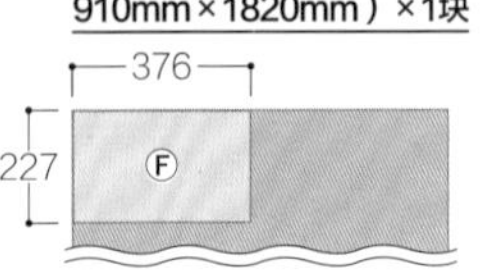

亚克力板（3mm×143mm×295mm）×1块

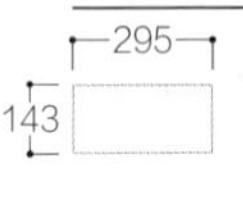

※ 所有板材使用前均需用砂纸打磨。

How to make 制作方法

Process
组装盒体

1. 将底板Ⓑ固定在距离侧板Ⓐ底边19mm处，从Ⓐ侧打入3根木螺丝加以固定。固定时，在底板Ⓑ的下方垫一块19mm厚的废木料更方便操作。按照同样的方法将另一块侧板Ⓐ固定在底板的另一侧。
2. 将顶板Ⓒ放在上面，从Ⓒ侧打入6根木螺丝加以固定。
3. 对所有沉孔进行隐藏处理。

Process
组装盒体

4. 用手锯将门框Ⓓ和Ⓔ的两端锯成45°。
5. 将门框Ⓓ和Ⓔ摆成四边形，从Ⓓ侧分别打入4根木螺丝加以固定。

Process
刷涂料

6. 在所有板材表面刷一层木蜡油。

Process
安装背板与配件

7. 将背板Ⓕ放在盒体背面，用10根钉子固定。
8. 将步骤⑤组装好的门框翻转过来，放上亚克力板，用电钻打入10根自攻螺丝加以固定。
9. 在门上安装拉手，然后用合页将门连接到盒体上。
10. 用柜门磁吸配套的螺丝将磁吸固定在底板中央位置。将装在门上的吸座凸起面朝外吸在磁吸上。
11. 保持步骤⑩的状态合上收纳盒的门，吸座凸起的部分会在门上留下痕迹，用配套的螺丝将吸座安装在这一位置（→见第39页）。

Drawing 组装图

▒…连接面
•…螺丝（钉子）孔的位置
•…沉孔的位置
单位：mm

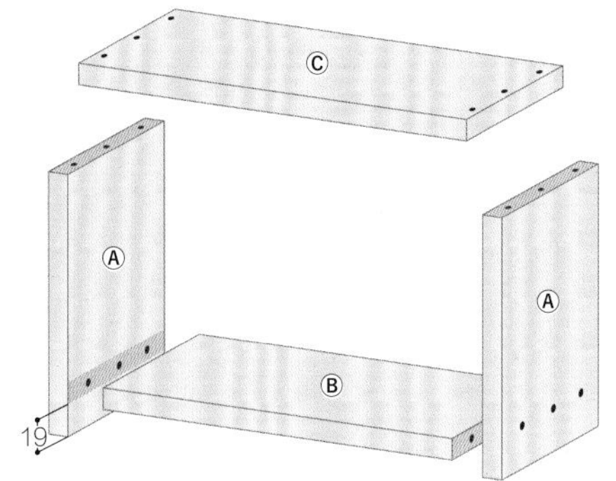

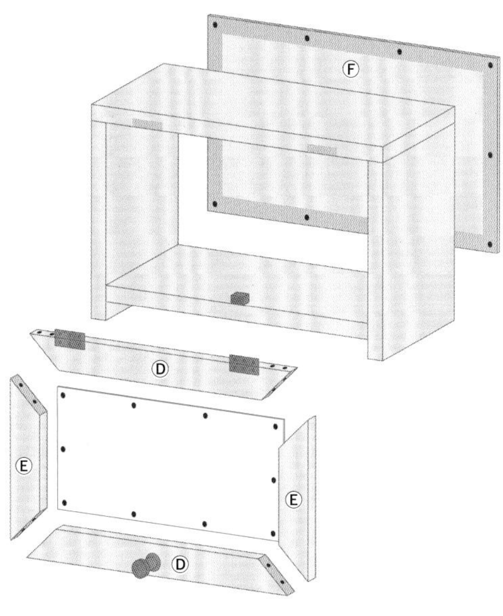

※组装前预先打好底孔、沉孔（→见第Ⅱ页）。

客厅

26 带脚轮的木箱

制作者

yupinoko

材料费：2700 日元（约合人民币 135 元）

制作时间：2h

难易程度：★★☆☆☆

虽然造型非常简单，但只需添加一些五金配件和印字点缀就能让人眼前一亮。配有脚轮，移动也很方便！

工具

- 直尺
- 铅笔
- 手锯
- 线锯
- 电钻
- 麻花钻头 24mm
- 批头 #2
- 木工胶
- 砂纸架(砂纸)
- 板刷
- 海绵
- 抹布

材料

成品尺寸　*W*410mm×*H*345mm×*D*270mm

- Ⓐ侧板：杉木板(15mm×90mm×270mm)…6 块
- Ⓑ前板·背板：杉木板(15mm×90mm×380mm)…6 块
- Ⓒ连接材：杉木板(30mm×30mm×270mm)…4 根
- Ⓓ底板：杉木板(9mm×60mm×410mm)…3 块
- 木螺丝(35mm)…60 根
- 木螺丝(16mm)…8 根
- 木螺丝(10mm)…16 根
- 角码…4 个
- 脚轮…4 个
- 木蜡油
- 丙烯颜料(黑色、棕色)
- 镂空贴纸

Cut List 木料图

▒…边角料部分　单位：mm

杉木板（15mm×90mm×2000mm）×2块

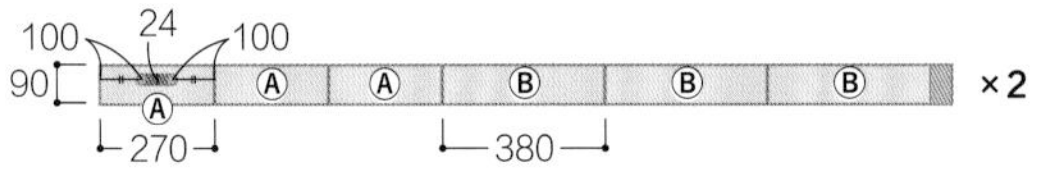

100　24　100　90　Ⓐ Ⓐ Ⓐ Ⓑ Ⓑ Ⓑ　×2　270　380

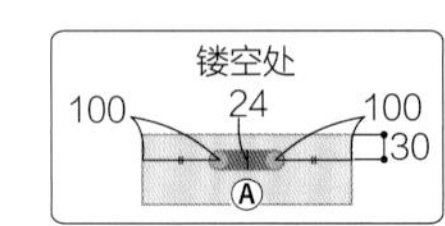

杉木板（30mm×30mm×2000mm）×1根

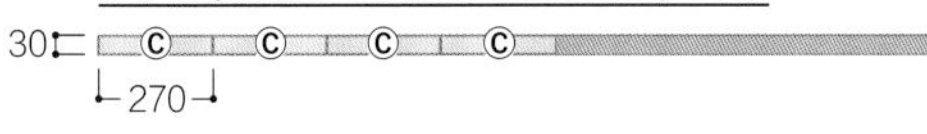

杉木板（9mm×60mm×2000mm）×1块

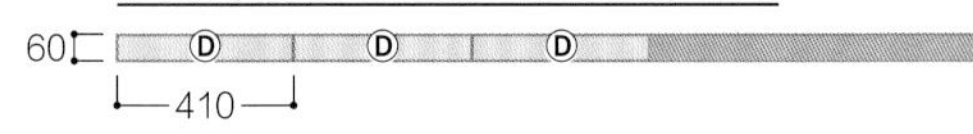

※ 所有板材使用前均需用砂纸打磨。

How to make 制作方法

Process

提前准备

1. 用铅笔在 2 块侧板Ⓐ距离两边 100mm 处做标记，用 24mm 麻花钻头在每块侧板上各打 2 个孔。用线将 2 个孔眼连起来，用线锯锯出椭圆形手孔。

Process

组装箱体

2. 用木工胶将 3 块前板Ⓑ的长边粘在一起。按照同样的方法再做 1 组。
3. 用木工胶将步骤①的 1 块侧板Ⓐ与 2 块没打孔的侧板Ⓐ粘在一起，步骤①的侧板放在最上面。按照同样的方法再做 1 组。
4. 将连接材Ⓒ分别竖放在步骤②的前板Ⓑ背面两侧，从Ⓑ侧分别用 6 根 35mm 木螺丝加以固定。
5. 从Ⓐ侧分别向Ⓒ打入 6 根 35mm 木螺丝，将步骤④的 2 块连接材与步骤③的 1 组侧板固定在一起。
6. 按照同样的方法，将步骤③的另一组侧板固定在另一侧，完成箱体。
7. 将 3 块底板Ⓓ并排摆在步骤⑥的箱体的底部，注意保持等距。分别用 4 根 35mm 木螺丝加以固定。

Process

刷涂料

8. 在所有板材表面刷木蜡油。用海绵蘸上丙烯颜料在角码上扑打上色，两种颜色交替，可以制作出铁锈效果。

Process

安装配件

9. 分别用 2 根 16mm 木螺丝将上好色的角码固定在木箱正面的四角。
10. 分别用 4 根 10mm 木螺丝将 4 个脚轮固定在底面四角。
11. 用镂空贴纸在木箱正面喷涂自己喜欢的文字图案。

Drawing 组装图

▨…连接面
●…螺丝（钉子）孔的位置
●…沉孔的位置
单位：mm

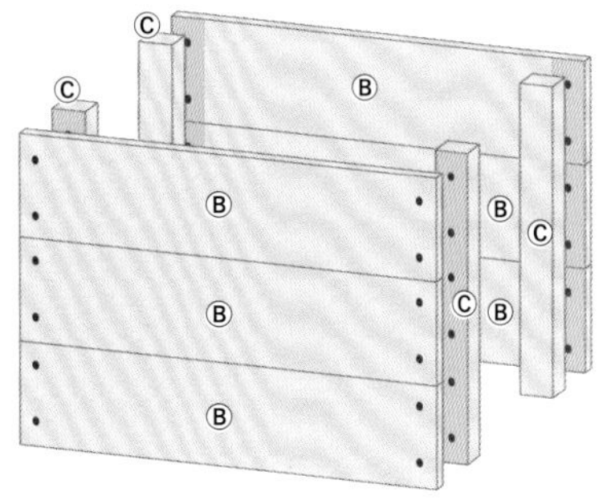

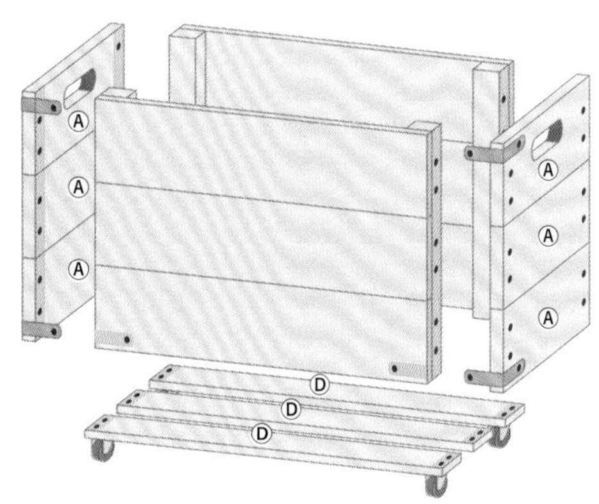

※ 组装前预先打好底孔（→见第Ⅱ页）。

客厅

27 花盆架

只要保证底板上的方木条比花盆直径长60mm，围板上的方木条高度与花盆一致，就能用来摆放各种不同尺寸的花盆。

制作者

川名惠介

材料费：5000日元（约合人民币250元）

制作时间：1天

难易程度：★★☆☆☆

Cut List 木料图

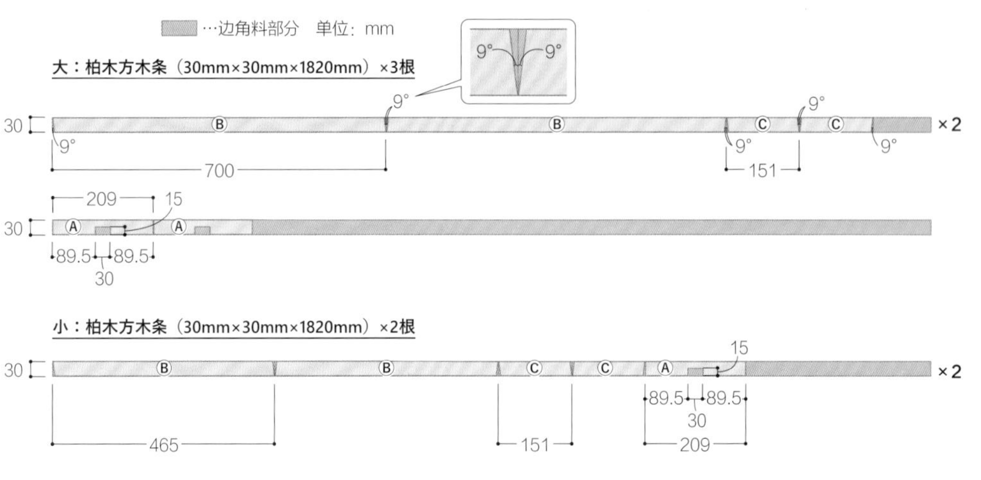

※ 所有板材使用前均需用砂纸打磨。

工具

- 木工角尺
- 铅笔
- 手锯（或圆锯）
- 锯条导向器
  （→第 185 页，或圆锯导向尺）
- 凿子
- 电钻
- 批头 #2
- 木工锤
- 木工胶
- 砂纸架（砂纸）

材料

成品尺寸　大:W209mm×H881mm×D209mm

Ⓐ底板：方木条（30mm×30mm×209mm）…2 根
Ⓑ支架腿：方木条（30mm×30mm×700mm）…4 根
Ⓒ围板：方木条（30mm×30mm×151mm）…4 根
- 木螺丝（65mm）…4 根

成品尺寸　小:W209mm×H646mm×D209mm

Ⓐ底板：方木条（30mm×30mm×209mm）…2 根
Ⓑ支架腿：方木条（30mm×30mm×465mm）…4 根
Ⓒ围板：方木条（30mm×30mm×151mm）…4 根
- 木螺丝（65mm）…4 根

How to make 制作方法

Process

在方木条上打孔

1. 用铅笔在 2 根底板Ⓐ的侧面正中位置做一个标记，准备开一个宽 30mm、深 15mm 的凹槽。

2. 用圆锯（或手锯）在步骤①的标记处内侧切割出一些小切口，大约间隔 2～3mm。用木工锤敲掉切口部分的木块。将碎木块清掉，用凿子将切口处修整齐，注意不要凿过标记线。

3. 用圆锯将 4 根支架腿与 4 根围板的两端平行切割 9°。使用圆锯导向尺可以设定角度，更方便切割。

Process

组装

4. 在一根底板Ⓐ的凹槽底部涂抹木工胶，然后将另一根底板Ⓐ的凹槽嵌进来，组成一个十字。

5. 木工胶干燥后，在底板十字的下方安装支架腿。将支架腿Ⓑ顶端从下方与十字条顶端对齐，使顶端与地面平行，从Ⓐ侧打入 1 根木螺丝加以固定。按照同样的方法，将另外 3 根支架腿也分别安装在十字条上。

6. 与步骤⑤相同，将 4 根围板从上方对准十字条的顶端，使顶端与地面平行，用木工胶粘牢。

Drawing 组装图

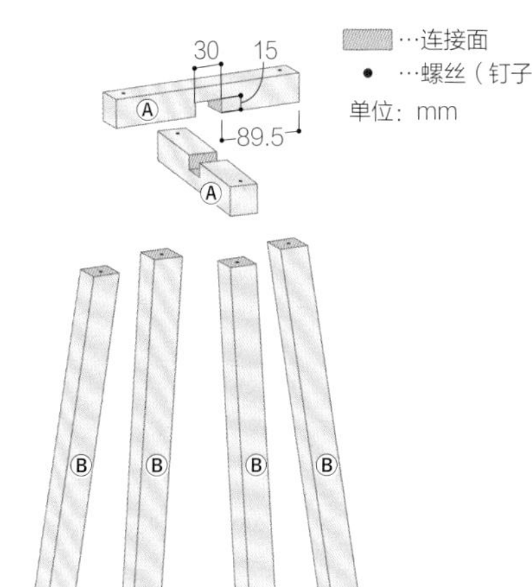

※ 组装前预先打好底孔（→见第Ⅱ页）。

客厅
27
花盆架

客厅

28

杂志架

利用杂志架，可以很方便地收拾零散杂志。造型简洁，适用于任何房间。

制作者

末永京

材料费：2000 日元
（约合人民币 100 元）
制作时间：2h
难易程度：★★☆☆☆

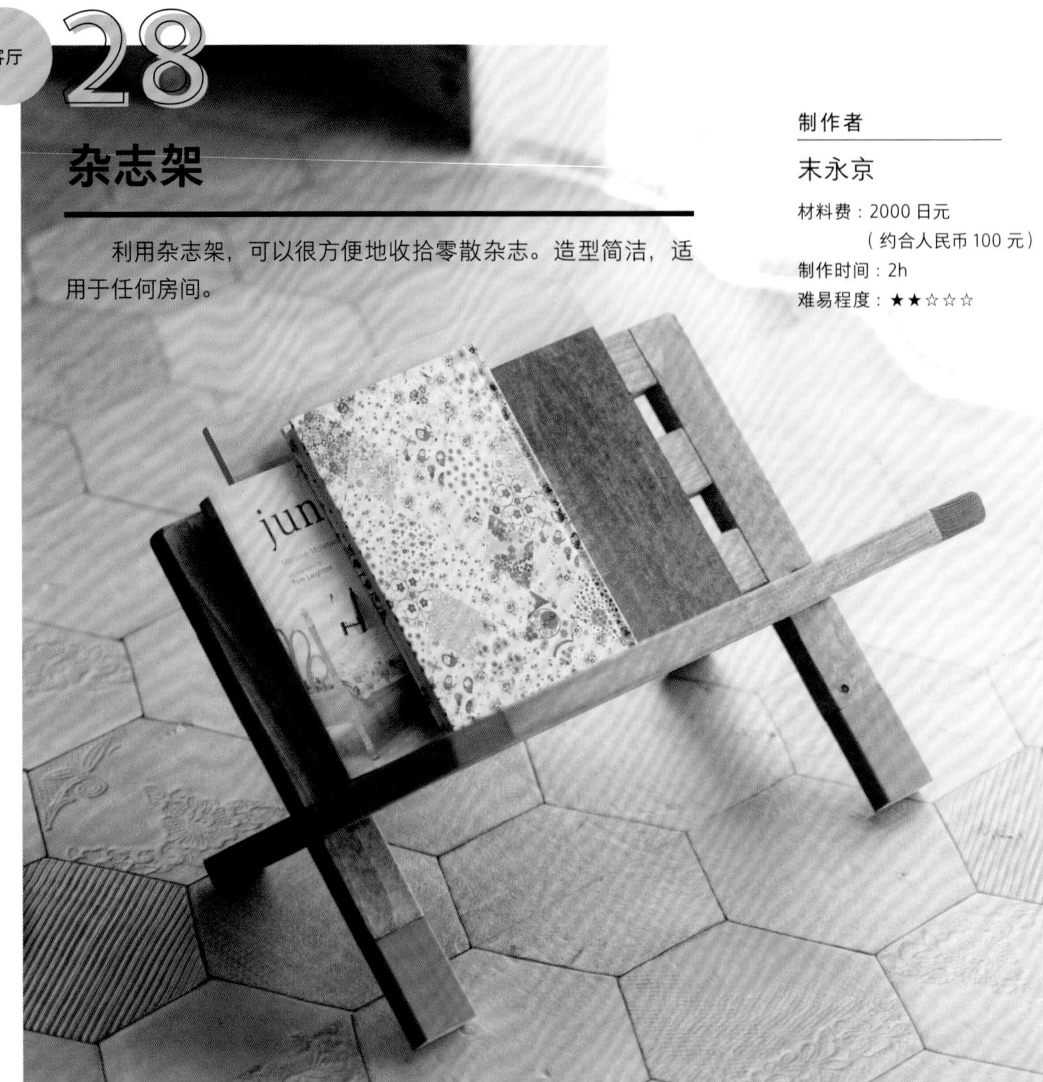

工具

- 木工角尺
- 铅笔
- 手锯
- 平切锯
- 凿子
- 电钻
- 底孔钻头 2mm
- 批头 #2
- 沉孔钻头 8mm
- 木工锤
- 木工胶
- 砂纸
- 板刷

材料

成品尺寸　W376mm×H230mm×D250mm

Ⓐ 支架腿：SPF 板（19mm×38mm×310mm）…4 块
Ⓑ 横板：SPF 板（19mm×38mm×300mm）… 6 块
- 木螺丝（35mm）…24 根
- 圆木榫…24 个
- 木蜡油
- 水性涂料（STYLE DIY 涂料 - 神秘绿）

Cut List 木料图

SPF1×2板（19mm×38mm×1820mm）×2块

▒…边角料部分　单位：mm

38　Ⓑ　Ⓑ　Ⓑ　Ⓐ　Ⓐ　×2
20
300　310　120

※ 所有板材使用前均需用砂纸打磨。

How to make 制作方法

Process
提前准备

① 在 2 根支架腿Ⓐ交叉的位置做一个标记，准备开一个宽 20mm、深 20mm 的凹槽。

② 用手锯在步骤①的标记处内侧切割出一些小切口，大约间隔 2 ~ 3mm。用木工锤敲掉切口部分的木块。将碎木块清掉，用凿子将切口处修整齐，注意不要凿过标记线。

Process
组装

③ 从支架腿Ⓐ侧分别打入 2 根木螺丝，将 3 块横板Ⓑ固定在支架腿上。

④ 按照同样的方法将另一根支架腿固定在步骤③的部分的对侧，注意凹槽方向保持一致。

⑤ 重复步骤①~④，再做 1 组。

⑥ 对所有沉孔进行隐藏处理(→见第 171 页)。

Process
收尾

⑦ 在板材上刷上自己喜欢的颜色。

⑧ 将凹槽部分嵌在一起。

Drawing 组装图

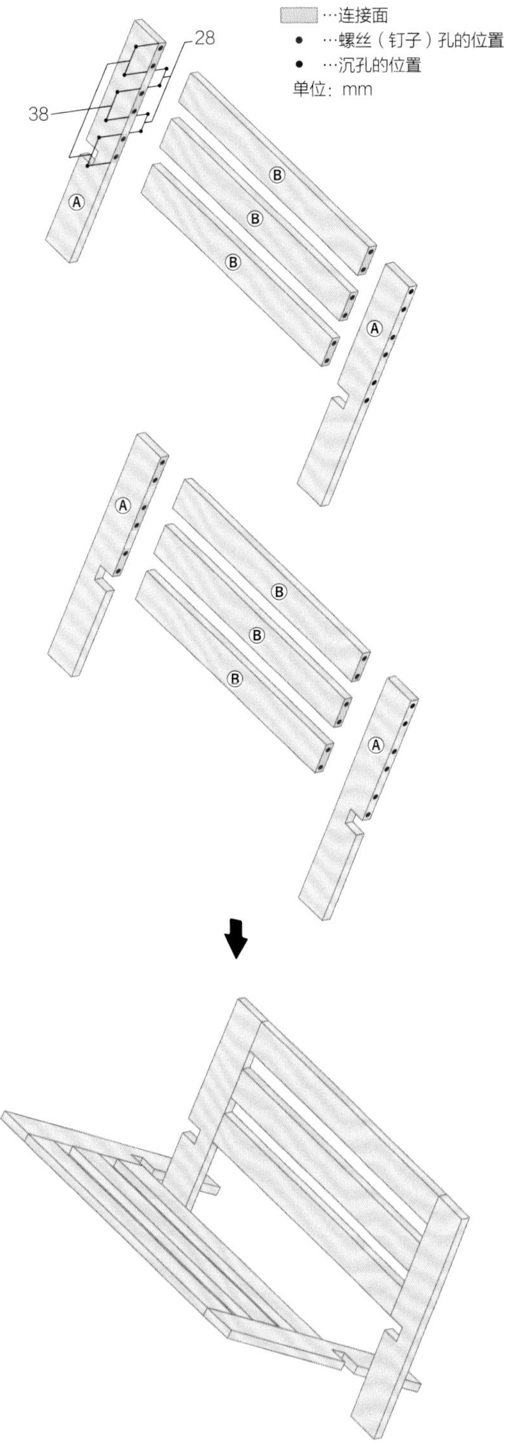

※组装前预先打好底孔(→见第Ⅱ页)。

客厅 28 — 杂志架

创意改造 01

钥匙盒

安装在玄关处，出门前再也不用着急找钥匙，还可以顺便整理一下仪容。

制作者

奥野敦子

材料费：1000 日元
（约合人民币 50 元）

制作时间：30min

难易程度：★☆☆☆☆

工具

①直尺
②铅笔
③剪刀
④十字螺丝刀
⑤锥子
⑥木工胶
⑦双面胶
● 手锯

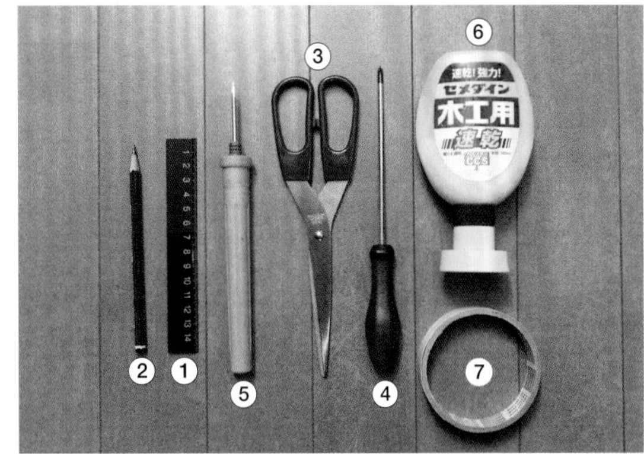

材料

成品尺寸
W157mm×H195mm×D70mm

Ⓐ 木托盘（34mm×147mm×195mm / 日本百元店“Seria”）…2个
Ⓑ 方木条（12mm×12mm×133mm）…1根
- 墙砖图案贴纸…适量
- 镜子（108mm×148mm）…1个
- 迷你挂钩…3个
- 铁板图案贴纸…适量
- 合页…2个
- 牛角钩锁…1个
- 拉手…1个
- 三角挂片…2个

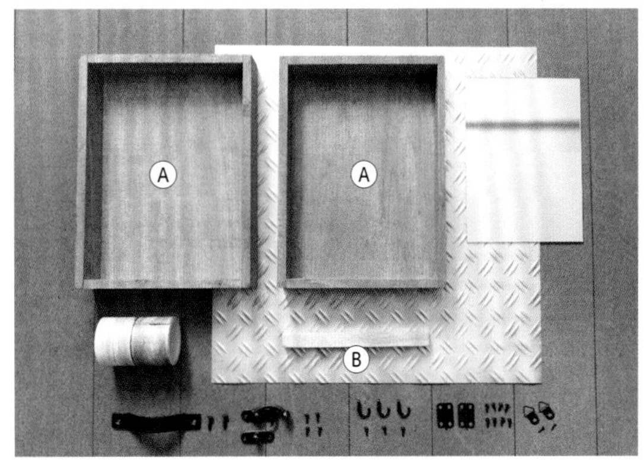

Drawing **组装图**

▭…连接面
● …螺丝（钉子）孔的位置
单位：mm

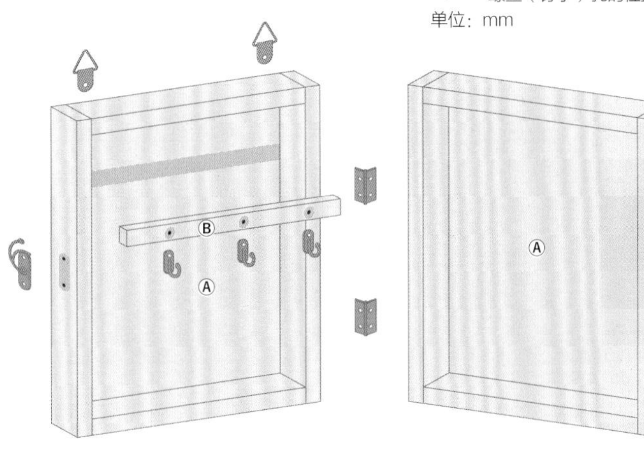

※ 组装前预先打好底孔（→见第Ⅱ页）。

How to make 制作方法

开始！

Process

提前准备

① 在 2 个木托盘内侧贴满墙砖图案的贴纸。

Process

② 用双面胶将镜子粘到其中一个木托盘里。

③ 按木托盘的尺寸将方木条Ⓑ裁好，用木工胶粘在另一个木托盘的内侧上方。

④ 用铅笔在粘好的方木条上做标记，用于安装挂钩。用锥子在标记处轻轻开一个底孔。

⑤ 在步骤④的标记处安装迷你挂钩。

⑥ 按木托盘的尺寸剪裁铁板图案贴纸，贴在有镜子的木托盘外侧。

⑦ 将处理好的两个木托盘合在一起，在长边一侧上下各装一个合页。

⑧ 在步骤⑦完成的部分的另一侧安装牛角钩锁。

⑨ 在步骤⑥贴有铁板图案贴纸的一侧安装拉手。

完成！

⑩ 在背面上方两端安装三角挂片。

创意改造 02

工具箱

单独摆在房间里就能成为一道时尚风景。只要掌握了基本技巧，就能轻松制作出来。

制作者

奥野敦子

材 料 费：1200日元（约合人民币60元）

制作时间：2h

难易程度：★★☆☆☆

工具

- 木工角尺
- 铅笔
- 钳子
- 手锯
- 十字螺丝刀
- 木工锤
- 木工胶
- 砂纸
- 抹布

材料

成品尺寸 *W*240mm×*H*180mm×*D*180mm

Ⓐ 木格栅(400mm×250mm / 日本百元店"大创")…1块

Ⓑ 木格栅(350mm×250mm / 日本百元店"Watts")…1块

- 木箱(60mm×84mm×240mm / 日本百元店"大创")…4个
- 撑杆…8个
- 拉手…2个
- 相框(148mm×210mm)…1个
- 木螺丝(5mm)…32根
- 木螺丝(10mm)…4根
- 钉子(10mm)…16根
- 螺栓、螺母…8套
- 合页…4个
- 抛光蜡
- 喷漆(黑色)
- 红印台(用于制作红锈装饰)

How to make 制作方法

Process
提前准备

1. 用木工锤从内侧敲打木格栅，用钳子取出钉子，拆散木格栅。用手锯将2块Ⓐ板与4块Ⓑ板切割成木箱的长度。

2. 在步骤①切好的木板与木箱上刷抛光蜡。

3. 拆掉相框上的所有五金配件，用喷漆与红印台给相框部分上色。

Process
组装

4. 用2块Ⓑ板将1块Ⓐ板夹在中间，用木工胶粘牢。在内侧各用4根5mm木螺丝安装2个撑杆。按照同样的方法再做1组。

5. 将上好色的相框Ⓓ底边与木箱Ⓒ的底部对齐，从Ⓓ侧打入8根钉子加以固定。在相框Ⓓ的另一侧再对齐一个木箱Ⓒ，从木箱内侧打入8根钉子，将相框固定在2个木箱中间。如果钉子不太好钉，可将木工锤横倒，从侧面敲击。

6. 分别用一对螺栓、螺母将撑杆的一侧固定在步骤⑤的2个木箱的左右两侧的上方中央位置。共装4个撑杆。

• 要点 •

如果拧得太紧，木箱将无法移动，因此，用螺栓和螺母固定时要注意确认木箱移动是否顺畅。

7. 将另外2个木箱摞在步骤⑥的木箱上。各用一对螺栓、螺母将步骤⑥的撑杆另一侧安装在上层木箱上，注意撑杆向内侧倾斜安装。同样，一边确认木箱的位置与移动情况，一边将左右4处全部固定。

8. 分别用4根5mm木螺丝在2个上层木箱的外侧安装2个合页，然后通过合页安装步骤④的2个箱盖。分别用2根10mm木螺丝在2个箱盖上方的中央位置安装一个拉手。

Drawing 组装图

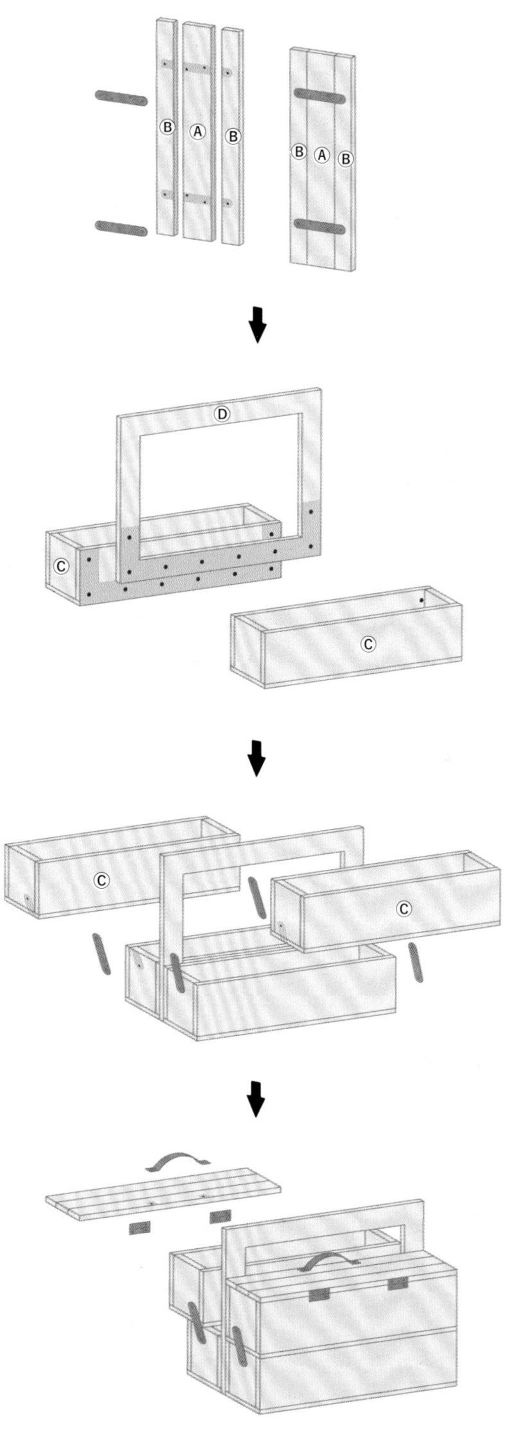

※ 所有板材使用前均需用砂纸打磨。

※ 组装前预先打好底孔(→见第Ⅱ页)。

食物展示柜

摆上这个展示柜，厨房可以秒变咖啡馆风格！只需改变相框尺寸或使用的相框数量，即可自由设定柜体的大小。

制作者

sora-rarara

材 料 费：1000日元
（约合人民币50元）
制作时间：1h
难易程度：★☆☆☆☆

工具

- 木工角尺
- 铅笔
- 钳子
- 手锯
- 螺丝刀
- 木工锤
- 木工胶
- 砂纸
- 板刷
- 抹布

材料

成品尺寸
*W*210mm×*H*160mm×*D*130mm

Ⓐ侧板：木工板（9mm×120mm×160mm / 日本百元店"Seria"）…2块
Ⓑ顶板：木工板（9mm×60mm×190mm / 日本百元店"Seria"）…1块
Ⓒ搁板：木工板（9mm×60mm×190mm / 日本百元店"Seria"）…1块
Ⓓ底板：木工板（9mm×120mm×190mm / 日本百元店"Seria"）…1块
Ⓔ相框（160mm×208mm / 日本百元店"Seria"）…1块

- 钉子（19mm）…14根
- 拉手（日本百元店"Seria"）…1个
- 合页（日本百元店"Seria"）…2个
- 水性涂料（ALESCO家装涂料-奶油色、日本百元店"大创"水性清漆-胡桃木色

Cut List 木料图

▒ …边角料部分　单位：mm

木工板（9mm×120mm×450mm）×2块

相框（160mm×208mm）

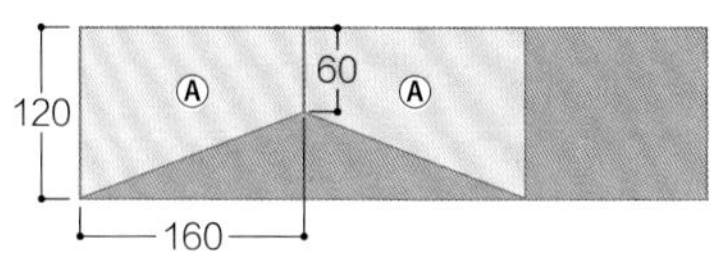

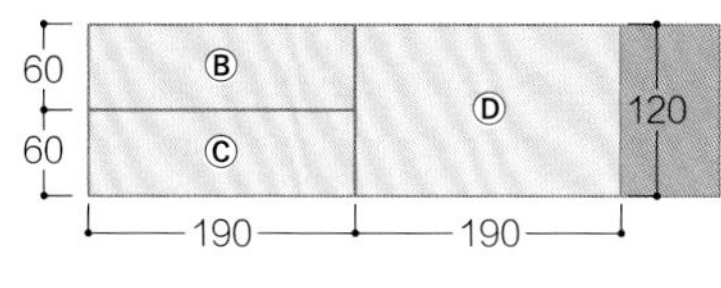

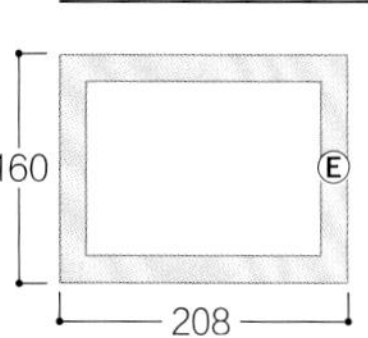

※ 所有板材使用前均需用砂纸打磨。

How to make 制作方法

Process

制作柜门边框

1. 用螺丝刀或钳子将相框上的五金配件全部取下，拆掉背板。

Process

刷涂料

2. 在步骤①的相框上刷白色涂料，在其余木工板上刷棕色涂料。

Process

组装

3. 从侧板Ⓐ一侧分别向顶板Ⓑ和搁板Ⓒ打入2根钉子，将它们固定在侧板上。搁板Ⓒ可以固定在任意自己喜欢的位置。
4. 从侧板Ⓐ一侧向底板Ⓓ打入3根钉子，将底板固定在侧板上。
5. 重复步骤③④，将另一块侧板Ⓐ固定在另一侧。
6. 用木工胶将相框配套的亚克力板粘在步骤②的相框上，用配套的木螺丝安装拉手。
7. 用配套的木螺丝安装2个合页，将步骤⑥的柜门与柜体连接在一起。

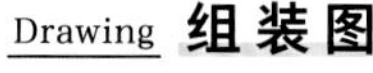

Drawing 组装图

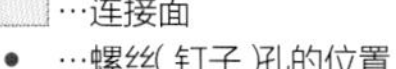

▒ …连接面
● …螺丝（钉子）孔的位置

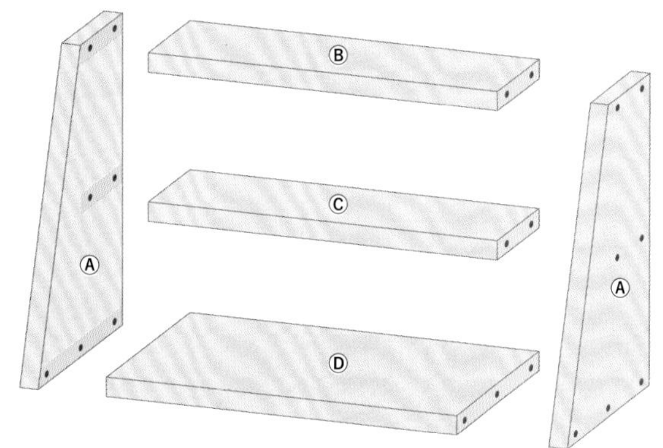

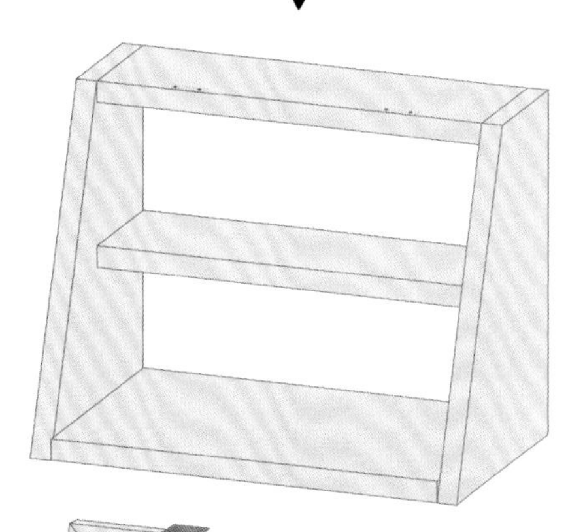

※组装前预先打好底孔（→见第Ⅱ页）。

创意改造

04 木格栅收纳架

袖珍造型，可有效利用夹缝空间。涂上抛光蜡后，日本百元店的木格栅也能呈现出复古风情。

制作者

奥野敦子

材 料 费：800日元
（约合人民币40元）

制作时间：1h

难易程度：★☆☆☆☆

工具

- 木工角尺
- 铅笔
- 手锯
- 木工锤
- 木工胶
- 砂纸
- 抹布

材料

成品尺寸
*W*280mm×*H*456mm×*D*143mm

Ⓐ Ⓒ木格栅(200mm×450mm / 日本百元店“Seria”) …2 块

Ⓑ 木箱(48mm×100mm×265mm / 日本百元店“Seria”) …1 个

- 钢丝篮(110mm×170mm×260mm / 日本百元店“Seria”) …2 个
- 钉子(20mm) …4 根
- 钉子(12mm) …16 根
- 抛光蜡
- 吊牌(日本百元店“Seria”) …自选图案

How to make 制作方法

Process
提前准备

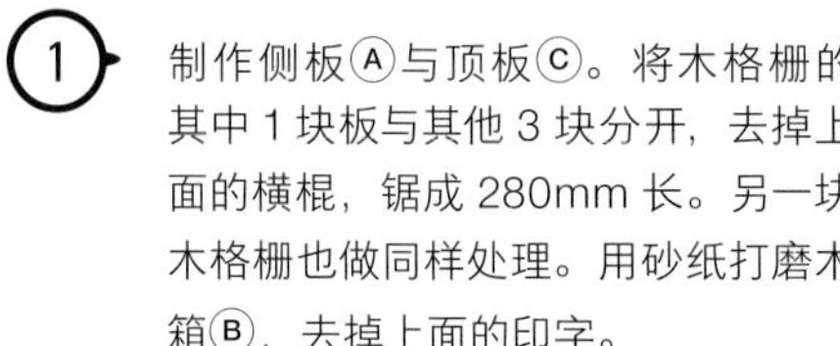

① 制作侧板Ⓐ与顶板Ⓒ。将木格栅的其中 1 块板与其他 3 块分开，去掉上面的横棍，锯成 280mm 长。另一块木格栅也做同样处理。用砂纸打磨木箱Ⓑ，去掉上面的印字。

② 在步骤①完成的部分上刷抛光蜡。

Process
组装柜体

③ 将木箱架在 2 块侧板Ⓐ最下方的层板托上(木格栅的横棍处)，从Ⓐ侧分别打入 8 根 12mm 钉子加以固定。

④ 将 2 块顶板Ⓒ分别放在步骤③的部分的上方前后的 2 块板上，各用 2 根 20mm 钉子加以固定。

⑤ 将 2 个钢丝篮挂在木格栅的横棍处，钢丝篮上可以挂一个自己喜欢的吊牌。

Drawing 组装图

…连接面　…边角料部分
• …螺丝 (钉子) 孔的位置
单位：mm

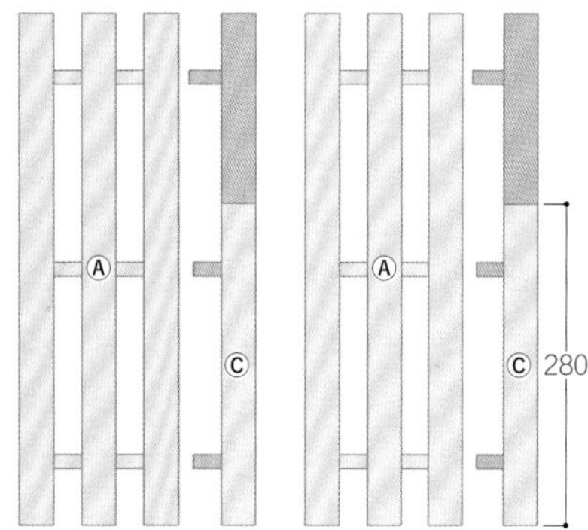

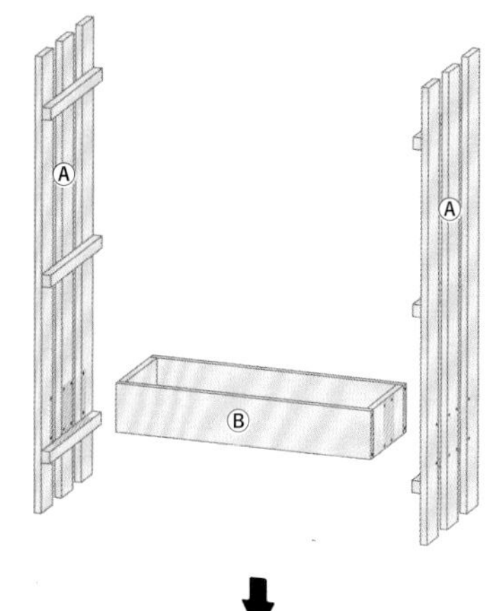

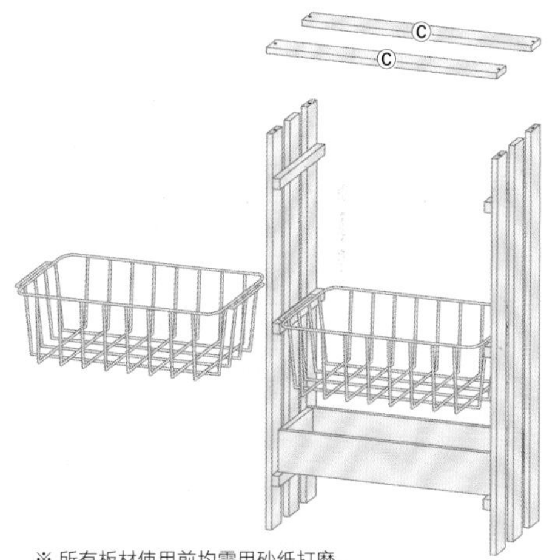

※ 所有板材使用前均需用砂纸打磨。

※ 组装前预先打好底孔(→见第Ⅱ页)。

台面收纳柜

可用于收纳餐具、文具等各种零散物品，十分方便！

制作者

奥野敦子

材 料 费：1400日元（约合人民币70元）

制作时间：1.5h

难易程度：★☆☆☆☆

工具

- 木工角尺
- 铅笔
- 手锯
- 剪刀
- 十字螺丝刀
- 木工锤
- 木工胶
- 砂纸
- 抹布

材料

成品尺寸

*W*270mm×*H*232mm×*D*99mm

Ⓐ 侧板：木工板（9mm×90mm×214mm）…2 块

Ⓑ 层板托：方木条（9mm×9mm×91mm）…6 根

Ⓒ 顶板·底板：木工板（9mm×90mm×270mm）…2 块

Ⓓ 背板：木工板（9mm×232mm×270mm）…1 块

- 木箱（45mm×84mm×250mm / 日本百元店“大创”）…4 个
- 带长条铁拉手的木架（日本百元店“Seria”）…1 个
- 钉子（15mm）…20 根
- 钉子（10mm）…20 根
- 木螺丝（7mm）…4 根
- 铁板图案贴纸（日本百元店“Seria”）…适量
- 半圆形抽屉把手（日本百元店“大创”）…4 个
- 抛光蜡

Cut List 木料图

···边角料部分　单位：mm

木工板（9mm×90mm×400mm）×4块

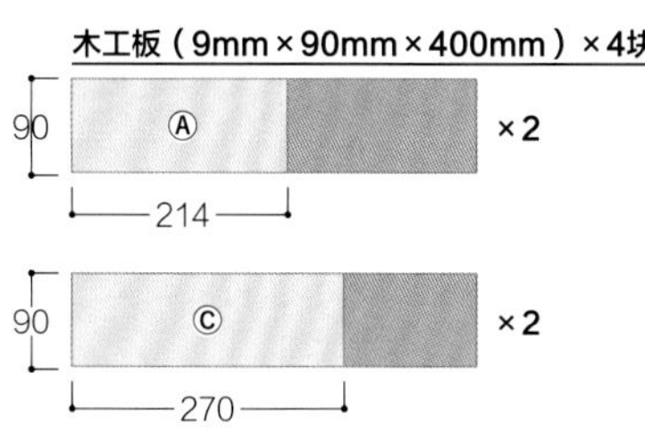

方木条（9mm×9mm×450mm）×2根

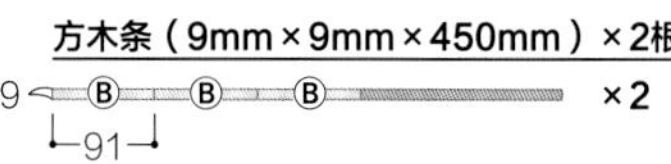

木工板（9mm×270mm×450mm）

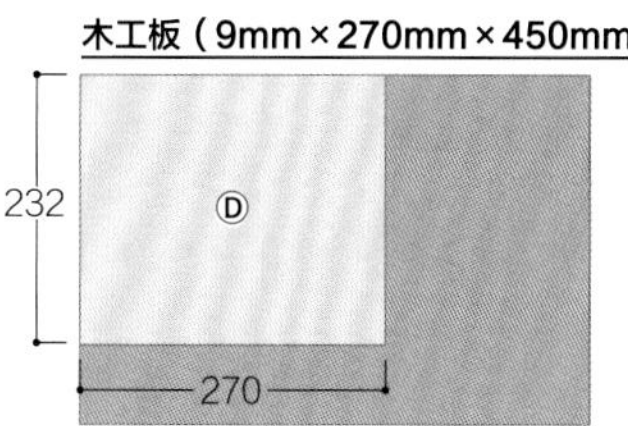

※ 所有板材使用前均需用砂纸打磨。

How to make 制作方法

Process

制作外框

1. 从Ⓑ侧分别打入 2 根 15mm 钉子，将 3 根层板托Ⓑ固定在侧板Ⓐ上。按照同样的方法再做 1 组。
2. 将步骤①完成的部分和 2 块顶板 · 底板Ⓒ围成外框，从Ⓒ侧分别打入 4 根 15mm 钉子加以固定。
3. 对齐背板Ⓓ，从Ⓓ侧打入 20 根10mm 的钉子加以固定，注意钉子之间保持等距。
4. 给步骤③完成的部分刷一层抛光蜡。

Process

制作抽屉、收尾

5. 在 4 个木箱表面贴一层铁板图案的贴纸，然后用配套的螺丝分别安装一个半圆形抽屉把手。
6. 将长条铁拉手从木架上拆下来，用 4 根 7mm 木螺丝安装在顶板Ⓒ上。

Drawing 组装图

···连接面

● ···螺丝（钉子）孔的位置

单位：mm

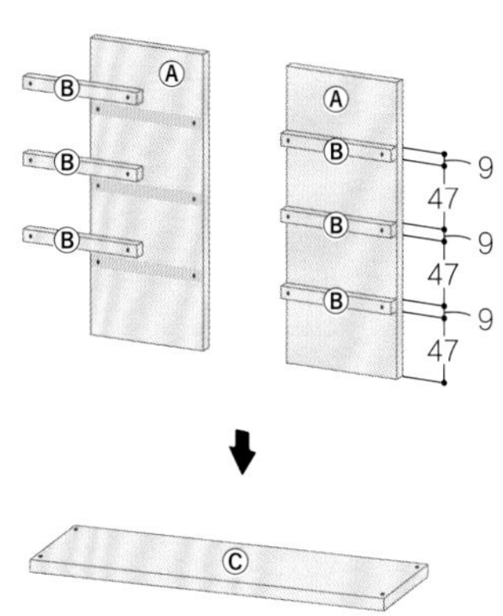

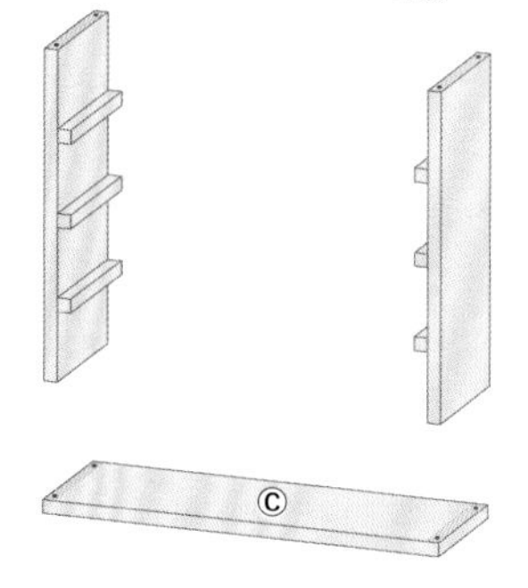

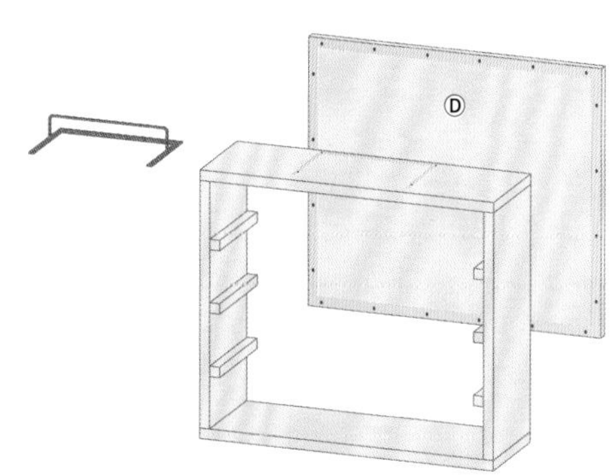

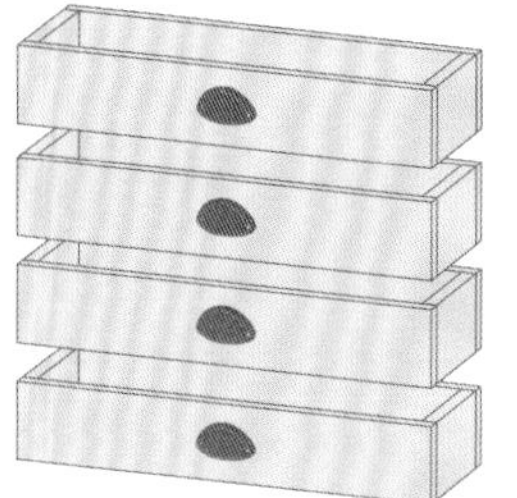

※ 所有板材使用前均需用砂纸打磨。

创意改造 05 — 台面收纳柜

装饰柜

将相框与木箱巧妙地结合在一起。可用于展示自己心爱的小摆件。

制作者

奥野敦子

材 料 费：800日元

（约合人民币40元）

制作时间：30min

难易程度：★☆☆☆☆

工具

- 钳子
- 十字螺丝刀
- 木工胶
- 砂纸
- 抹布

材料

成品尺寸

*W*240mm×*H*178mm×*D*69mm

Ⓐ A5 相框（148mm×210mm/日本百元店"大创"）…1个

Ⓑ 木箱（60mm×85mm×240mm/日本百元店"大创"）…2个

- 3D 瓷砖图案贴纸（日本百元店"大创"）…适量
- 拉手（日本百元店"Seria"）…1个
- 合页（日本百元店"Seria"）…2个
- 牛角钩锁（日本百元店"Seria"）…1个
- 三角挂片（日本百元店"Seria"）…2个
- 抛光蜡

How to make 制作方法

1. 将相框Ⓐ上的五金配件全部拆下，然后刷一层抛光蜡。
2. 用木工胶将配套的亚克力板粘在相框Ⓐ上。
3. 在2个木箱底部贴上瓷砖图案贴纸，之后将2个木箱的长边用木工胶粘在一起。
4. 将步骤②的部分放在步骤③的部分上，侧面上下各装一个合页，另一侧安装牛角钩锁。
5. 在门上安装拉手，在柜子背面的上方两侧安装三角挂片。

Drawing 组装图

▭…连接面

• …螺丝（钉子）孔的位置

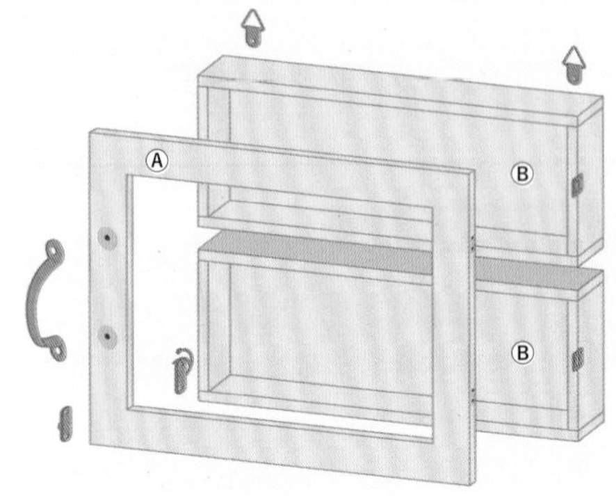

※ 所有板材使用前均需用砂纸打磨。

※ 组装前预先打好底孔（→见第Ⅱ页）。

装饰架

只需变换背板上的装饰贴纸，就能令整体印象焕然一新。挑选自己喜爱的图案试试看吧。

制作者

奥野敦子

材 料 费：550日元
（约合人民币27元）
制作时间：30min
难易程度：★☆☆☆☆

工具

- 剪刀
- 木工胶
- 十字螺丝刀
- 抹布
- 木工锤

材料

成品尺寸
*W*450mm×*H*250mm×*D*69mm

Ⓐ背板：木工板（9mm×250mm×450mm/日本百元店"大创"）…1块
Ⓑ底板：木工板（12mm×60mm×400mm/日本百元店"大创"）…1块
- 瓷砖图案贴纸（黑色/日本百元店"Seria"）…适量
- 金属拉杆（日本百元店"Seria"）…1个
- 钉子（10mm）…7根
- 木螺丝（10mm）…4根
- 三角挂片（日本百元店"Seria"）…2个
- 抛光蜡

How to make 制作方法

1. 在背板Ⓐ的前面贴一层瓷砖图案贴纸。
2. 在背板的四周和底板Ⓑ上刷一层抛光蜡。
3. 将底板Ⓑ对齐背板Ⓐ的下方，从Ⓐ侧打入7根钉子加以固定，注意钉子之间保持等距。
4. 用4根木螺丝将金属拉杆固定在背板上。
5. 在背板的背面上方两侧安装三角挂片。

Drawing 组装图

▒…连接面
• …螺丝（钉子）孔的位置

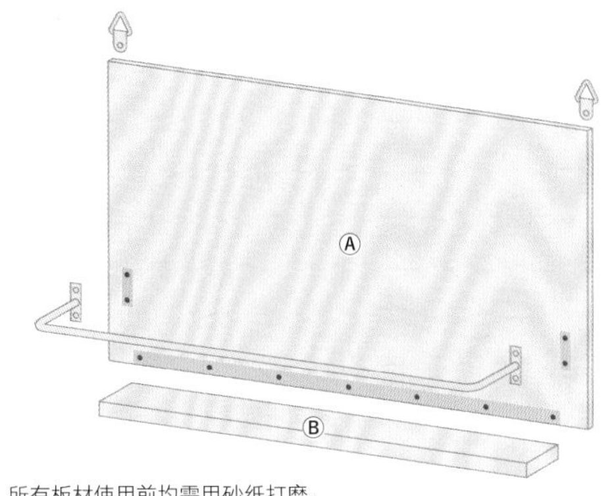

※ 所有板材使用前均需用砂纸打磨。
※ 组装前预先打好底孔（→见第Ⅱ页）。

木格栅架

木格栅造型的简易收纳架。可以挂毛巾，放在厨房或卫生间都很方便。

制作者

奥野敦子

材 料 费：500日元（约合人民币25元）

制作时间：40min

难易程度：★☆☆☆☆

工具

- 木工角尺
- 铅笔
- 手锯
- 十字螺丝刀
- 木工锤
- 木工胶
- 砂纸
- 抹布

材料

成品尺寸
*W*430mm×*H*235mm×*D*105mm

- 木格栅（220mm×400mm/ 日本百元店"Watts"）…3 块
- 金属拉杆（日本百元店"Seria"）…1 根
- 钉子（10mm）…30 根
- 木螺丝（10mm）…4 根
- 三角挂片…2 个
- 抛光蜡

How to make 制作方法

1. 将 1 块木格栅竖着平分成 2 片，分别用作前板Ⓐ和底板Ⓑ，每片均有 2 块木板。另一块木格栅也竖着平分成两片，每片均有 2 块木板，然后从中间横着锯成两半，用作侧板Ⓒ。
2. 所有板材上均刷一层抛光蜡。
3. 最后 1 块木格栅用作背板Ⓓ，与 2 块侧板Ⓒ的后边对齐，从Ⓒ侧打入 7 根钉子加以固定。
4. 将前板Ⓐ与侧板Ⓒ的前边对齐，从Ⓒ侧打入 4 根钉子加以固定。再分别用 4 根钉子从Ⓒ侧固定底板。
5. 用 4 根木螺丝将金属拉杆固定在前板Ⓐ上。在背板Ⓓ的上方两侧安装三角挂片。

Drawing 组装图

▭…连接面
•…螺丝（钉子）孔的位置

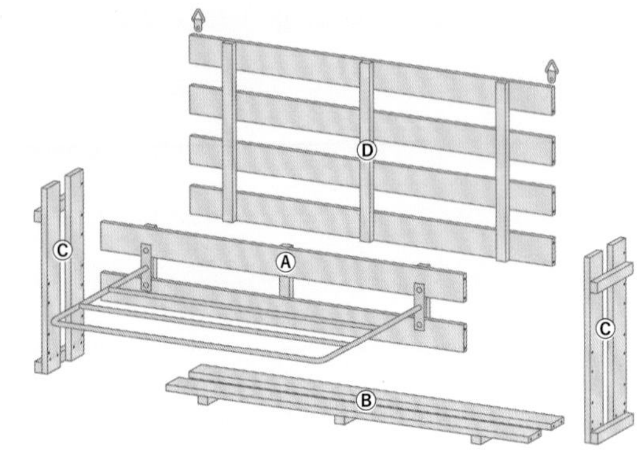

※ 所有板材使用前均需用砂纸打磨。

※ 组装前预先打好底孔（→见第Ⅱ页）。

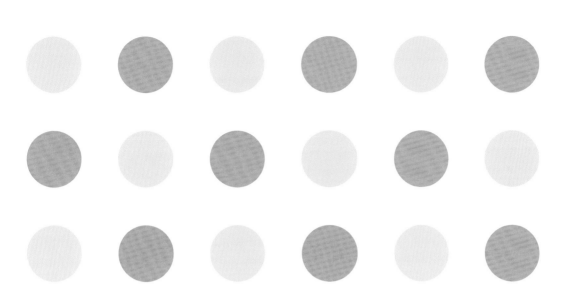

第 3 章

翻新装修 DIY

REFORM

“翻新装修”听上去很复杂，似乎难度很大。
但其实真正动起手来，很多操作都非常简单。
您可以先学习一些基本技巧，然后就可以按照个人喜好，
通过“微装修”来改造自己的日常生活空间。

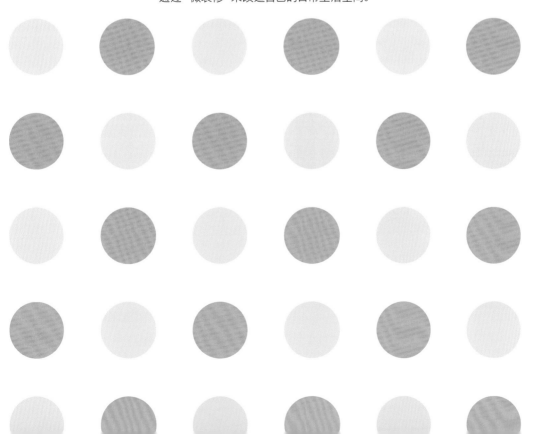

Let's try DIY Reform!

一起来翻新装修DIY！

让我们先来了解一下翻新装修DIY的大致流程，免得您盲目开工后弄得自己手忙脚乱。

明确改造后想达到的效果

首先要想清楚自己想要改造的位置以及想要达到的效果。翻新装修 DIY 往往规模会比较大，因此请一定参照本书第 120 页之后的翻新装修项目类型，在头脑中梳理清楚装修所需的时间与空间。

提前确认好房屋能否翻新装修

有些出租屋必须经过房东允许才能进行装修。另外，有些公寓也需要注意相关规定。一些玄关、大门或阳台属于“公共领域”，不能随意进行装修。

Change Your Room Into A Favorite!

测量尺寸，计算所需材料

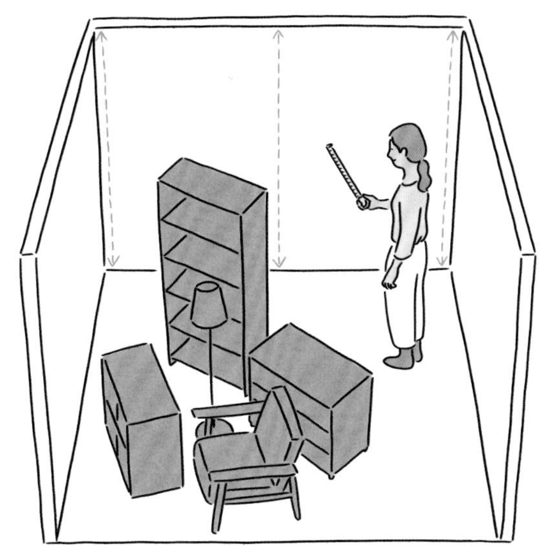

测量装修位置的面积。如果对整个房间或整面墙壁进行大面积改造，必须从左侧、正中、右侧三处进行测量。因为有些问题仅靠目视根本无法察觉，而动手一量就会发现一些位置可能已经出现细微的变形。

准备工具与材料，开始装修！

装修所需的工具与材料可以在建材超市等地方购买，准备齐全后就可以开工了。如果需要使用电动圆锯等电动工具，或是需要重铺地板，施工时噪声会比较大，最好提前和邻居打好招呼。

翻新装修 01

贴胶面墙纸

制作者

末永京

材 料 费：3000日元
（约合人民币150元）
制作时间：30min
难易程度：★☆☆☆☆

胶面墙纸是使用量最大的墙纸。
由于品种丰富，价格便宜，
很适合用来翻新整个房间。

改造前

改造后

工具

①壁纸刀
②胶刮板
③竹刮板
④刮板
⑤毛刷
⑥墙纸压轮
⑦海绵
⑧干布
- 铅笔
- 中间带孔的硬
- 线绳
- 图钉

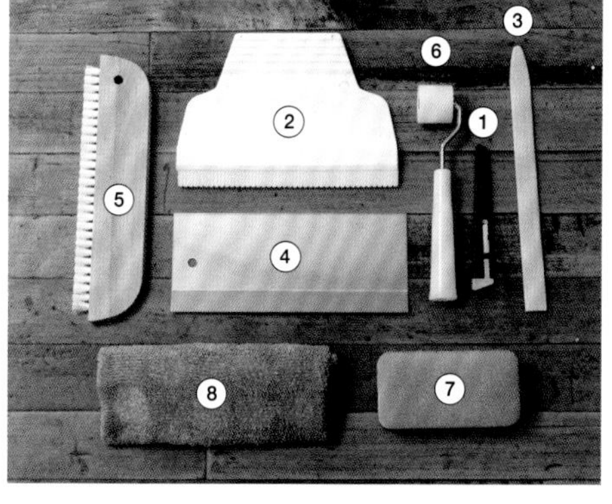

材料

墙纸…5

墙纸专用胶(淀粉胶)…1袋

要点

不带图案且表面比较粗糙的墙纸，即使贴得不太平整，也不会十分明显，比较适合初学者使用。不同类型的墙纸需对应不同的墙纸胶，请一定要注意包装上的说明。

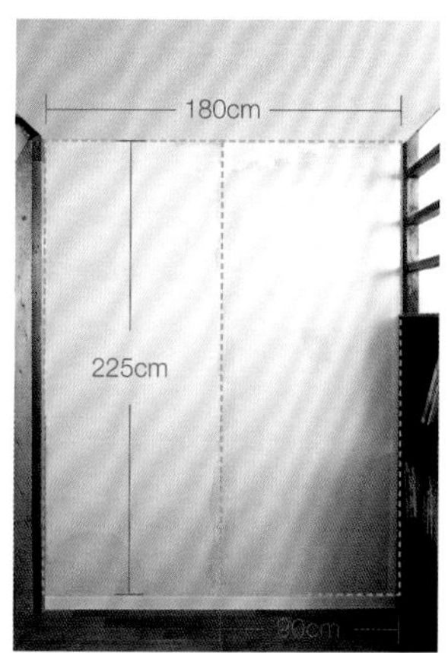

测量尺寸

测量墙壁尺寸，计算所需墙纸量。

① 计算单张墙纸的长度→225cm（墙壁高度）+10cm（上下切边部分）=235cm。
② 计算所需张数→180cm（墙壁宽度）÷约90cm（去除裁断损耗后的墙纸宽度）=2张。
③ 计算所需墙纸总量→235cm×2张=需要470cm。
胶面墙纸可以按米购买，因此需购买5m。

将5m的墙纸裁成2张（②）×235cm（①）的墙纸。

Process **工序**

提前准备

① 用壁纸刀在需更换墙纸的墙壁四周切开几个口子，将旧墙纸撕掉。墙上剩一点薄薄的衬纸没有关系。

要点

撕墙纸时，可以将壁纸刀稍稍伸进墙纸接缝中，切出一个撕口，这样会比较好撕。

② 在距离墙壁右侧 90cm 处，用铅笔在墙壁上方做一个标记，将线绳一端绑上重物，用图钉固定在标记处。

要点

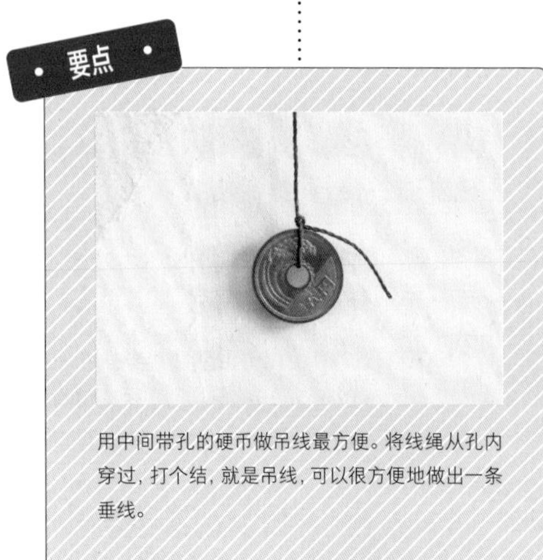

用中间带孔的硬币做吊线最方便。将线绳从孔内穿过，打个结，就是吊线，可以很方便地做出一条垂线。

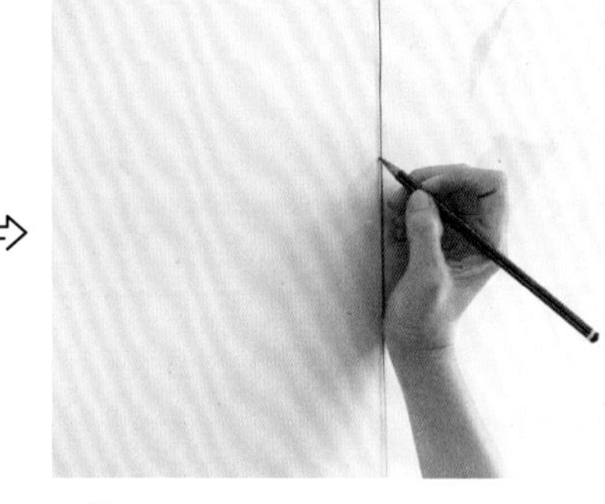

③ 沿着吊线做几个标记，沿着这些标记贴第 1 张墙纸，能保证墙纸贴得整齐、垂直。

④ 在墙纸背面涂满墙纸胶，用胶刮板涂抹均匀，确保整片墙纸变成雪白一片。如果胶涂得不够多，墙纸可能会贴不好，一定要特别注意。

贴第 1 张墙纸

⑤ 将墙纸蛇形折叠，让涂满墙纸胶的一面对折在一起，放置 5min 左右。所有待贴的墙纸均需做同样处理。

⑥ 上下各留 5cm 左右的边，然后沿着步骤 ③ 做的标记，从上至下贴墙纸。

⑦ 用手沿着中心向外推，将墙纸里的气泡排出。如果一直有气泡，就需要将墙纸揭下来重新贴。

⑧ 胶干之前，墙纸是可以移动的，因此，可以拖动墙纸进行微调，确保墙纸保持垂直。

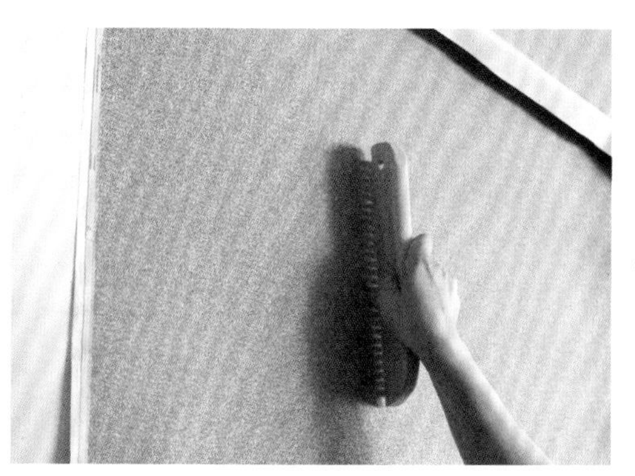

⑨ 确定好位置后，用毛刷从中心开始，上下左右仔细刷一遍墙纸，将所有气泡都挤出去。

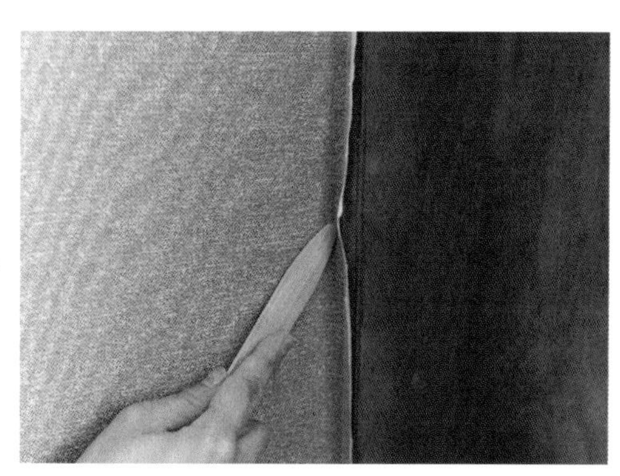

⑩ 用竹刮板将墙纸尽力推到墙壁右侧，刮出一道折痕。墙纸上下两边也同样刮出折痕。将抹布蘸水后拧干，把渗出的墙纸胶擦干净。

⑪ 用刮板紧紧顶住墙纸上边的折痕，然后用壁纸刀沿着刮板将墙纸边裁掉。

要点

裁墙纸边时，壁纸刀一定要贴紧刮板，而移动刮板时一定要紧贴墙壁，不要离开。

⑫ 按照同样的方法裁掉墙纸底端与右端多余的墙纸。如果壁纸刀的刀刃不够锋利，裁边会不太整齐，因此，一定要随时折断钝掉的刀片。

要点

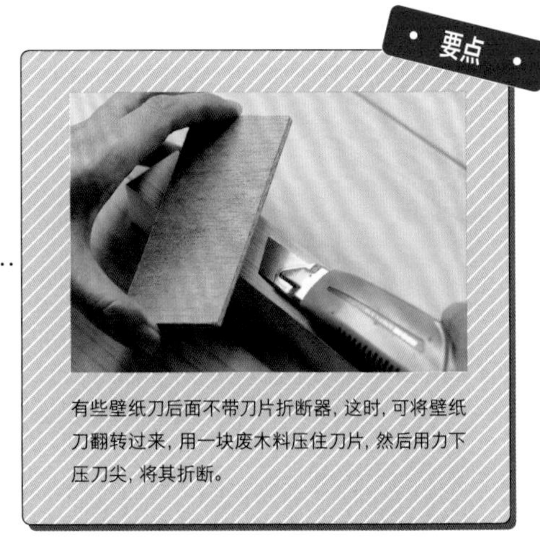

有些壁纸刀后面不带刀片折断器，这时，可将壁纸刀翻转过来，用一块废木料压住刀片，然后用力下压刀尖，将其折断。

贴第 2 张墙纸

⑬ 将第 2 张墙纸搭在第 1 张上，重叠 5cm 左右，重复步骤 ⑥ ~ ⑩，由上至下贴。垂线与第 1 张墙纸对齐。

⇨

⑭ 按照同样的方法裁掉墙纸底端与左端多余的墙纸。如果还要再贴第 3 张，则左端不裁边，继续重复以上步骤。

对齐接缝

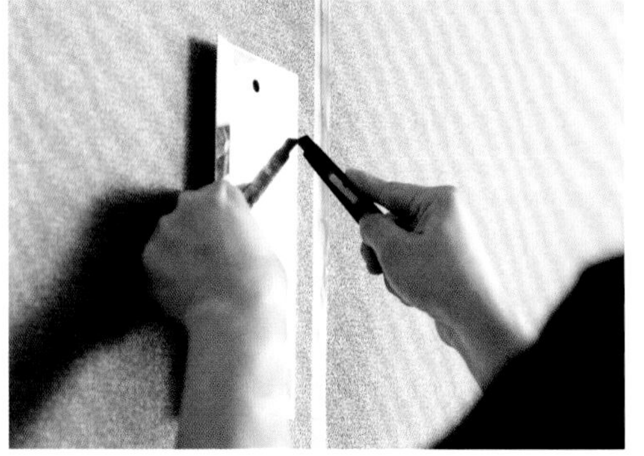

⑮ 将两张墙纸重叠的部分稍微掀起，确认重叠位置。然后用刮板按住重叠部分的中心，用壁纸刀沿着刮板从上方裁切，要将两层墙纸都切透。

⇨

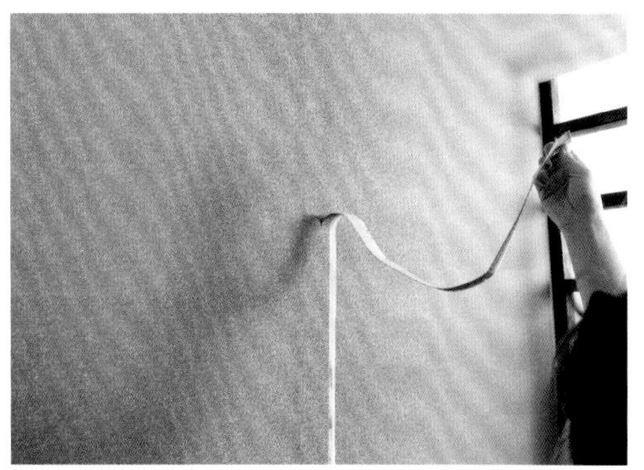

⑯ 将上面一层切掉的墙纸边去除干净。

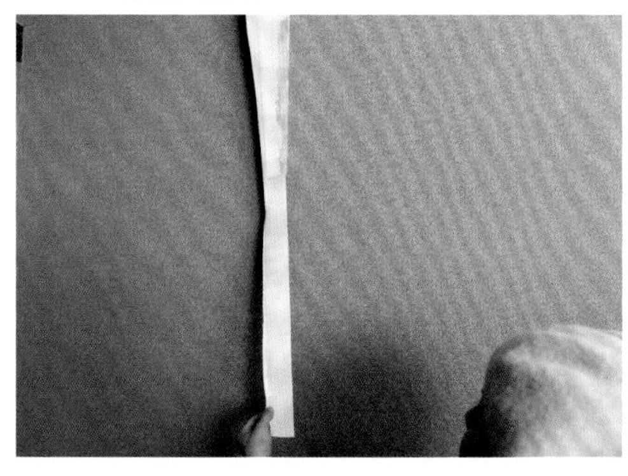

⑰ 稍稍揭开上面一层墙纸（第 2 张）的顶端，将下面一层墙纸（第 1 张）的边也去除干净。

⇨

⑱ 用墙纸压轮在墙纸上滚动，将两张墙纸的接缝处压实。如果继续再贴第 3 张墙纸，则回到步骤 ⑬。

收尾

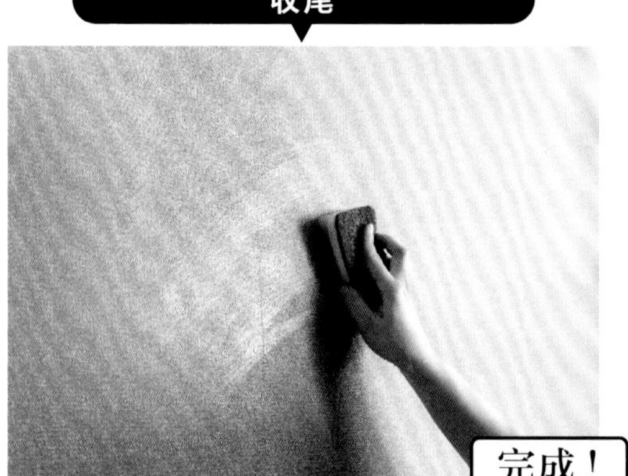

完成！

⑲ 海绵蘸水后用力拧干，然后用海绵将溢出的墙纸胶擦掉，再用干布擦去水分。

要点

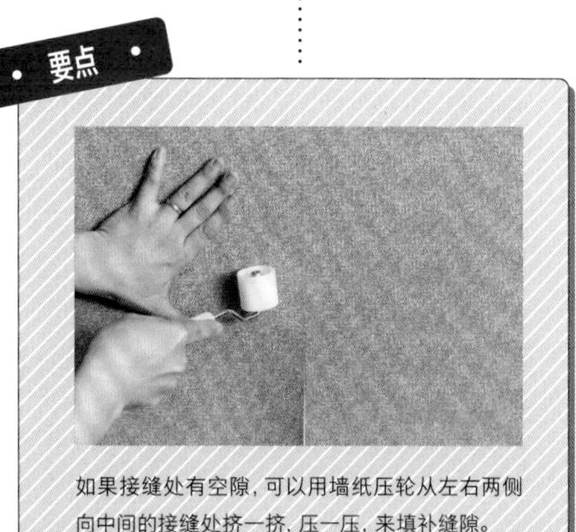

如果接缝处有空隙，可以用墙纸压轮从左右两侧向中间的接缝处挤一挤，压一压，来填补缝隙。

翻新装修 02

改造后

贴无纺布墙纸

制作者

川名惠介

材 料 费：30000日元（约合人民币1500元）

制作时间：1天

难易程度：★★★☆☆

无纺布墙纸大多为进口产品，
可以直接在墙壁上涂胶粘贴。
进口墙纸的一大魅力在于单张墙纸的宽度只有50cm左右，
比较窄，很适合DIY操作。

工具

1. 布基胶带保护膜
2. 壁纸刀
3. 竹刮板
4. 刮板
5. 墙纸压轮
6. 板刷
7. 滚刷
8. 毛刷
9. 滚刷托盘
10. 海绵

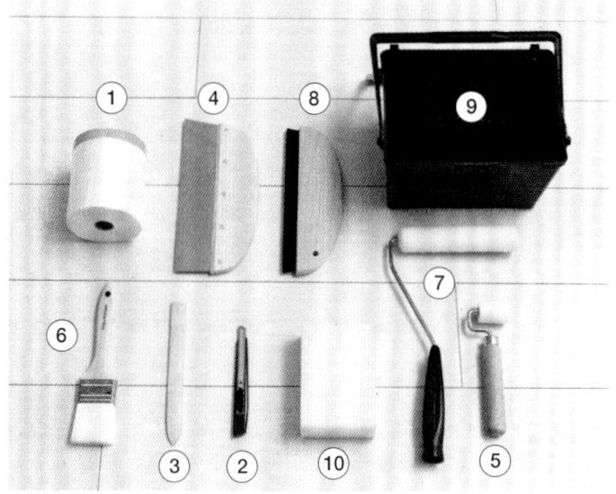

材料

- 墙纸（53cm×10m）…3 卷
- 进口墙纸专用胶…1 袋

测量尺寸

测量墙壁尺寸，计算所需墙纸量。
（墙纸类型：宽 53cm、花距 60cm、交错花距、每卷 10cm）

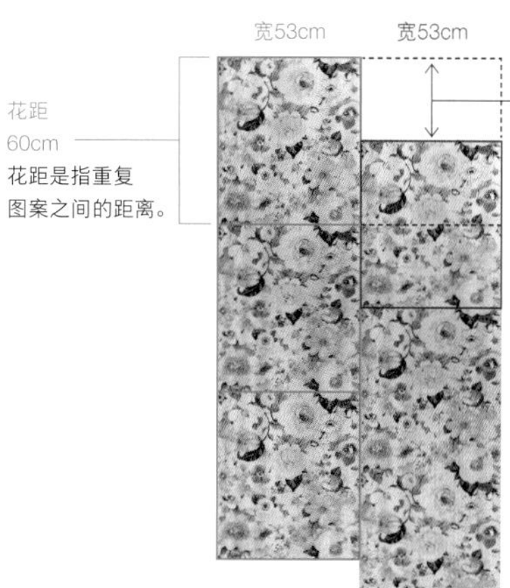

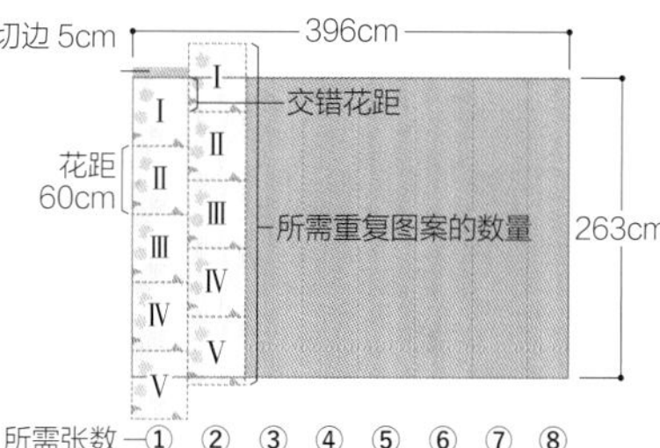

①396.3cm（墙壁宽度）÷53cm（墙纸宽度）≈7.5
➡所需墙纸张数为8张

②263.2cm（墙壁高度）÷60cm（花距）≈4.4
➡ 每张墙纸的图案数量为5个。
所需墙纸长度=60cm（花距）×5=300cm。

③300cm×8＝2400cm
考虑到裁边消耗及交错花距等问题，长度最好多加一成（10%）。
➡所需墙纸总长度＝2400cm×（1+10%）=2640cm
墙纸每卷10m（1000cm），因此需准备3卷。

Process 工序

提前准备

· 制作墙纸胶
· 拆掉电源插座保护罩
· 做好防护（→见第 185 页）

贴第 1 张墙纸

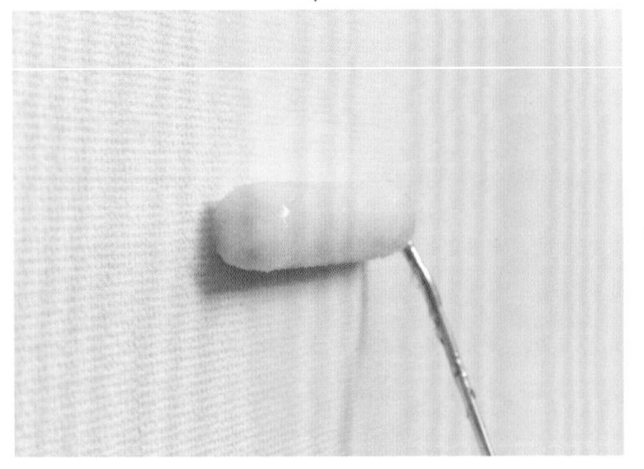

⇨

① 用滚刷将墙纸胶直接刷在墙壁上，胶量要足。角落处需用板刷仔细刷满胶。

② 将墙纸对齐墙边贴好，上下各留 5cm 左右的边。贴好后，用毛刷从中心开始向外刷，将所有气泡都挤出去，让墙纸牢牢地贴在墙上。

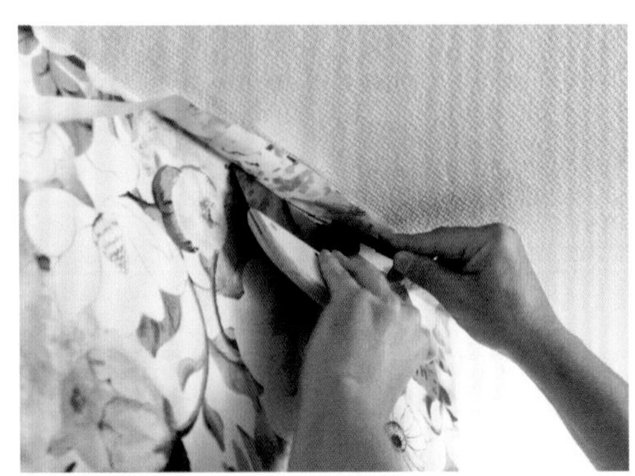

⇨

贴剩余墙纸

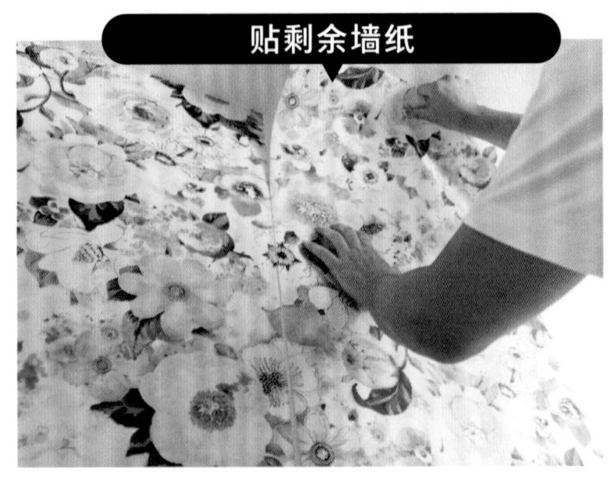

③ 用竹刮板在上下两边刮出清晰的折痕，用刮板顶住折痕，沿着刮板用壁纸刀将边裁掉（→见第 124 页）。

④ 第 2 张墙纸要与第 1 张交错才能拼出完整图案，确定位置后，重复步骤 ②③，进行粘贴。用墙纸压轮压实接缝（→见第 125 页）。按照同样的方法一直贴到倒数第 2 张。

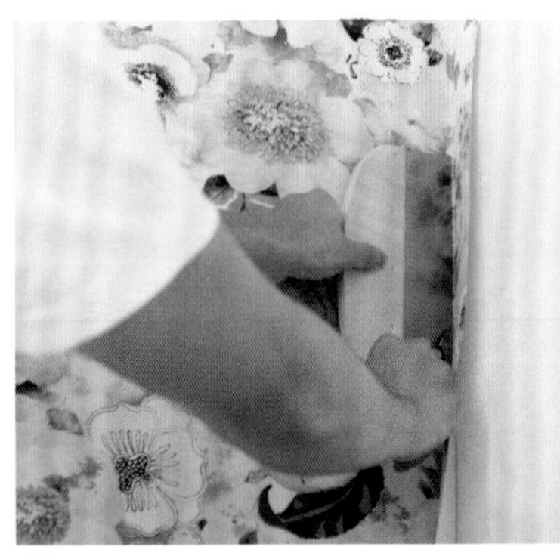

完成！

⑤ 贴最后一张墙纸，重复到步骤 ③ 后，用壁纸刀裁掉多余的边。海绵蘸水后用力拧干，然后将溢出的墙纸胶擦掉（→见第 125 页）。

· 要点 ·

贴墙纸时直接盖住电源插座部分，然后沿对角线裁开，去除电源插座部分的墙纸。

翻新装修 03

墙面刷漆

只需改变一面墙的颜色，
就能令全屋面貌焕然一新。
关键在于选择可直接在墙纸上涂刷的涂料。

制作者

末永京

材 料 费：6500日元
（约合人民币325元）
制作时间：4h
难易程度：★☆☆☆☆

改造前

改造后

工具

① 布基胶带保护膜
② 布基胶带
③ 板刷
④ 滚刷
⑤ 涂料桶
⑥ 塑料手套
● 抹布

材料

成品尺寸：
*W*770mm×*H*910mm×*D*356mm

Ⓐ 水性涂料
（STYLE DIY 涂料 - 冰灰色）…2L
※2L 为需二次涂刷时的用量。

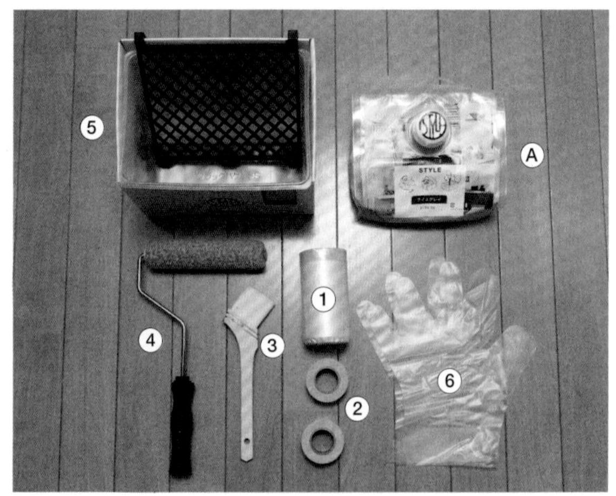

Process **工序**

提前准备

开始!

① 用抹布将墙壁擦干净。

② 沿着墙壁与天花板之间的角线贴一圈布基胶带，做好防护。窗框与墙壁之间也需做好同样的防护。

刷涂料

③ 整个房间都贴上布基胶带保护膜，做好防护。不要忘记空调与窗户等位置。

⇨

④ 先用力摇晃涂料罐，让颜色更为均匀。然后将涂料倒入桶内，用板刷涂抹，从边角处开始。

⑤ 窗框等与其他部位交界的位置也先用板刷涂好涂料。

⇨

⑥ 用滚刷蘸满涂料，再用过滤网去除多余涂料。

⑦ 用滚刷进行大面积涂刷。按照“W”方向上下移动滚刷，始终保持同一方向涂刷，效果会更好。

⇨

⑧ 涂料干燥需 2h，干燥后，重复步骤⑥⑦，进行二次涂刷。在涂料彻底干燥前，撤掉所有防护胶带。

※ 大约过 2h 以后，再摸墙壁就不会粘手了。完全干燥需要 1 ~ 2 天。另外，气温、湿度等条件也会影响干燥时间。

翻新装修 04

装饰门

大门中央位置的镂空装饰
是一次大胆的尝试。
窗户部分使用塑料纸板，成本会比较低。

改造后

改造前

制作者

go slow and smile

材 料 费：6000日元
（约合人民币325元）
制作时间：3天
难易程度：★★★☆☆

工具

- 木工角尺
- 铅笔
- 手锯
- 曲线锯
- 斜锯规
- 一字螺丝刀
- 木工锤
- 木工胶
- 砂纸
- 板刷
- 滚刷
- 毛笔

Cut List 木料图

…边角料部分 单位：mm

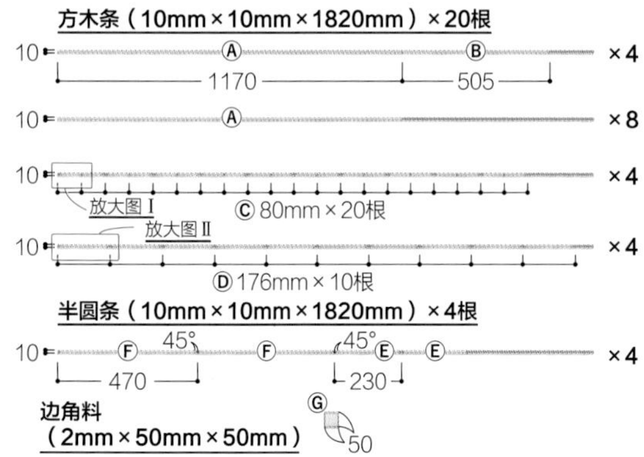

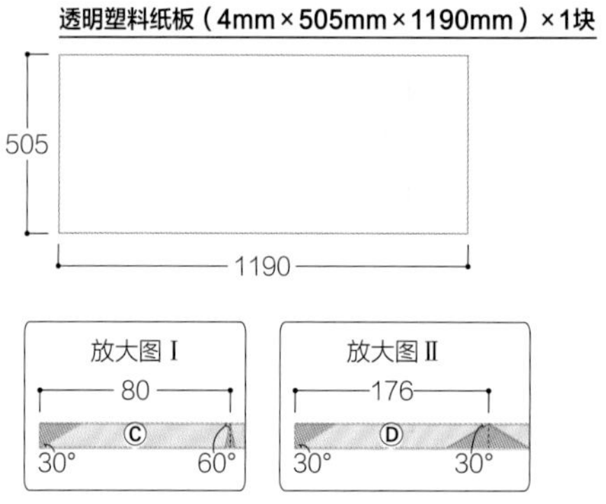

※ 所有板材使用前均需用砂纸打磨。

材料

Ⓐ装饰方条：方木条（10mm×10mm×1170mm）…12 根
Ⓑ装饰方条：方木条（10mm×10mm×505mm）…4 根
Ⓒ装饰方条：方木条（10mm×10mm×80mm）…80 根
Ⓓ装饰方条：方木条（10mm×10mm×176mm）…40 根
Ⓔ装饰条：半圆条（10mm×10mm×230mm）…8 根
Ⓕ装饰条：半圆条（10mm×10mm×470mm）…8 根
Ⓖ装饰：边角料（2mm×50mm×50mm）…1 个

- 塑料纸板（4mm×505mm×1190mm）…1 块
- 写有 VACANT 字样的纸板（也可自选其他文字）…1 张
- 暗钉…96 根
- 水性涂料
- 木螺丝…4 根
- 颜料（金色）
- 装饰图钉…40 个
- 一字螺丝（10mm）…1 根

Process 工序

提前准备

1. 拆掉大门，用曲线锯将窗户部分镂空（→见第 172 页）。利用斜锯规的辅助，用手锯将半圆装饰条ⒺⒻ两端锯成 45°（→见第 143 页）。
2. 用板刷在步骤①的半圆装饰条ⒺⒻ和其余装饰方条上刷涂料，用滚刷在大门上刷涂料。干燥后再刷一遍。

组装

3. 用木工胶将 2 根装饰方条Ⓐ和 2 根装饰方条Ⓑ固定在窗框四边。从ⒶⒷ侧打入暗钉固定（→见第 146 页）。
4. 背面嵌入塑料纸板，然后在上面同样用装饰方条ⒶⒷ围出四边，加以固定。
5. 用木工胶固定住 4 根装饰方条Ⓐ，注意方条间保持等距，从Ⓐ侧打入暗钉。
6. 用 2 根装饰方条Ⓒ和 1 根装饰方条Ⓓ组成 X 形，用木工胶固定在待安装的位置上。在 X 的中心安一个装饰图钉。共做 20 个。
7. 用木工胶将 2 根装饰条Ⓔ和 2 根装饰条Ⓕ固定在待安装的位置上。另一组也同样固定。
8. 把大门翻转过来，在背面重复步骤⑤～⑦。
9. 用曲线锯将装饰条Ⓖ切割成自己喜欢的形状。用毛笔在装饰条Ⓖ和门把上涂颜料。
10. 将纸板与装饰条Ⓖ一起放在待安装的位置，四角打入木螺丝。正中位置拧入 1 根一字螺丝，然后将大门装好。

Cut List 组装图

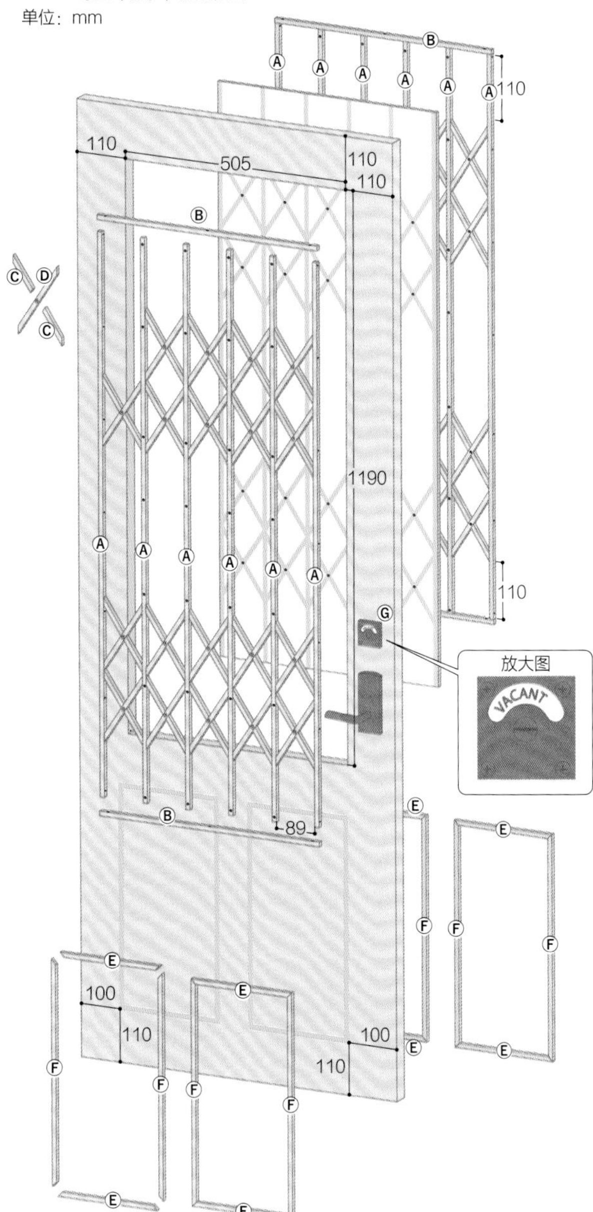

翻新装修

05

翻新窗框

只需给冰冷的铝合金窗户配一个窗框，就能令整个房间变得非常时尚。

改造后

改造前

制作者

末永京

材 料 费：3000日元（约合人民币150元）

制作时间：3h

难易程度：★★★☆☆

工具

- 木工角尺
- 卷尺
- 铅笔
- 手锯
- 凿子
- 电钻
- 底孔钻头 2mm
- 批头 #2
- 木工锤
- 板刷

材料

Ⓐ 内框：SPF1×1 板（19mm×19mm×1021mm）…2 根

Ⓑ 内框：SPF1×1 板（19mm×19mm×494mm）…6 根

Ⓒ 外框：SPF1×2 板（19mm×38mm×1021mm）…4 根

Ⓓ 外框：SPF1×2 板（19mm×38mm×570mm）…4 根

- 细割尾螺丝（65mm）…32 根
- 合页（51mm）…4 个
- 拉手…2 个
- 水性涂料（STYLE DIY 涂料 - 午夜蓝色）

Cut List 木料图

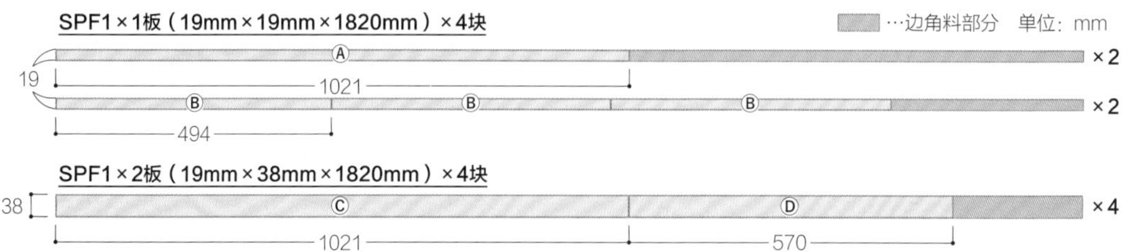

※ 所有板材使用前均需用砂纸打磨。

Process 工序

提前准备

1. 取出 2 根内框Ⓐ和 6 根内框Ⓑ，如图所示，分别用凿子开一道宽 19mm、深 10mm 的凹槽(→见第 39 页)。

组装

2. 将 2 根外框Ⓒ和 3 根内框Ⓑ组成梯子状，从Ⓒ侧分别打入 1 根细割尾螺丝加以固定。注意所有内框Ⓑ上的凹槽方向应保持一致。

3. 将内框Ⓐ的凹槽对准步骤 ② 的内框Ⓑ的凹槽，将Ⓐ嵌在上面。

4. 将 2 根外框Ⓓ放在步骤 ③ 的部分的上下两侧，从Ⓓ侧分别打入 5 根细割尾螺丝加以固定。重复步骤 ② ~ ④，再做 1 组。

收尾

5. 选择自己喜欢的颜色，在窗框上刷一层水性涂料。

6. 在 2 组窗框上分别安装拉手，注意保持左右对称。

7. 在安好拉手的窗框的侧面上下两处各装 1 个合页，安装回原来的窗框位置。

※ 下图中的窗户在内侧又安装了 1 根横杆，挂上 1 块装饰布，效果很像窗帘。

Cut List 组装图

▭ …连接面
• …螺丝(钉子)孔的位置
单位：mm

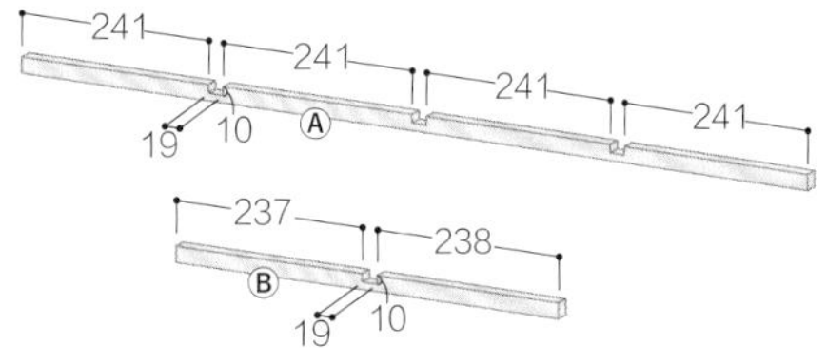

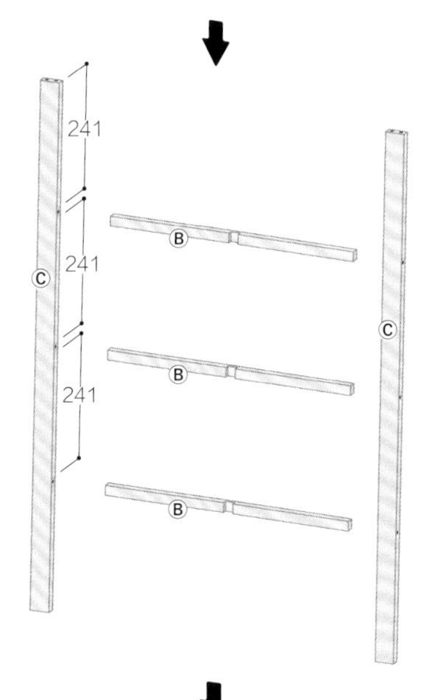

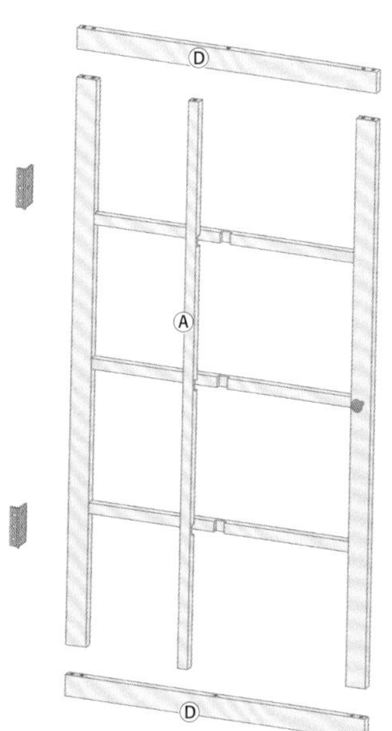

※组装前预先打好底孔(→见第 II 页)

翻新装修 **06**

无水箱式卫生间

只需将水箱隐藏起来，就能令普通的家庭卫生间变得像酒店一样。从正面看仿佛抽屉一样的搁板制作方法也很简单，利用L型角码就能轻松搞定。

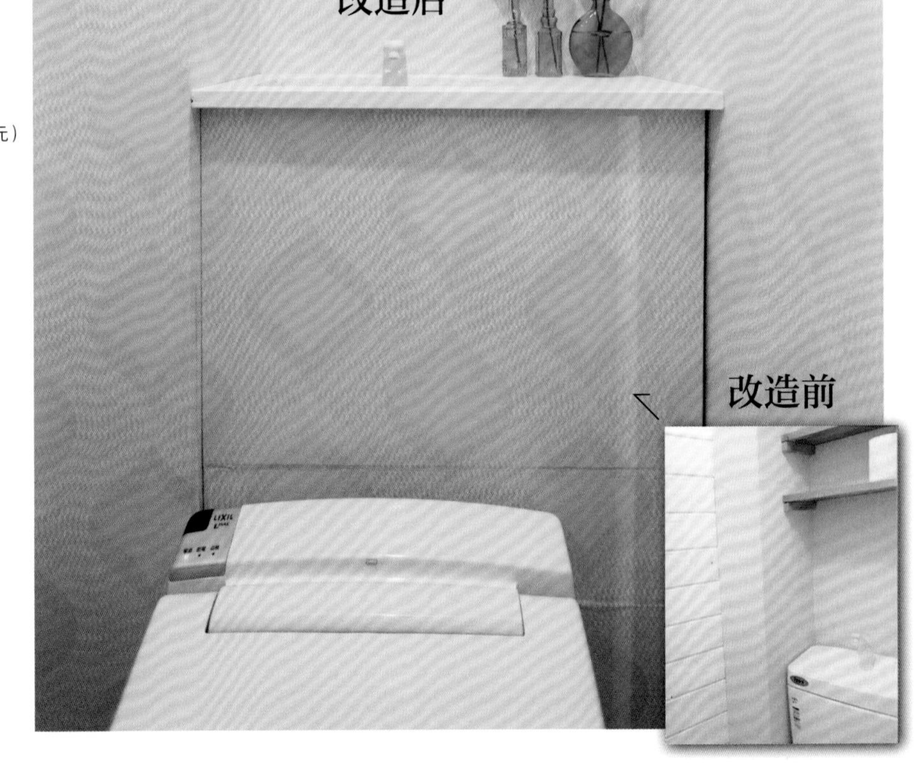

制作者

Hisayo

材 料 费：4000日元
（约合人民币200元）

制作时间：1天

难易程度：★☆☆☆☆

工具

- 木工角尺
- 卷尺
- 铅笔
- 布基胶带（50mm宽）
- 手锯
- 线锯
- 电钻
- 麻花钻头 6mm
- 批头 #2
- 木工胶
- 强力双面胶
- 砂纸
- 板刷

Cut List 木料图

▇…边角料部分　单位：mm

复合板（12mm×600mm×1800mm）×1块

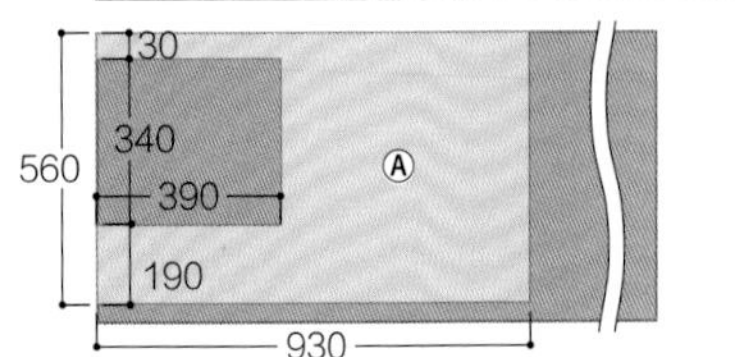

松木集成板
（18mm×600mm×1820mm）×1块

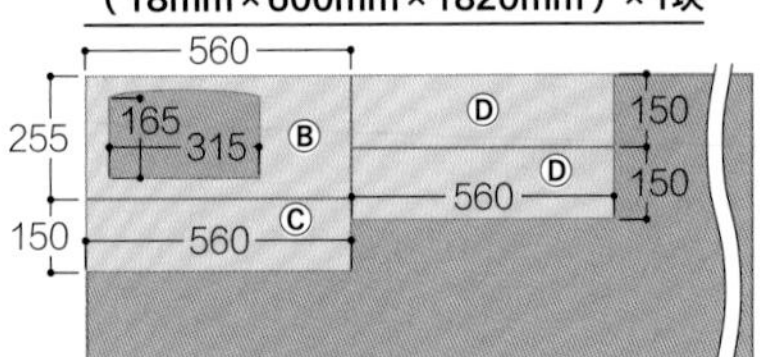

方木条（20mm×20mm×910mm）×1根

20 Ⓔ Ⓔ Ⓔ Ⓔ
150

边角料（10mm×45mm×200mm）×2块

※使用家中现成的边角料即可。

45 Ⓕ Ⓕ
200

※ 所有板材使用前均需用砂纸打磨。

材料

Ⓐ 前板(水箱罩)：复合板(12mm×560mm×930mm) …1 块
Ⓑ 顶板(水箱罩)：松木集成板(18mm×255mm×560mm) …1 块
Ⓒ 前板(抽屉状搁板)：松木集成板(18mm×150mm×560mm) …1 块
※ 墙壁的宽度 × 自选高度即可
Ⓓ 搁板(抽屉状搁板)：松木集成板(18mm×150mm×560mm) …2 块
※ 墙壁的宽度 × 自选深度即可
Ⓔ 层板托(抽屉状搁板)：方木条(20mm×20mm×150mm) …4 根
Ⓕ 层板托(水箱罩)：边角料(10mm×45mm×200mm) …2 块

- L 型角码(或角码支架、50mm 左右) …5 个
- 木螺丝(10mm) …10 根 ※ 螺头大小要与 L 型角码配套。
- 拉手…2 个
- 自粘墙纸
- 水性涂料(TURNER 牛奶漆)

Process 工序

提前准备

1. 按照马桶与水箱连接部分的大小将前板Ⓐ的下方锯成 U 字形，上面贴自粘墙纸。
2. 用铅笔在顶板Ⓑ上画出镂空部分，应比洗手盆略小一些。
3. 用电钻在步骤 ② 画出的标记线内侧四角各打一个通孔，将线锯的锯片穿进孔内，连接 4 个孔，完成镂空切割。
4. 在镂空好的顶板Ⓑ、前板Ⓒ、1 块搁板Ⓓ、4 块层板托Ⓔ上各刷两遍水性涂料。在另一块搁板Ⓓ上贴好墙纸。

组装

5. 在前板Ⓐ内侧最下方安装 L 型角码。较窄的一侧安装一个，较宽的一侧安装 2 个，分别用 2 根木螺丝加以固定。
6. 在两面墙壁与水箱同高的位置上贴布基胶带，长 200mm。
7. 在层板托Ⓕ的内侧贴双面胶，将其粘在步骤 ⑥ 的墙上。
8. 将前板Ⓐ跨放在马桶上，将顶板Ⓑ放在前板Ⓐ和层板托Ⓕ上。
9. 将前板Ⓒ与搁板Ⓓ的长边垂直对齐，在内侧左右各装一个 L 型角码，分别用 2 根木螺丝固定。在前板Ⓒ上安装 2 个拉手。
10. 用木工胶将 4 根层板托Ⓔ粘在两侧墙壁自己想要摆放搁板的任意位置。将步骤⑨的部分与剩余的 1 块搁板Ⓓ放在层板托Ⓔ上。

Cut List 组装图

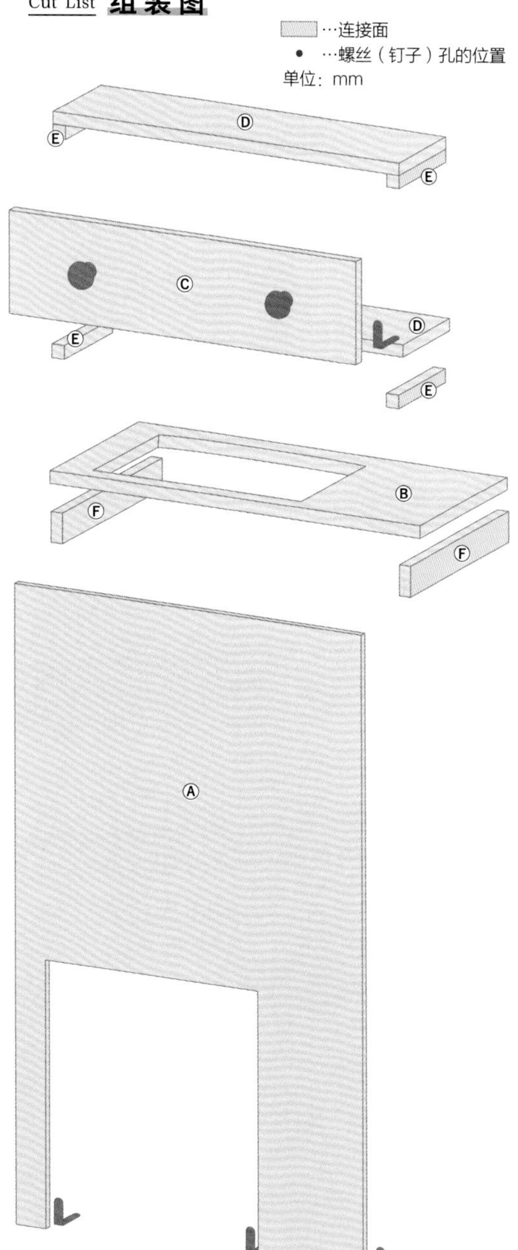

※组装前预先打好底孔(→见第Ⅱ页)。

翻新装修

07

制作者

川名惠介

材 料 费：50000日元

（约合人民币2500元）

制作时间：3天

难易程度：★★★★★

厨房创意改造

只需铺上地板垫，再改变一下橱柜的颜色，
就能令厨房面貌焕然一新。在心仪的厨房岛台上贴上瓷砖，
立刻便能感受到浓浓的复古风情。

改造前

面积约 10m² 的老式厨房，整体给人一种陈旧、老化的印象。为了让厨房显得更为明亮，特意使用了大胆的图案与配色。本次改装的主题是将厨房内饰打造出摩洛哥风格！

步骤 1

铺地板垫

→见第 140 页

地板垫可以直接贴在现有的地板上，非常方便。而且耐水性强，又很抗油污，很适合厨房使用。不过，最好不要在冬季施工，因为如果气温过低，地垫会变得很硬，不好操作，而且胶也不容易干。

步骤 2

改造橱柜

→见第 142 页

原先的橱柜门看上去单调无趣，加上装饰条，再涂上鲜艳的蓝色后，立刻变得洋气十足。将窗框及水槽周围也涂成同样的蓝色，效果会更为统一。金色的拉手，在蓝色的衬托下显得更加耀眼。

步骤 3

制作厨房岛台

→见第 144 页

厨房岛台既是操作台，又具备收纳能力。前板略微凹陷的设计为室内空间增添了一丝动感。因为地上铺的是地板垫，所以就将岛台直接放在了地上，如果担心会刮伤地板，可在岛台底板的钉子上贴块垫子。顶板上贴的瓷砖是背面带网格的片状瓷砖，安装方便。

步骤 1 铺地板垫

工具

① 剪刀
② 壁纸刀
③ 刷胶用的胶刮板
④ 竹刮板
⑤ 刮板
⑥ 毛刷
⑦ 墙纸压轮
● 养生胶带

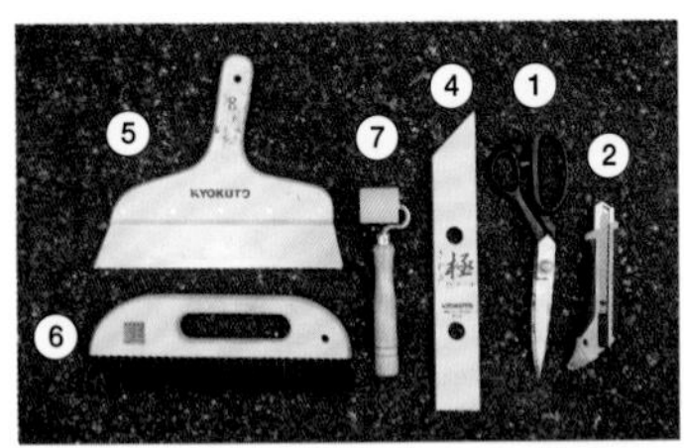

材料

● 地板垫
● 地板垫专用胶
● 美缝剂

Process **工序**

① 预铺第 1 块地板垫。将地板垫的长边紧贴墙壁，短边各留大约 10cm 的边，用剪刀剪断。

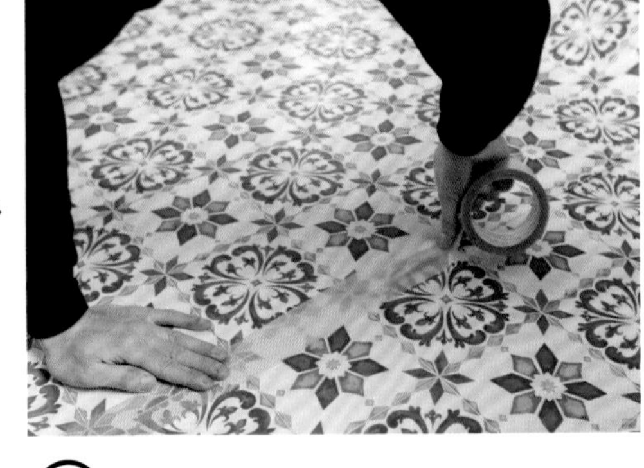

② 如果地板下面有收纳空间，应先将盖子拆下来，然后将地板垫整个铺上去，最后用养生胶带在相应位置上做好标记。

③ 铺第 2 块地板垫，注意将图案与第 1 块对齐，留好边后用壁纸刀将多余的部分裁掉。为了防止错位，最好用养生胶带将 2 块地板垫的接缝处以及一侧短边固定住。

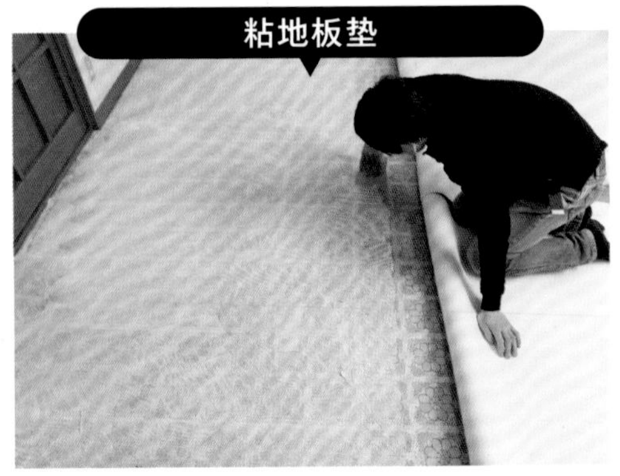

④ 从没有固定的短边一侧将 2 块地板垫一起卷起来，卷到房间一半的位置。将专用胶倒在地板上，用胶刮板薄薄地摊开，从入口处一直到房间最里面全都涂满。

⑤ 待胶干至透明状态时，将卷起来的地板垫复位，用毛刷从房间中心向外用力刷，排出气泡，粘好地板贴。按照同样的方法粘贴另一半。

⑥ 将四周多余的部分裁掉。用刮板将地板垫尽力推到墙壁边上，用壁纸刀沿着刮板将边裁掉。裁边时不要想一下全都裁掉，要有耐心，裁掉一点，刮板向前移动一点。

⑦ 裁到墙角位置时，用壁纸刀从墙角顶点划一个V字，然后裁掉多余的部分。按照同样的方法，将四周所有多余的部分全部裁掉。

⑧ 将接缝处的养生胶带揭开，用刮板按住重叠部分的中心，然后用壁纸刀沿着刮板从上方裁切，要将两层地板垫全都切透。沿着图案的边缘裁切不容易错位。

⑨ 用墙纸压轮在接缝处滚动，用力压实(→见第125页)。在接缝处涂美缝剂，用干布将溢出的美缝剂擦干净。

⑩ 用壁纸刀将地板收纳部分的地板垫裁掉。在盖子上抹胶，胶干后将裁下来的地板垫贴在盖子上。裁去多余的边，安装五金配件，装好盖子。

步骤 2 改造橱柜

工具

① 木工角尺
② 卷尺
③ 铅笔
④ 手锯
⑤ 平切锯
⑥ 斜锯规
⑦ 木工胶
⑧ 板刷
● 布基胶带
● 电钻
● 麻花钻头 30mm

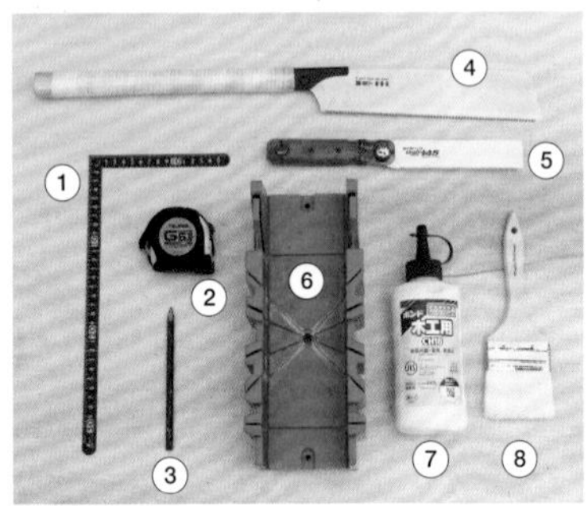

材料

● 装饰板：胶合板（2.5mm×270mm×330mm）…4 块
● 装饰板：胶合板（2.5mm×170mm×380mm）…3 块
● 装饰板：胶合板（2.5mm×150mm×200mm）…1 块
● 以下为装饰条（10mm×24mm）：
460mm…6 根
410mm…8 根
350mm…8 根
250mm…6 根
280mm…2 根
230mm…1 根
● 底漆（为了提高水性涂料的附着力，预先在板材上刷的涂料）
● 水性涂料（Imagine 墙面漆 - 蓝灰色调 - 波塞冬色）
● 拉手
● 填缝剂

Process **工序**

提前准备

开始！

① 将所有橱柜门拆掉，在橱柜上贴上布基胶带做好防护，防止刷涂料时溅上涂料。

② 为了增强水性涂料的附着力，先用板刷在所有需刷涂料的位置刷一层底漆，放置20min 左右，直至完全干燥。

制作装饰

③ 用铅笔标出装饰条与装饰板的位置，注意保持图案平衡。

④ 按照步骤 ③ 画好的尺寸切割装饰板与装饰条。将装饰条放在斜锯规上，用平切锯将装饰条的两端锯成 45°，注意保持左右对称。

⑤ 将装饰条与装饰板按照步骤 ③ 的标记摆好，用木工胶粘牢。放置一会儿，等待干燥。

⑥ 如果装饰条的接合处出现缝隙，可以用填缝剂修补。在每扇橱柜门上重复步骤 ③ ~ ⑥。

刷涂料、收尾

⑦ 在橱柜与窗框上刷水性涂料，干燥后再刷一遍。

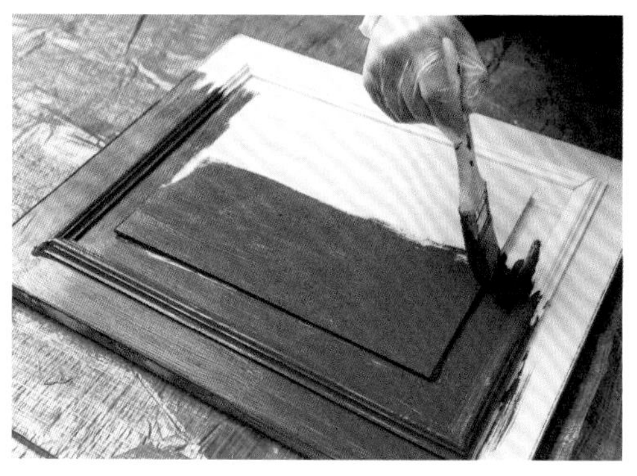

⑧ 在步骤 ⑥ 的橱柜门上刷水性涂料，干燥后再刷一遍。

⑨ 待水性涂料完全干燥后，用麻花钻头在门上的拉手位置打眼，安装拉手。然后将柜门重新安装好。

步骤 3 制作厨房岛台

工具

① 木工角尺
② 卷尺
③ 铅笔
④ 布基胶带
⑤ 手锯（或圆锯）
⑥ 电钻
⑦ 木工胶
⑧ 瓷砖胶
⑨ 瓷砖美缝剂
⑩ 刮板
⑪ 板刷
⑫ 滚刷
⑬ 托盘
⑭ 油漆印章
⑮ 海绵
- 砂纸机（砂纸）
- 麻花钻头 65mm
- 抹布
- 锤子

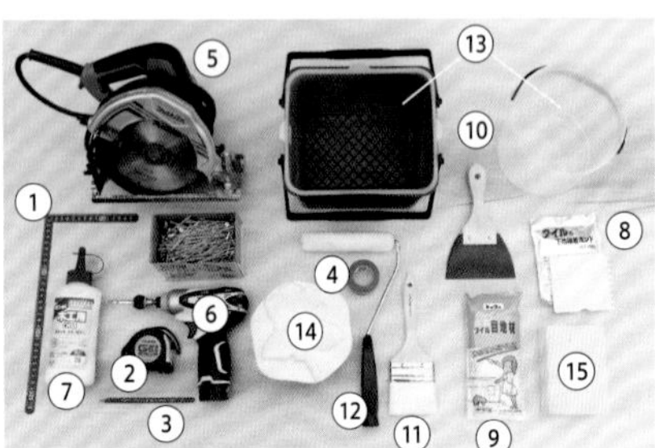

材料

成品尺寸
*W*1264mm×*H*934mm×*D*400mm

Ⓐ 外框：方木条（30mm×40mm×1240mm）…2 根
Ⓑ 外框：方木条（30mm×40mm×340mm）…4 根
Ⓒ 外框：方木条（30mm×40mm×840mm）…4 根
Ⓓ 外框：方木条（30mm×40mm×1160mm）…2 根
Ⓔ 外框：方木条（30mm×40mm×320mm）…2 根
Ⓕ 外框：方木条（30mm×40mm×300mm）…1 根
Ⓖ 侧板：柳安木胶合板（12mm×400mm×900mm）…2 块
Ⓗ 顶板·底板：柳安木胶合板（12mm×400mm×1264mm）…2 块
Ⓘ 前板：柳安木胶合板（12mm×900mm×1240mm）…1 块
Ⓙ 搁板：柳安木胶合板（12mm×380mm×1240mm）…1 块
Ⓚ 外框（顶板）：木工板（10mm×25mm×1264mm）…2 根
Ⓛ 外框（顶板）：木工板（10mm×25mm×350mm）…2 根
- 25mm 见方瓷砖片（30mm×30mm）…8 块
- 木螺丝（65mm）… 58 根
- 木螺丝（30mm）… 39 根
- 暗钉…10 根
- 水性涂料（Imagine 墙面漆 - 蓝灰色调 - 波塞冬色，Imagine 墙面漆 - 纯白色）

Cut List 木料图

柳安木胶合板（12mm×910mm×1820mm）×3块

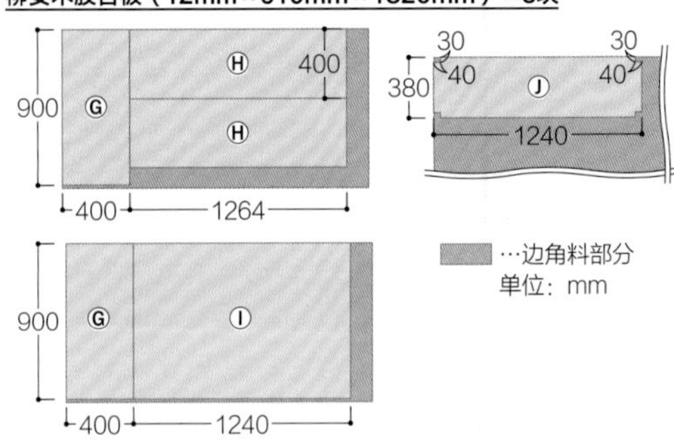

方木条（30mm×40mm×1820mm）×7根

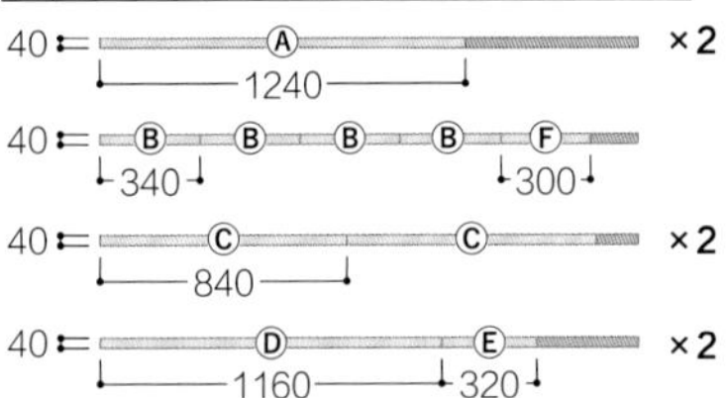

木工板（10mm×25mm×1820mm）×2根

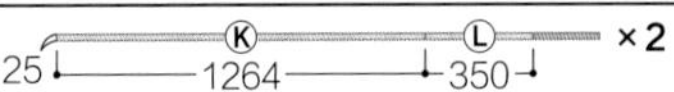

※ 所有板材使用前均需用砂纸打磨。

Cut List 组装图

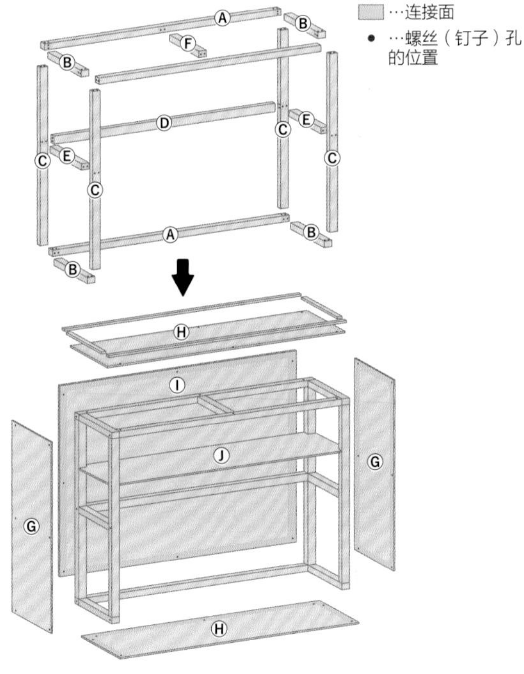

※ 组装前预先打好底孔（→见第Ⅱ页）。

Process **工序**

组装

1 将1根外框Ⓐ与2根外框Ⓑ组成U字形，从Ⓐ侧分别打入2根木螺丝加以固定。将4根外框Ⓒ分别与U字形的四角垂直对齐，从ⒶⒷ侧各打入2根木螺丝加以固定。

2 将另一根外框Ⓐ架在2根外框Ⓒ之间，与步骤①的外框Ⓐ平行，从Ⓐ侧分别打入2根木螺丝加以固定。

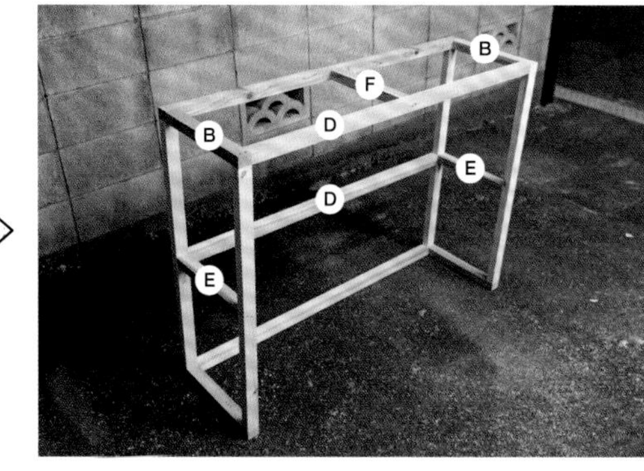

3 将2根外框Ⓑ架在2根外框Ⓒ之间，与步骤②的外框Ⓐ垂直，从ⒶⒷ侧各打入2根木螺丝加以固定。

4 将外框Ⓓ夹在步骤③的2根外框Ⓑ之间，从Ⓑ侧分别打入2根木螺丝加以固定。将剩余的1根外框Ⓓ、2根外框Ⓔ、1根外框Ⓕ分别架在每个外框组成的长方形中央，各用2根木螺丝加以固定。

5 将2块侧板Ⓖ长边的边沿与外框开口侧的边沿对齐，从侧板Ⓖ一侧打入6根木螺丝。

要点

令侧板Ⓖ、顶板·底板Ⓗ稍微向外突出一些，然后嵌入前板，这样完成后可以突出造型的亮点。

⇨

⑥ 按照与步骤 ⑤ 相同的方法安装顶板·底板Ⓗ。嵌入前板Ⓘ，从Ⓘ侧打入 8 根木螺丝加以固定。

⑦ 按照外框的尺寸，用手锯在搁板Ⓙ的四角分别横向锯掉 40mm、纵向锯掉 30mm，然后将搁板架在外框ⒹⒺ上。

⑧ 用 2 根外框Ⓚ与 2 根外框Ⓛ在顶板上围出一个边框，用木工胶粘牢。在每条边的两端与长边的中心分别钉入暗钉。

· 要点 ·

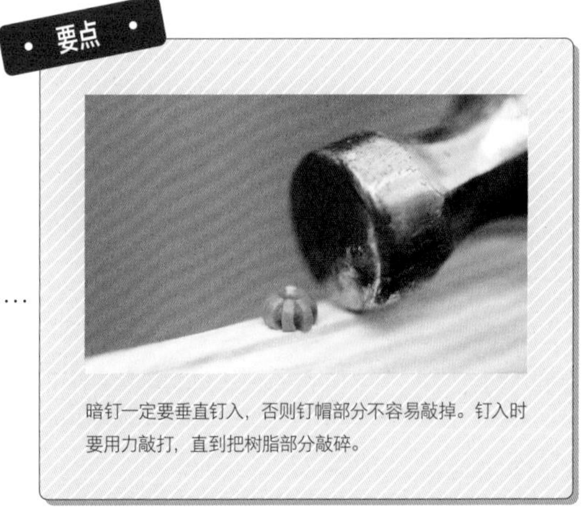

暗钉一定要垂直钉入，否则钉帽部分不容易敲掉。钉入时要用力敲打，直到把树脂部分敲碎。

在顶板上贴瓷砖

⇨

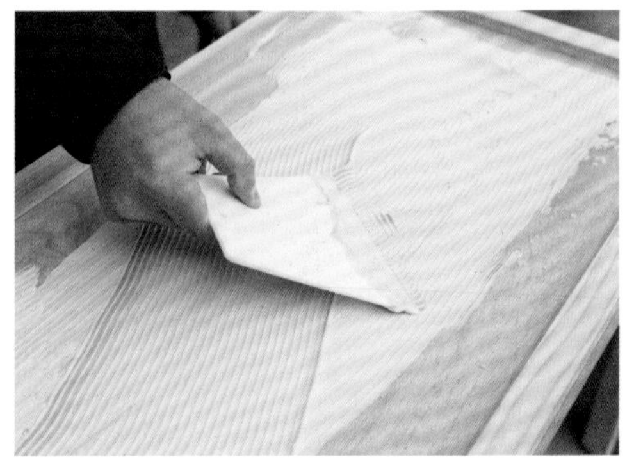

⑨ 将瓷砖摆在顶板上。按照板面大小，用剪刀沿着瓷砖的列剪开摆放，剪瓷砖时，应连着背面的网格一起剪断。

⑩ 将摆好的瓷砖取下来，在顶板上倒入用水溶解好的瓷砖胶，用胶刮板将瓷砖胶均匀摊开，整块顶板都涂满薄薄的一层。

⑪ 重新按原位置摆好瓷砖。在瓷砖胶凝固之前，都可以继续移动瓷砖，调整位置。摆好后，放置一段时间，等待干燥。

⇨

⑫ 用水将美缝剂溶解后倒在瓷砖上，用刮板将美缝剂填满瓷砖间的缝隙。全部涂好后，将毛巾蘸水拧干，轻轻擦掉多余的美缝剂。

⑬ 用布基胶带在前板周围做好防护，然后在前板上刷蓝色的水性涂料。放置一段时间，等待干燥。

⇨

⑭ 用板刷在油漆印章上刷一层白色的水性涂料，盖在前板的任意位置。注意涂料不要刷得太多，否则印出的图案容易花掉。

⑮ 海绵蘸水后拧干，待瓷砖美缝剂干燥后，将表面的美缝剂擦掉，再用干抹布擦拭瓷砖表面。

⇨

⑯ 用锤子从侧面敲掉木框上暗钉的钉帽。

翻新装修 08

制作者

川名惠介

材 料 费：115000日元
（约合人民币5750元）
制作时间：4天
难易程度：★★★★★

和室创意改造

充分利用柱子与拉门，
打造一个具有现代和式风格的空间。
冷色的灰泥涂料与亮色的地板
在北欧风格的室内装修中也十分常见。

改造前

这是一间 $10m^2$ 左右的老房子，苔藓绿色的沙墙透出一股沧桑感。由于沙墙的吸水性较强，再加上墙面年久劣化，经常起砂掉沙，处处斑驳，而且榻榻米也被晒得脱色严重，因此，这一次要对墙壁和地面进行整体改造。

改造后

步骤 1

墙壁使用灰泥涂料

→见第 150 页

- 灰泥涂料别有一番韵味，它不会随着时间流逝而老化，同时还具有调节湿度、吸收异味的功能。
- 调制灰泥涂料的过程比较复杂，初学者最好直接使用调配好的涂料。有些灰泥涂料自带颜色，不过这次因为想要涂刷自己喜欢的颜色，所以选择使用颜料进行调色。

改造后

步骤 2

用木地板替换榻榻米

→见第 152 页

- 木地板的材质多种多样，有杉木、松木、橡木等。不同颜色、宽窄的板材给人的感觉不同。宽地板能令空间显得更宽敞，现代感十足，而窄地板则能烘托出一种温馨的氛围，非常适合和式房间使用。
- 榻榻米通常被分类为大型垃圾。有的榻榻米商店会提供上门回收服务，价格为每张 1000 ~ 2000 日元（约合人民币 50 ~ 100 元）。

步骤 1 墙壁使用灰泥涂料

工具

① 布基胶带保护膜
② 布基胶带
③ 养生胶带
④ 板刷
⑤ 滚刷
⑥ 涂料桶
⑦ 底漆桶
⑧ 底漆桶内容器
⑨ 涂料桶内容器
⑩ 涂料搅拌杆
⑪ 抹泥刀托板
⑫ 抹泥刀
⑬ 舀子
⑭ 橡胶手套
● 电钻

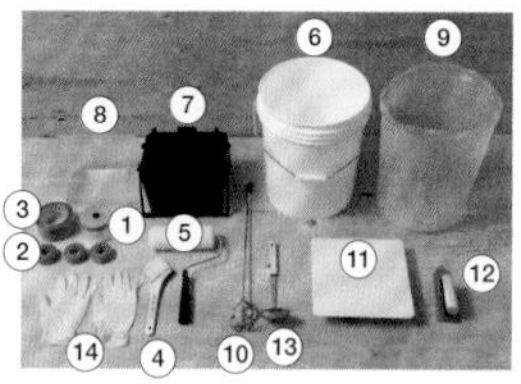

材料

房间面积大约 10m²

● 防霉底漆
● 灰泥涂料…18kg
● 颜料（蓝色 / 石灰类墙面天然颜料）…500g
● 松烟…800g
● 水…6.1L

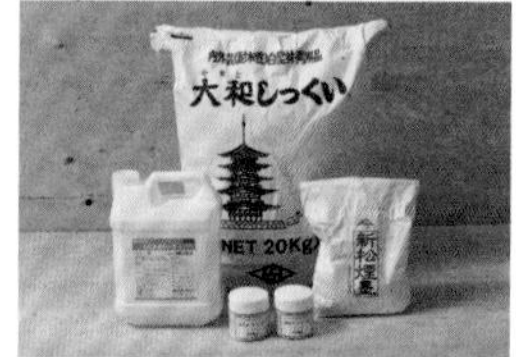

开始！

① 在立柱边上贴布基胶带进行防护。考虑到灰泥涂料的厚度，与墙壁之间最好留 2mm 左右的空间。

⇨

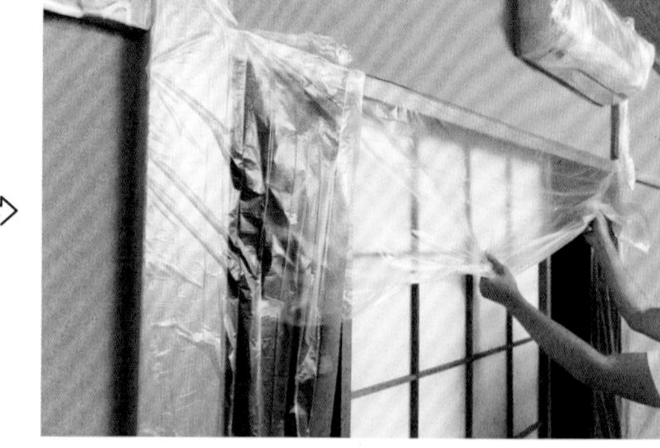

② 拆掉电源插座保护罩，用布基胶带保护膜盖住整个房间，做好防护。不要忘记拉门、窗户、空调等位置。

③ 为了防止沙墙掉沙，先用板刷和滚刷在整个墙面刷一层防霉底漆。干燥后再刷一遍。

⇨

④ 涂料桶里倒入适量的水，分别加入少量的灰泥涂料、颜料和松烟，将搅拌杆安装在电钻上，一边缓缓加入材料一边搅拌，直至硬度达到鲜奶油的程度。

刷灰泥涂料

⑤ 用勺子舀一勺搅拌好的灰泥涂料，放在抹泥刀托板上。用抹泥刀向外侧滑动灰泥涂料。提前在托板上粘一层养生胶带，后期清理时会比较方便。

⇨

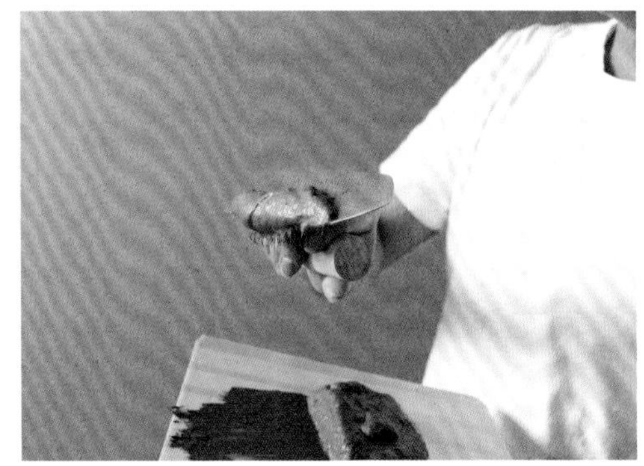

⑥ 拿着抹泥刀的手腕向外翻转，同时将抹泥刀立起来，铲起灰泥涂料。

⑦ 从柱子与墙壁的交界处开始涂刷。用抹泥刀的边缘将铲起来的灰泥涂料抹进边角处。

⇨

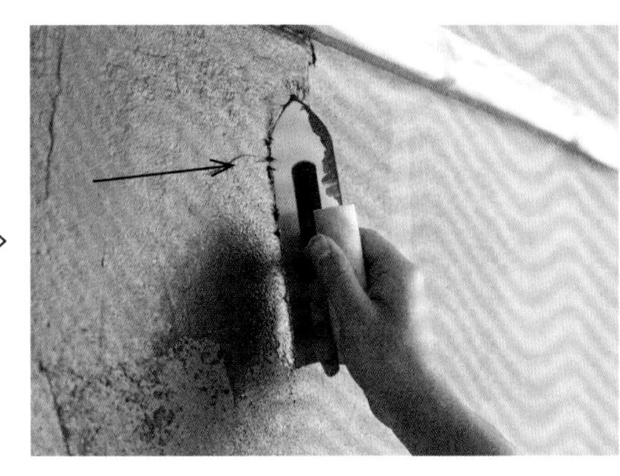

⑧ 将抹泥刀的尖头部分朝上，斜靠在墙壁上，横着慢慢向前滑动。与刷漆不同，刷灰泥涂料时，从左到右刷完后，不能再刷回来，必须让抹泥刀离开墙壁，重新再从左刷起。涂刷时，不要让抹泥刀一直紧紧贴在墙上，稍微倾斜一点刷，效果会更好。

要点

惯用右手的人从左向右刷，惯用左手的人从右向左刷。刷惯用手一侧的边角时，将抹泥刀上下颠倒过来，效果会更好。

完成！

⑨ 过 2h 左右，涂料慢慢干燥，颜色会越来越浅，因此，有时间的话最好再刷一遍。DIY 时刷一遍也能保证效果。刷好后拆掉防护。等到完全干燥还需 1 ~ 2 周。

步骤 2 用木地板替换榻榻米

工具

① 木工角尺
② 卷尺
③ 铅笔
④ 水平尺
⑤ 墨斗自动划线器(※)
⑥ 手锯(或圆锯)
⑦ 圆锯导向尺
⑧ 凿子
⑨ 电钻
⑩ 锤子
⑪ 橡胶锤
⑫ 木地板专用胶
⑬ 玻璃胶枪
● 壁纸刀

※ 如果没有墨斗自动划线器，可以用长条木板比着划线。

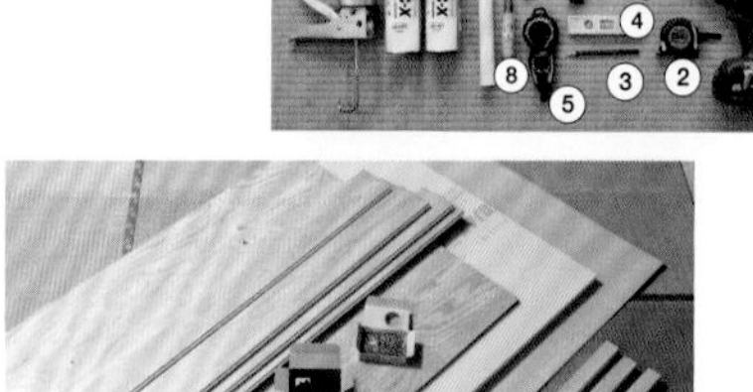

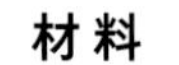

材料

房间面积大约 $10m^2$

Ⓐ 龙骨：方木条(30mm×40mm×2097mm) …13 根
Ⓑ 底板：胶合板(12mm×910mm×1820mm) …3 块
Ⓒ 底板：胶合板(12mm×666mm×1820mm) …1 块
Ⓓ 底板：胶合板(12mm×910mm×1087mm) …3 块
Ⓔ 底板：胶合板(12mm×910mm×666mm) …1 块
Ⓕ 木地板：柏木板(15mm×110mm×1900mm) …47 块
● 不同厚度的胶合板木片…适量
● 隔热材料(30mm×910mm×1820mm) … 6 块
● 树脂板(垫片 / 厚度 0.5mm) …适量
● 木螺丝(60mm) …适量
● 木螺丝(35mm) …适量
● 木地板用木螺丝(32mm) …适量

Plan view **平面图**

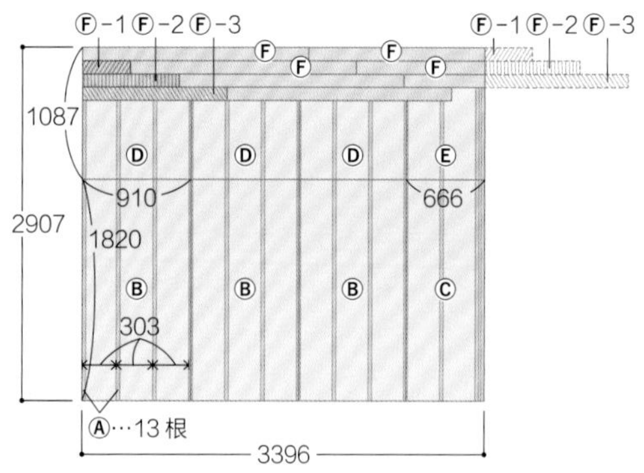

Process **工序**

提前准备

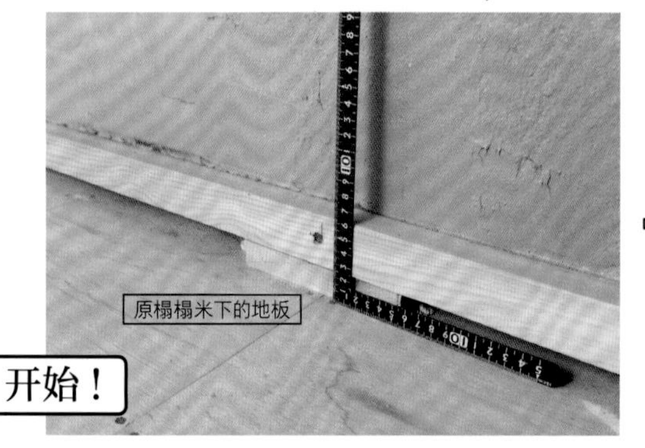

① 将凿子插进榻榻米里，利用杠杆原理将榻榻米翘起来，拆掉。测量表面与下面原地板之间的高度，减去木地板和底板的厚度，就能得出龙骨(→见第 185 页)Ⓐ的高度。

铺设龙骨

② 在房间的一侧铺设 1 根龙骨Ⓐ，注意龙骨的方向应与木地板方向保持垂直，每隔 20cm 左右打 1 根 60mm 木螺丝。在房间的另一侧也按照同样的方法铺设 1 根龙骨Ⓐ。

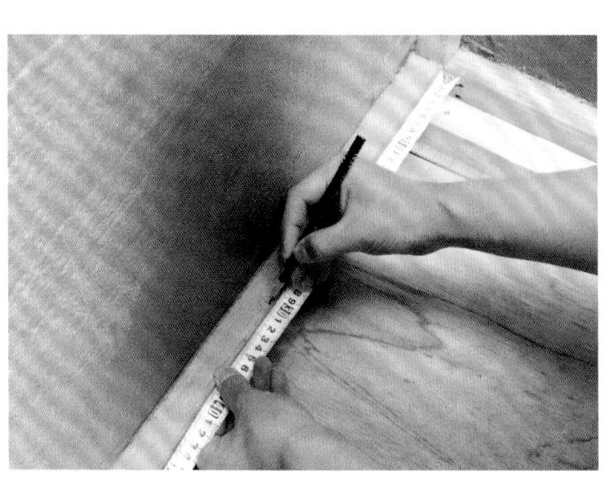

③ 房间四周都铺上一圈龙骨后，用铅笔在龙骨上每隔 303mm 做一个标记，大约相当于底板Ⓑ宽度的三分之一。

④ 按照步骤 ③ 的标记铺设龙骨。所有龙骨上都间隔 20cm 左右打 1 根 60mm 木螺丝加以固定。

要点

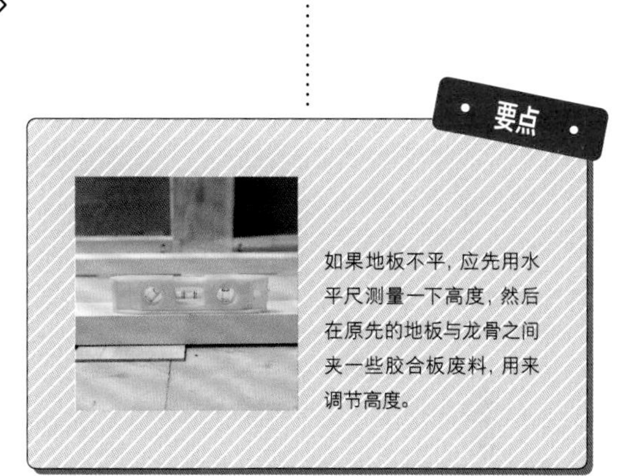

如果地板不平，应先用水平尺测量一下高度，然后在原先的地板与龙骨之间夹一些胶合板废料，用来调节高度。

⑤ 用壁纸刀将隔热材料裁成适当的大小，铺在龙骨与龙骨之间。如果出现缝隙，就裁一些小条填进去。

铺底板

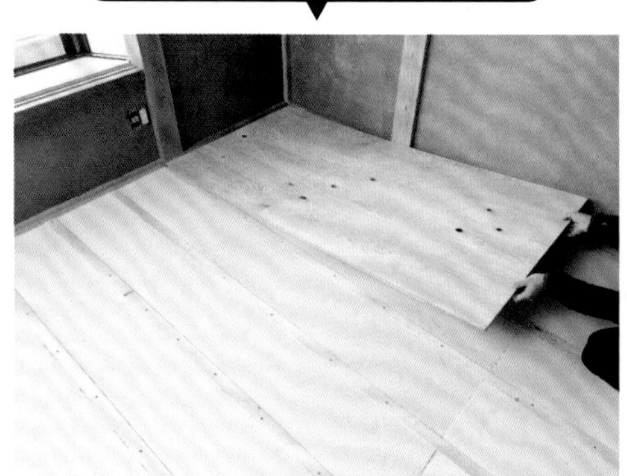

⑥ 铺设底板Ⓑ，方向与龙骨平行。铺设时，注意将底板长边的边缘放在龙骨上。

要点

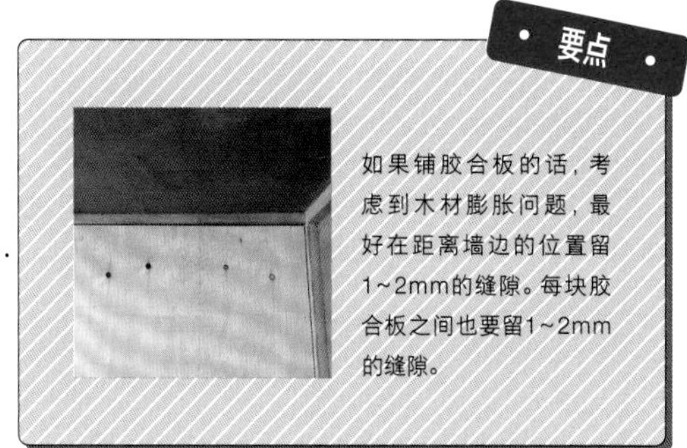

如果铺胶合板的话，考虑到木材膨胀问题，最好在距离墙边的位置留1~2mm的缝隙。每块胶合板之间也要留1~2mm的缝隙。

⑦ 在墨斗划线器里装好墨，将线绳固定在步骤 ③ 的标记处，然后从底板上方将线绳拉到能看到的龙骨上。在拉紧的状态下弹一下线绳，在底板上画出墨线。

⑧ 在底板两端和步骤 ⑦ 里画的墨线上，每隔 20cm 左右打入 1 根 35mm 木螺丝，逐块底板进行固定。

铺木地板

⑨ 铺好底板后，在铺第 1 块木地板的位置涂上地板专用胶，然后开始铺设木地板。

要点

梅雨季节或夏季湿度较大的时期，木地板容易膨胀，固定木地板时，可以用一些树脂板夹在墙壁与地板或地板与地板之间，制造出小小的缝隙。

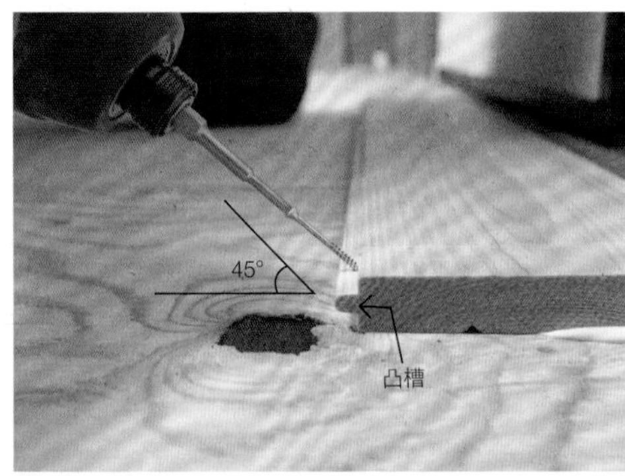

⑩ 在木地板企口的凸槽处，每隔 20cm 左右，倾斜 45° 打入 1 根地板用木螺丝。

要点

用锤子将地板钉倾斜45°打入木地板企口的凸槽处。打到一定程度后，为了避免锤子砸坏地板，可以在钉子上放一根楔子，再用锤子继续敲打。

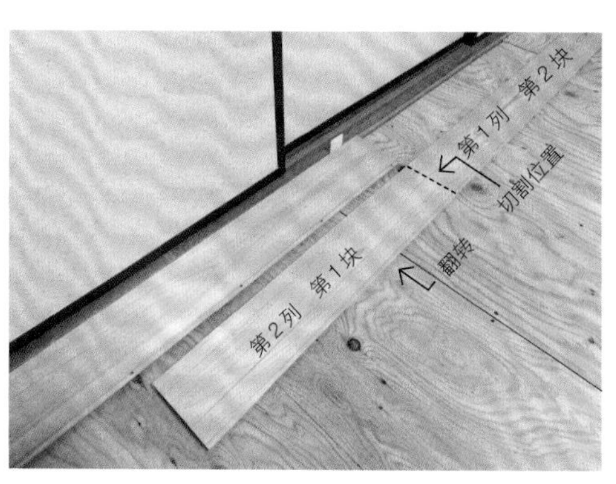

⑪ 将第 2 块木地板翻转过来，企口处的凸槽对着自己，放在第 1 块地板的旁边，比出第 1 列地板剩余所需的长度，切断。将切口对着墙壁一侧，按照步骤 ⑩ 的方法，固定第 2 块木地板。

⑫ 将步骤 ⑪ 锯剩下的木地板作为第 2 列的第 1 块（见第 152 页平面图Ⓕ -1）。涂抹地板胶，在缝隙处夹 1 块树脂板，将企口的凹槽与凸槽拼好，铺设第 2 列地板。

⑬ 垫一块废木料，用锤子敲打地板，让地板间的企口槽嵌好，然后按照步骤 ⑩ 的方法加以固定。

⑭ 重复步骤⑨～⑬，直至铺设到最后一列。

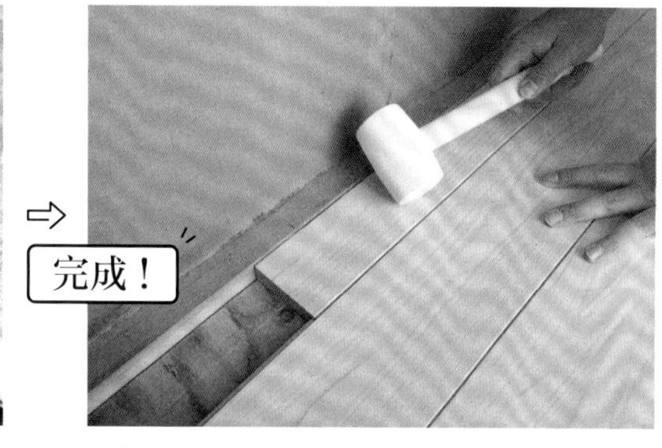

⑮ 用圆锯纵向将最后一列木地板锯成合适的宽窄。使用圆锯时应注意防止板材反弹（→见第 173 页）。

⑯ 将地板倾斜滑入最后一列。用橡胶锤倾斜敲打企口凸槽一侧，让地板间的企口槽彻底嵌在一起，装好地板。

翻新装修

09

推拉门创意改造

将日式推拉门变身为欧式门。
只需贴一层墙纸即可改变形象，不过这次改造还特地安装了装饰窗，在外面贴了装饰条，异域风情更为突出。

制作者

川名惠介

材 料 费：12000日元
（约合人民币600元）
制作时间：1天
难易程度：★★★☆☆

改造后

改造前

工具

- 木工角尺
- 卷尺
- 铅笔
- 布基胶带
- 手锯
- 凿子
- 斜锯规
- 电钻
- 麻花钻头 30mm
- 木工锤
- 木工胶
- 板刷
- 滚刷

材料

※ 尺寸可根据推拉门的大小进行调整。

Ⓐ 装饰条：（5mm×15mm×556mm）…4 根
Ⓑ 装饰条：（5mm×15mm×395mm）…4 根
Ⓒ 装饰条：（5mm×25mm×606mm）…6 根
Ⓓ 装饰条：（5mm×25mm×445mm）…2 根
Ⓔ 装饰条：（5mm×25mm×223mm）…2 根
Ⓕ 装饰条：（5mm×25mm×690mm）…2 根
Ⓖ 装饰板：胶合板（2.5mm×10mm×486mm）…1 块
Ⓗ 装饰板：胶合板（2.5mm×486mm×570mm）…1 块
- 塑料纸板（透明 /3mm×488mm×675mm）…1 个
- 拉手…1 个
- 暗钉…20 根左右
- 水性涂料（BOTANICOLORS- 灰绿色）

Cut List 木料图

胶合板（2.5mm×910mm×1820mm）×1块

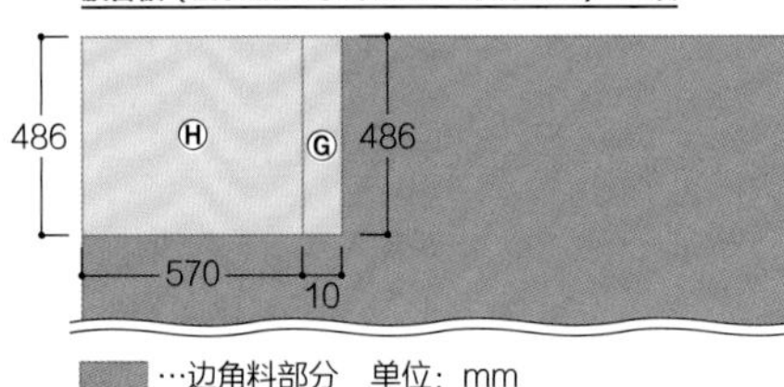

装饰条（5mm×15mm×1820mm）×4根

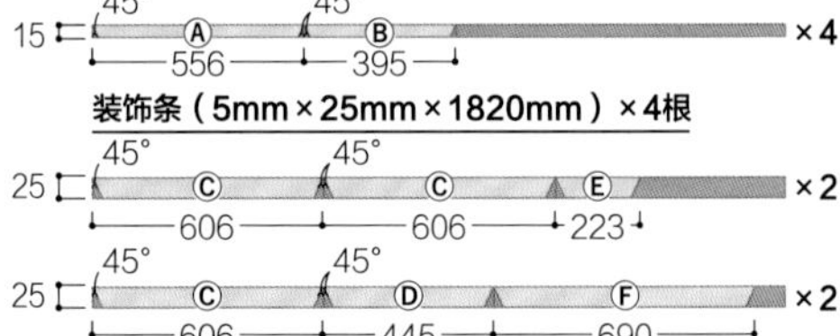

※ 所有板材使用前均需用砂纸打磨。

确认推拉门的类型

- **木格推拉门**…用手指轻轻按压推拉门的表面，能够感受到里面的木格(置于推拉门内部的木材)。进行喷涂或装饰时，应将门上的纸拆掉，再铺一张胶合板。
- **木板推拉门**…敲门时会发出坚硬的声响。门纸下面就是一块胶合板，可以直接施工。
- **泡沫塑料推拉门 / 瓦楞纸板推拉门**…内层没有木材，敲门时声音柔和迟钝。由于门纸下面是泡沫塑料或是瓦楞纸，因此最好铺一张胶合板进行加固。

确认推拉门的开关方式

- **单拉门推拉门**…只有一扇拉门，门拉开后，就会隐藏到墙壁后面。拉开门时，隐藏在墙内的一面无法添加其他装饰，只能用喷涂或贴墙纸的方式进行改造。
- **双拉门推拉门**有两扇拉门，左右均可移动，门拉开后，两扇门会重叠在一起。由于门重叠在一起时，内侧也无法添加其他装饰，只能用喷涂或贴墙纸的方式进行改造。

※ 为了看起来更清楚，第 156 页图片特意选择了在外侧施工。

木格推拉门改装前的准备

- **拆除拉手**…将凿子伸进门纸与拉手之间，用锤子敲打一下，翘起拉手，取出小钉子。
- **拆除推拉门上的纸**…用壁纸刀沿着门框切入，撕掉门上的纸。

Plan view 平面图

单位：mm

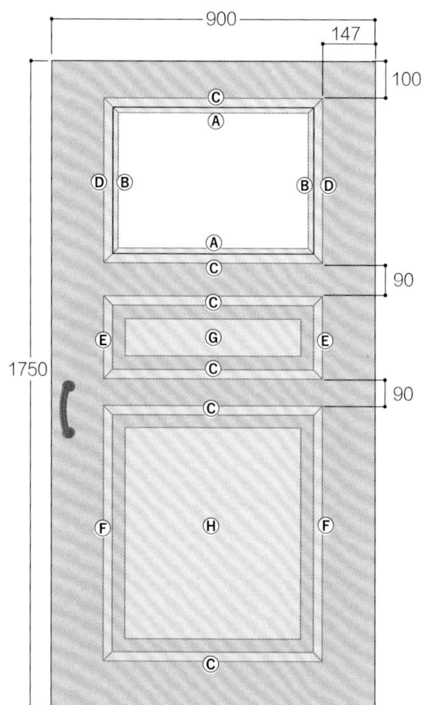

Process 工序

提前准备

1. 拆掉推拉门上的纸。
2. 用铅笔在装饰窗的位置和其他装饰的位置做好标记。
3. 按照步骤 ② 标记的尺寸切割装饰条。利用斜锯规将两端锯成 45°(→见第 143 页)，注意保持左右对称。装饰板也按照步骤 ② 标记的尺寸切割好。

制作装饰窗

4. 用麻花钻头在装饰窗的四角打孔，用手锯将窗户部分锯掉，镂空。
5. 将锯掉的推拉门中的木格取出来，当做加固材放进装饰窗周围的板子之间，用木工胶粘牢。
6. 用 2 根装饰条Ⓐ和 2 根装饰条Ⓑ围成窗框的内侧，用木工胶粘牢。从ⒶⒷ侧每边分别打入 3 根暗钉(→见第 146 页)。

制作其他装饰

7. 用装饰条ⒸⒹ将窗框外侧围起来，用木工胶粘牢。按照步骤 ② 的标记，将装饰条ⒸⒺⒻ与装饰板ⒼⒽ摆好，用木工胶粘牢。
8. 在所有粘好的装饰图案的两端及四角处分别打入暗钉加以固定。
9. 将门板翻转过来，将塑料纸板嵌入窗框，用 2 根装饰条Ⓐ和 2 根装饰条Ⓑ分别从上方压住塑料纸板，按照步骤 ⑥ 的方法加以固定。
10. 在窗户处做好防护，避免水性涂料溅到塑料纸板上。然后整体涂刷水性涂料，干燥后再刷一遍。
11. 涂料干燥后，用麻花钻头在拉手位置打眼，安装拉手。

翻新装修

10

制作木露台

制作者

川名惠介

材 料 费：35000日元
（约合人民币1750元）

制作时间：2天

难易程度：★☆☆☆☆

虽然耗时较久，但制作过程非常简单，
只需踏踏实实地将木板拼接起来即可。
地板是格栅状的，墙板用铁丝固定，
即使是出租屋也无需多虑。
后期的保养也非常简单。

改造后

改造前

工具

① 木工角尺
② 卷尺
③ 水平尺
④ 手锯（或圆锯）
⑤ 圆锯导向尺
⑥ 壁纸刀
⑦ 电钻
⑧ 线绳
⑨ 板刷
⑩ 滚刷
⑪ 托盘
● 批头 #2

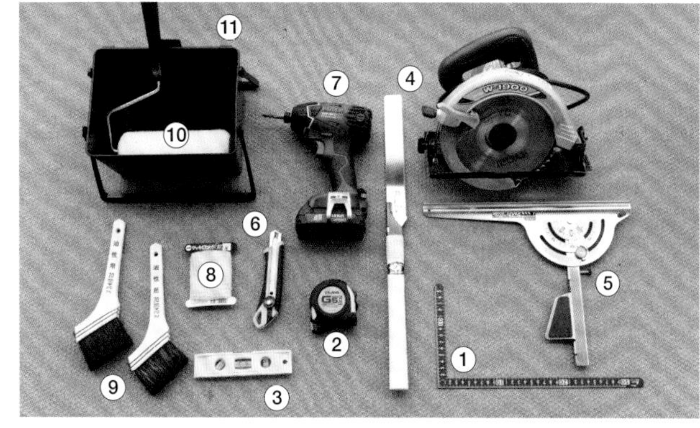

材料

※ 尺寸、数量可根据阳台大小进行调整。

Ⓐ 龙骨：方木条（30mm×40mm×560mm）…46 根
Ⓑ 木地板：SPF1×4 板（19mm×89mm×1000mm）…14 块
Ⓒ 木地板：SPF1×4 板（19mm×89mm×1300mm）…40 块
Ⓓ 木地板：SPF1×4 板（19mm×89mm×384mm）…6 块
Ⓔ 木地板：SPF1×4 板（19mm×89mm×144mm）…6 块
Ⓕ 柱子：SPF1×4 板（19mm×89mm×1130mm）…7 块
Ⓖ 墙板：SPF1×4 板（19mm×89mm×910mm）…12 块
Ⓗ 墙板：SPF1×4 板（19mm×89mm×775mm）…18 块
Ⓘ 墙板：SPF1×4 板（19mm×89mm×790mm）…24 块
Ⓙ 墙板：SPF1×4 板（19mm×89mm×890mm）…6 块

● 胶合板（4mm×600mm×300mm）…适量
● 橡胶片（3mm×300mm×300mm）…适量
● 铁丝…适量
● 木螺丝（地板 /40mm）…适量
● 木螺丝（墙壁 /30mm）…适量
● 强力双面胶（室外用）…适量
● 麻绳
● 防腐剂

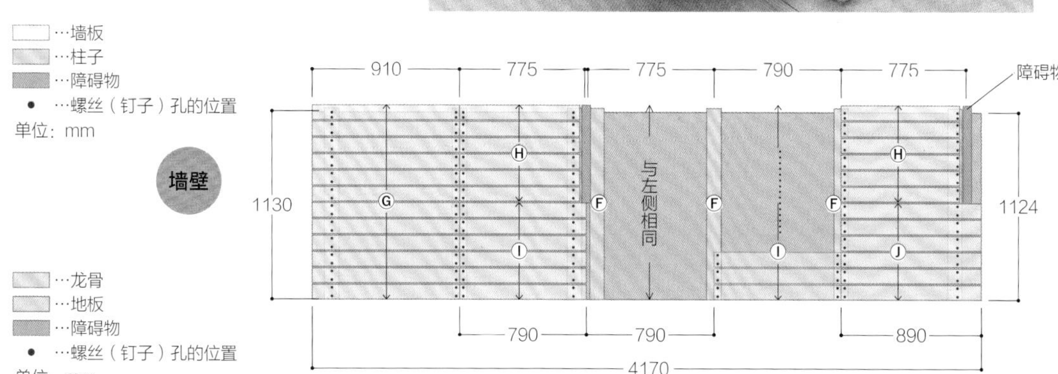

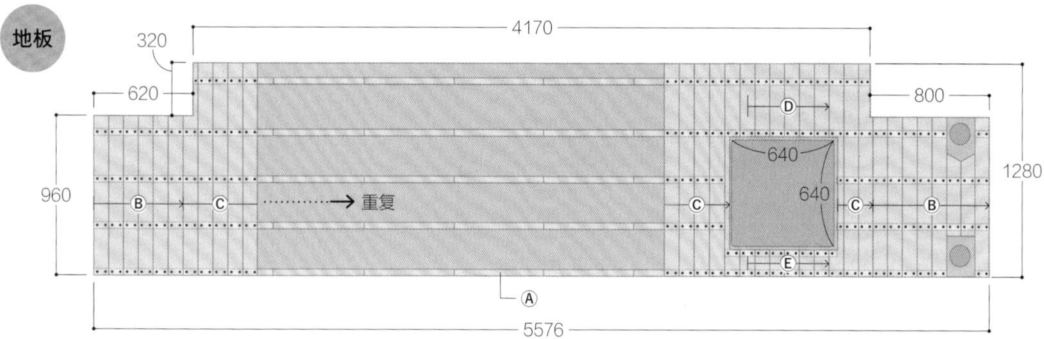

Process **工序**

提前准备

铺地板

① 在板材上涂防腐剂。腐蚀大多从木材横切面（→见第 169 页）开始，因此板材两端要特别仔细地涂抹。

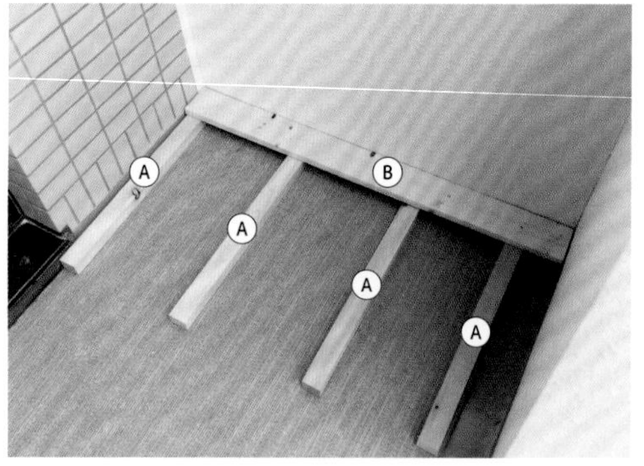

② 从墙边开始铺设龙骨Ⓐ，注意与木地板Ⓑ的方向保持垂直，每隔 30cm 左右铺 1 根。

③ 在铺好的龙骨上摆 6 块木地板Ⓑ。为了保证缝隙间距一致，在木地板之间插一块锯好的小块胶合板，铺一块，插一块，交替进行。

④ 从木地板Ⓑ侧分别向每根龙骨Ⓐ上打 2 根木螺丝。一开始，先在两端的木地板上各打入一半木螺丝，然后用线连成一条直线，比照着这条直线，可以对齐所有木螺丝的位置。

⑤ 继续按照 30cm 左右的间距铺设龙骨，重复步骤 ③④，固定 6 块木地板。一直重复此操作，直至铺到阳台的另一边。

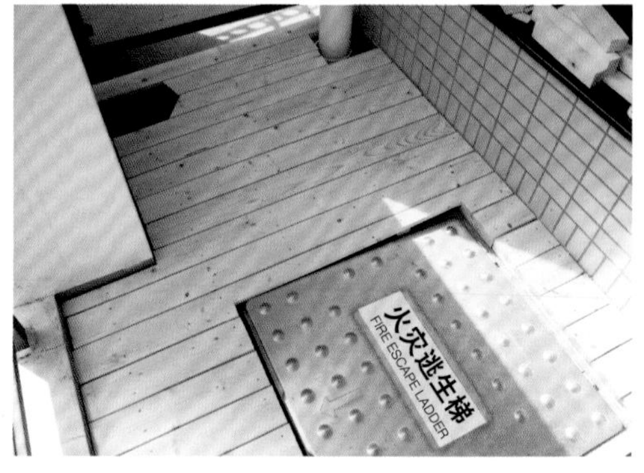

⑥ 每次遇到障碍物时，可以按照实物尺寸比对（→见第 185 页）的方法切割木地板。

铺墙板

⑦ 将木地板翻转过来，用双面胶在龙骨Ⓐ上等间隔地贴 3 块橡胶片，用于调节高度。可以通过增加橡胶片数量调节地板高度。

⑧ 用麻绳将柱子Ⓕ临时绑在阳台栏杆上。

⑨ 从下边开始按顺序将墙板Ⓖ固定在柱子Ⓕ上，从Ⓖ侧分别向柱子里打入 2 根木螺丝加以固定。固定时，与步骤 ③ 一样，在墙板之间各插入 2 块小片胶合板，用以保持缝隙间等距。

要点

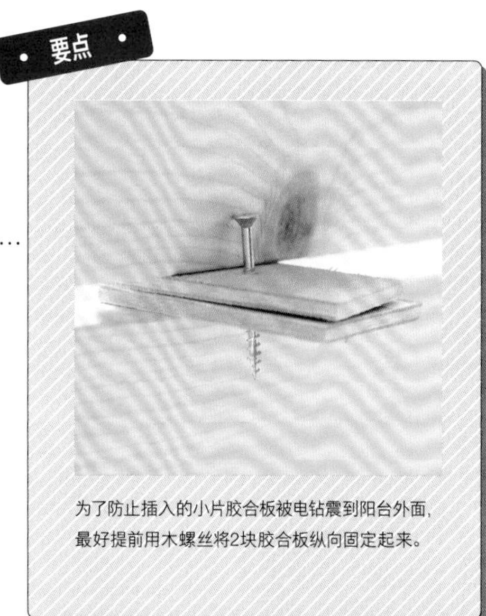

为了防止插入的小片胶合板被电钻震到阳台外面，最好提前用木螺丝将2块胶合板纵向固定起来。

完成！

⑩ 所有墙板都固定好后，将步骤⑧绑好的麻绳一个个拆掉，换成铁丝，将柱子与墙板牢牢地固定在一起。

专栏

各种时尚配件应有尽有！

DIY用品店铺简介

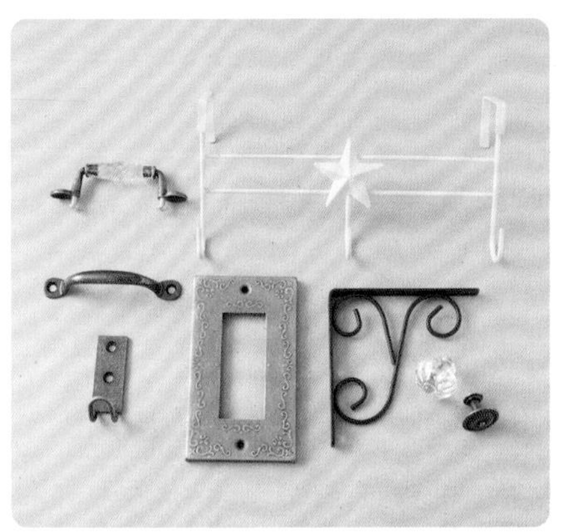

性价比超高
DIY爱好者必逛店铺

拉手、金属制的层板托、古董风格的挂钩……这里的配件可谓琳琅满目，而且质量上乘，完全看不出是日本百元店的商品。另外，店内还有木工板、涂料、面板贴纸等各种材料，用于创意改造的木箱和相框也很受欢迎。制作家居小物所需的材料一应俱全。

日本百元店 Seria

※ 详情可登录官网查询。

工业风格的配件非常受欢迎！
还会定期举办DIY工作坊活动

这是一家生活创意商店，旗下还拥有装修设计公司及原创家具工坊。很多小物品都极具设计感，还有很多原创的DIY 配件。实体店铺经常举办各种活动，有时会免费发放家具制作的边角料。所有商品均提供网购服务。

EIGHT TOWN

日本爱知县名古屋市昭和区鹤舞 2-16-5 EIGHT BUILDING

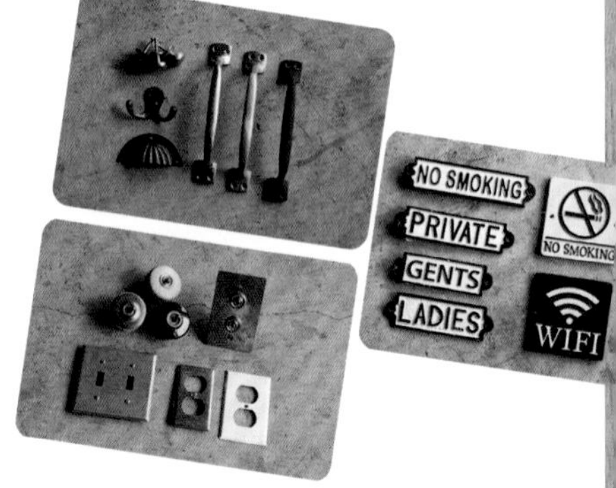

古董风格爱好者的
购物天堂

有各种陶制、玻璃制的门把，小鸟造型的金属门把，以及各种装饰拉杆和挂钩等，这里的很多商品均来自欧洲市场。另外，店内还有瓷砖、木地板等，可以打造整套古董风格的房间。店内提供网购服务。

古董家具专卖店 Handle

日本福井县福井市春山 2-9-13

第 4 章

DIY的基本知识

Basic Knowledge

本章主要介绍DIY的基本知识，
如开始DIY之前所需的各种工具以及一些基本操作等。
在制作过程中，如果出现疑问，也可参考本章的相关内容。

基本工具

首先为您介绍 DIY 所需的基本工具。虽然制作家居小物时不需要电钻，
但如果要制作家具，最好还是准备一台。
对于初学者来说，也可以选择从建材超市租用相关的电动工具(→见第 183 页)。

必备工具

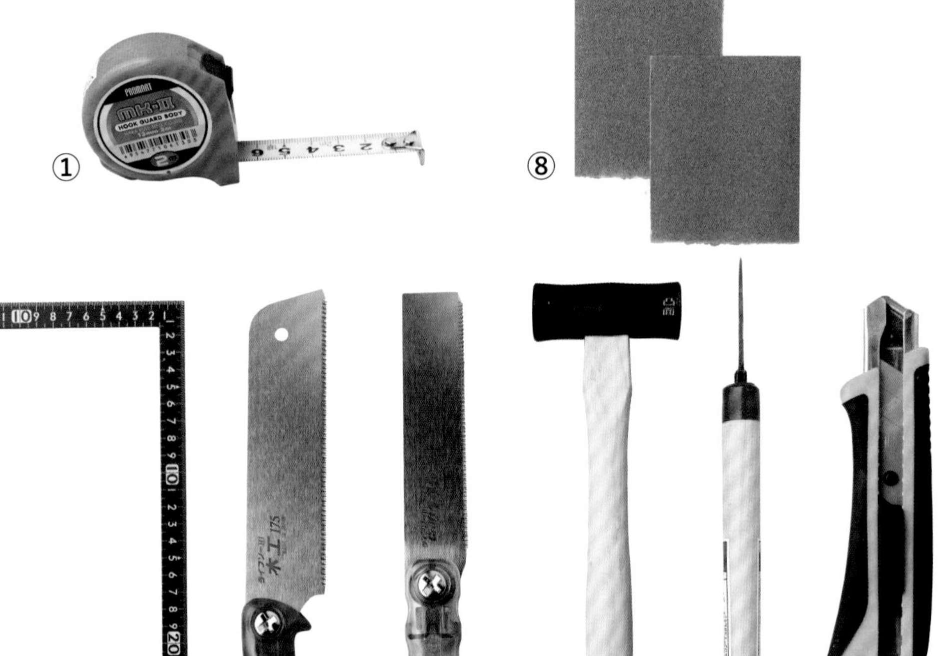

① 便携卷尺

钢卷尺。用于测量木工角尺无法测量的较长距离。测量时，可将尺头钩挂在待测物品上，也可直接按压在物体上进行测量。

② 木工角尺

L 字形的角尺，便于准确标记。也可用于画垂直线或 45° 线。请尽量选择刻度为“cm”的角尺。

③ 手锯

最好选择锯片可更换，既可纵切、横切，也可斜切的型号，使用起来比较方便。单刃、小巧，对于初学者或女性来说，更容易操作。

④ 平切锯

一般用于锯切榫头。由于锯片柔软，锯齿上没有凹凸，因此，锯切榫头时，不会在板材表面造成损伤。也叫无痕锯。

⑤ 木工锤

与羊角锤一样，主要用于钉钉子。通常，木工锤的一头是平的，另一头是圆的，钉钉子时，不会损伤木材。

⑥ 锥子

双手夹住锥子不停旋转，可以在板材上钻孔。主要用于钉钉子前在木材上开底孔(→见第 170 页)。

⑦ 壁纸刀

刀刃又宽又厚的大型壁纸刀，甚至可以裁断比较薄的胶合板。

⑧ 砂纸

砂纸背面标有“目数”，目数越大，砂纸越细，打磨后越光滑。将砂纸卷在边角料上使用更为方便。

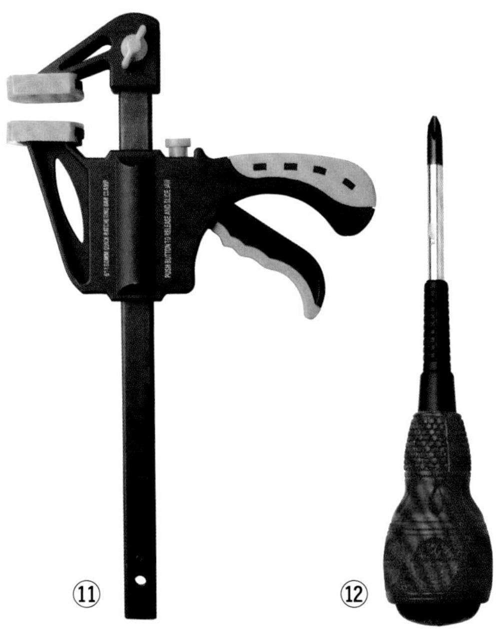

⑨ 射钉枪

相当于一个大型订书器，可以将布、墙纸、亚克力板等材料用针钉在板材上。只需对准想要固定的位置，按一下手柄即可。

⑩ 木工胶

与木螺丝配套使用，可以提高强度，是家具制作过程中不可或缺的工具。抹上胶后，应用力按压，直至胶干。

⑪ 杠夹

为了防止板材移动，可用木工夹将其固定在工作台上，或直接将板材夹住固定。可以握住手柄进行调节的夹具，操作起来更方便。

⑫ 螺丝刀

用于紧固螺丝。制作家居小物或安装小零件时经常会用到。握柄后部越粗，越方便用力。

电钻与冲击钻的区别

电钻可以调节扭力和速度(并非所有型号都可以)，因此不太可能损坏螺丝和板材。而冲击钻威力更大，如果经验不足，很容易钻碎螺丝或钻裂板材。

初学者推荐使用此款电钻。

⑬ 电钻

可通过电动方式高效完成紧固螺丝及钻孔操作。更换不同型号的钻头后，可打出不同尺寸的孔眼。

⑭ 冲击钻

用途与电钻相同。由于旋转方向上的冲击力更强，固定螺丝的力道也就更强劲，速度更快。

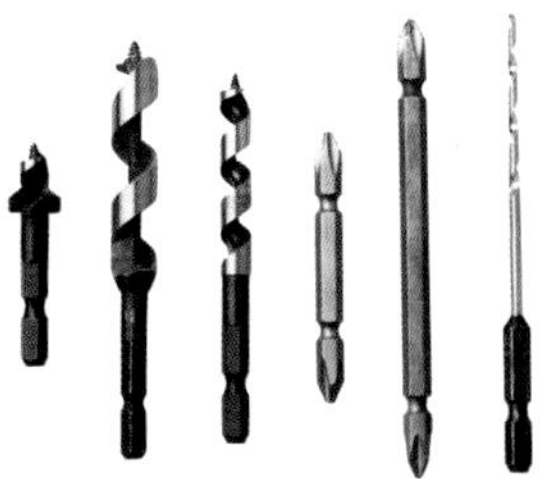

⑮ 钻头

由左至右依次为：打沉孔的沉孔钻头、普通打孔用的麻花钻头(粗、细)、紧固木螺丝的批头(短、长)、打底孔用的底孔钻头。

便捷工具

凿子

主要用于开槽和刨角。使用时，用木工锤敲击手柄末端。

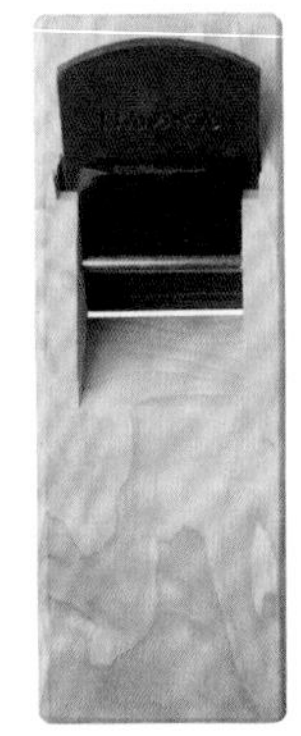

刨子

主要用于倒角（→见第 185 页）或使板材表面更为平滑。使用时需调整刨刀。

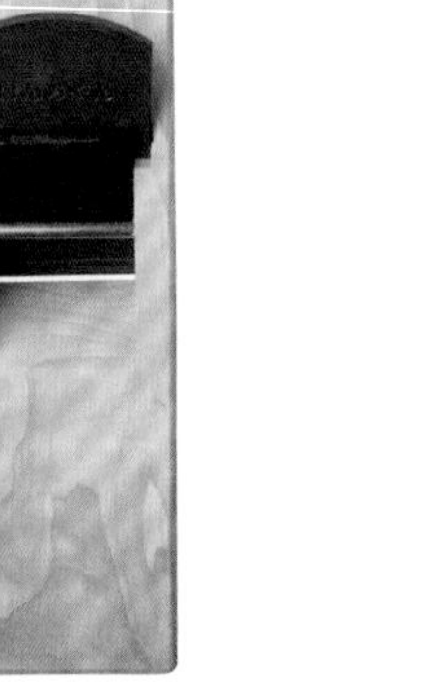

木工锉

类似于金属制的砂纸。有扁锉、圆锉、半圆锉等多种形式。便于进行细加工操作。

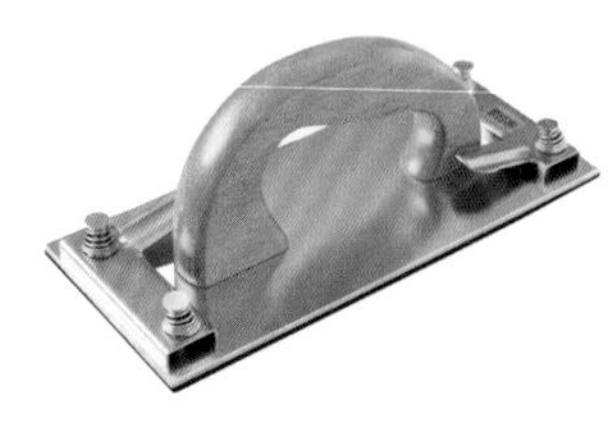

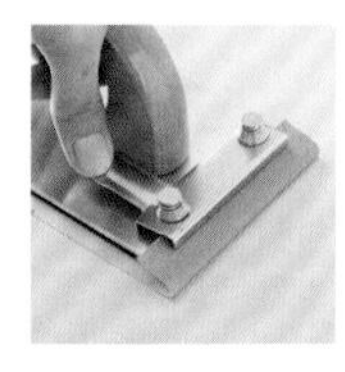

砂纸架

将砂纸安装在底部，打磨时更方便。通常是用夹子或魔术贴来固定住砂纸。

斜锯规

→使用方法见第 143 页

相当于刀锯导轨，只需沿着凹槽移动锯子即可笔直切割。角度可选择 90°、45° 或 22.5°。

电动圆锯

→使用方法见第 173 页

圆形刀片飞速旋转，可快速切割板材，切口笔直。操作复杂，也比较危险，初学者使用时应小心。

圆锯导向尺

使用圆锯时必备的导向尺。图中导向尺为角度可自由调节式，方便不同角度切割。

曲线锯

→使用方法见第 172 页

一种锯片可上下移动的电锯。切割板材时，既可切割直线、曲线，也可进行镂空。

修边机

→使用方法见第 174 页

可通过更换刀头（刀片），进行开槽、装饰性倒角等操作。

砂纸机

可通过电动方式进行打磨，效率更高。装好砂纸或砂布等，沿着木材纹理轻轻按压打磨。

木工的基本知识

本节主要介绍如何挑选板材、如何使用常用工具等 DIY 的基本技巧。
掌握了这些技巧，就不难完成一件像样的作品。

板材的种类及挑选方法

DIY 时遇到的第一个问题就是挑选板材。下面将介绍一些 DIY 最常用的板材的特征及用途，这些板材对初学者也十分友好，您可以在充分了解它们特性的基础上，根据自己的需要进行选择。

SPF 板

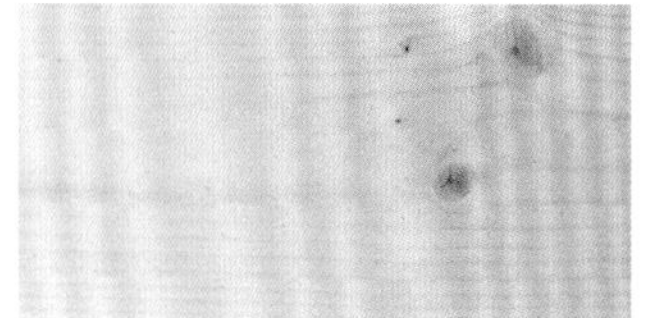

SPF 是 Spruce（云杉）、Pine（松木）、Fir（冷杉）三种近似木材的总称。这种板材价格便宜、质地轻柔、方便加工，在 DIY 界颇受欢迎。不过，其防水性较差，容易翘曲变形。

→适用于制作所有大型家具

杉木

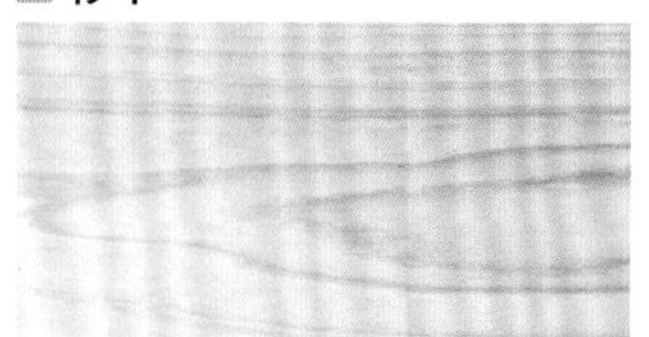

杉木质地柔软，方便加工，但强度稍差。价格相对比较便宜，属于 DIY 界的“全能型选手”，使用频率较高。杉木的另一个特点是纹理优美，不过节子较多，购买时应注意挑选节子较少、翘曲度较小的板材。

→适用于制作靠墙板、椅面、桌腿等

柏木

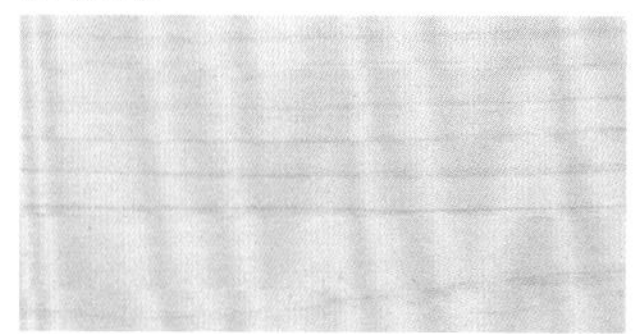

柏木的特征是颜色偏白，木纹优雅，有一股木香。耐久性强，也被用于建筑行业。虽然加工方便，但由于价格比较昂贵，DIY 时需要花一些心思，主要将其用于需要展示木材优美纹理的部位。

→适用于制作桌面等

松木集成板

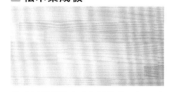

集成板是指将方木条粘接在一起形成的板材。与实木板材相比，较少出现翘曲变形等情况，而且价格便宜，非常适合 DIY 使用。集成板的种类很多，其中松木板强度较高，推荐使用。

→适用于制作柜子、箱子、桌面、桌腿等

胶合板（柳安木胶合板）

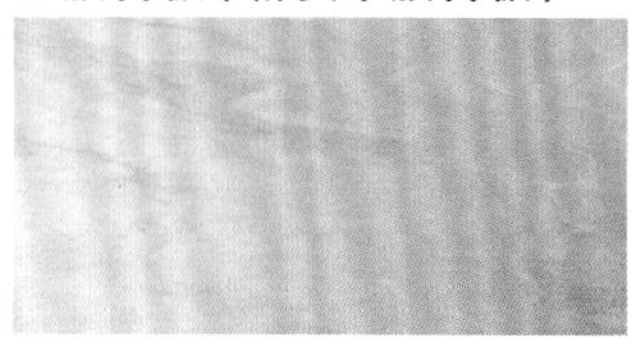

胶合板是指将薄板黏合在一起形成的板材。通常尺寸较大，价格便宜，方便加工，而且强度很高，不过，由于板材表面比较粗糙，大多用于不大显眼的位置。

→适用于制作柜子的背板、抽屉的底板等

中密度纤维板（MDF）

中密度纤维板是由木质纤维压制成的板材。加工方便，也有一定的强度，不过，钉木螺丝时容易造成板材开裂，一定要提前打好底孔。此外，由于板材容易吸水，不可用于室外。

→适用于制作涂装的柜子、箱子、抽屉等

木工板

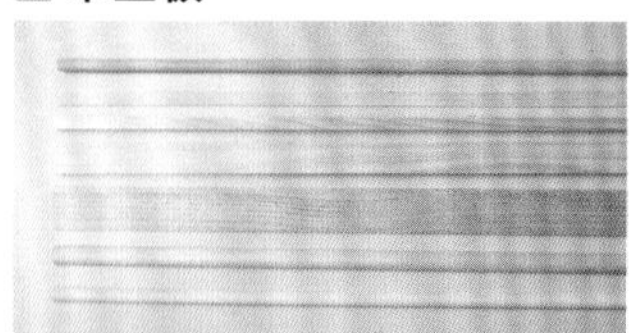

从细木条、圆木棒到小块板材，木工板的材料、形状和尺寸范围都很广。木工板的特点是质地较轻，方便加工，价格便宜。不仅适用于制作家居小物，还经常被用于制作层板托、圆木榫等家具辅料。

→适用于制作家居小物及家具辅料

什么是 1× 板、2× 板？

1× 板、2× 板指的是 SPF 等板材的规格尺寸。它的宽度与厚度都是固定值，因此，设计、加工都非常方便。长度多为 910mm 或 1820mm。

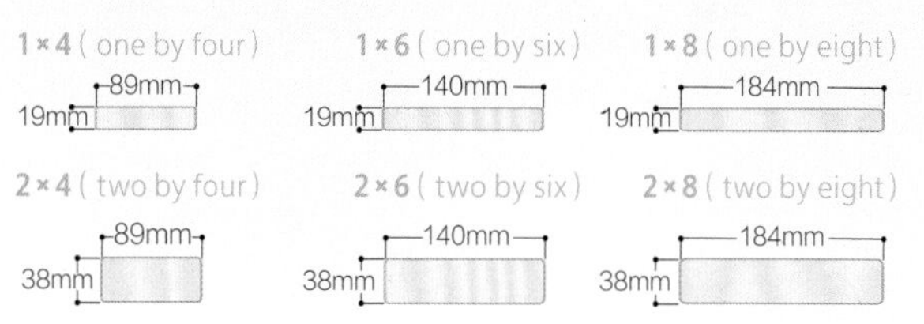

用手锯切割

虽然操作并不复杂，但想要将板材切割得十分笔直却并非易事。关键在于找好身体位置与手锯的角度。

工具

Ⓐ木工角尺　● 铅笔
Ⓑ木工夹
Ⓒ手锯
Ⓓ砂纸

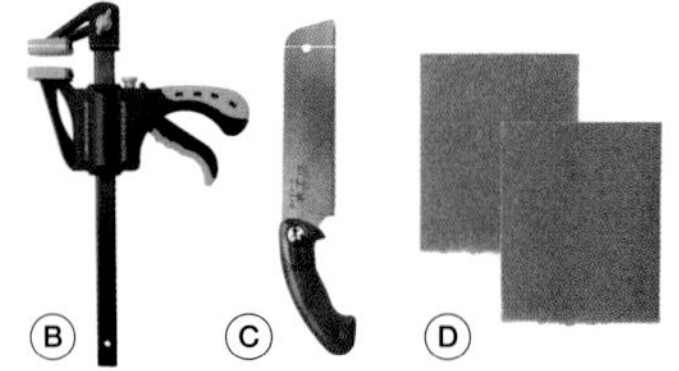

在板材上画线

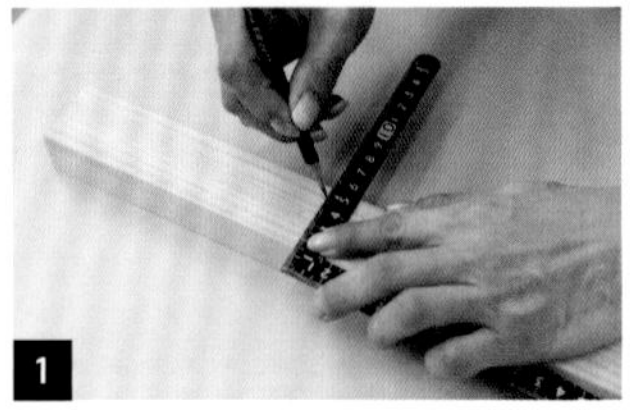

先用木工角尺的长边钩住板材，然后画线。将角尺长边紧紧贴住板材，保持角尺稳定不动是画出一条垂直线的关键。

确定切割位置

将板材放在工作台上，把木工夹的上夹头放在板材上，然后按压手柄顶部的按钮，移动下夹头，夹住板材。反复按压几下手柄，即可夹紧板材。

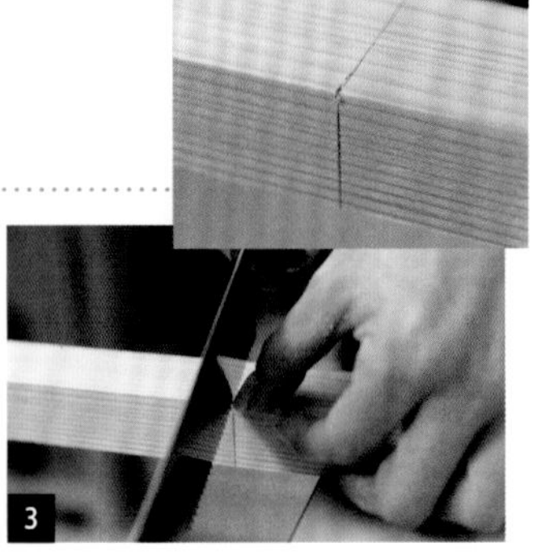

用大拇指指甲对准标记线，握住手锯，沿着标记线轻轻移动，切割出一道锯口。考虑到锯片的厚度，应将锯片置于标记线外侧（→见第173页）。

切割

将锯片卡在锯口上，确定好位置，保持锯片与板材平行，前后拉锯几次，形成一道浅浅的导线槽。

将手锯倾斜20°～30°，沿着导线槽慢慢拉锯。切割时应前后移动锯片，确保能使用到整个锯片。操作时注意不要过度用力。

锯到一定程度后，将手锯倾斜30°～45°，继续切割。切割作用主要发生在拉动手锯时，因此回推时力量要放松。

要点

切割时一定要站在一个正确的位置，让标记线、手锯与自己的视线保持在一条直线上。如果能从正上方观察到板材上的标记线，就比较容易切割得更笔直。

打磨

板材锯断后，用砂纸打磨切口。砂纸的目数最好选择中目（#120～#240）。

要充分利用建材超市里的服务项目！

在建材超市购买板材时，可以直接享受现场的板材切割服务，省时省力。（→见第183页）

用木工胶固定

我们从小做手工就会用到胶。如果胶粘得不如预期结实，可能是因为没有充分压紧的缘故。

工具

Ⓐ木工胶
Ⓑ木工夹

要点

能看到年轮的切面叫作横切面，看不到的一侧叫作侧面。将两块板材表面平整地拼接在一起，没有任何凹凸部分，这种拼接叫作平面拼合。

涂抹木工胶

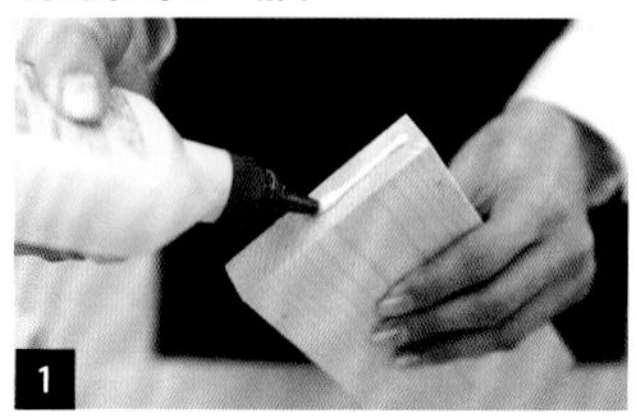

1 在待粘接的其中一块板材黏合面上涂抹适量（压紧两块板材后，胶能散至整块板材表面但不会溢到外面）的木工胶。

紧压板材

2 对齐两块板材，压紧、压实。如果有木工胶溢出，用湿纸巾擦干净。

3 用木工夹牢牢夹紧板材，直至木工胶完全干透。在胶干之前一定要一直压紧，这一步至关重要。

钉子与木螺丝的区别及选购方法

制作背板等较薄板材或家居小物时使用钉子

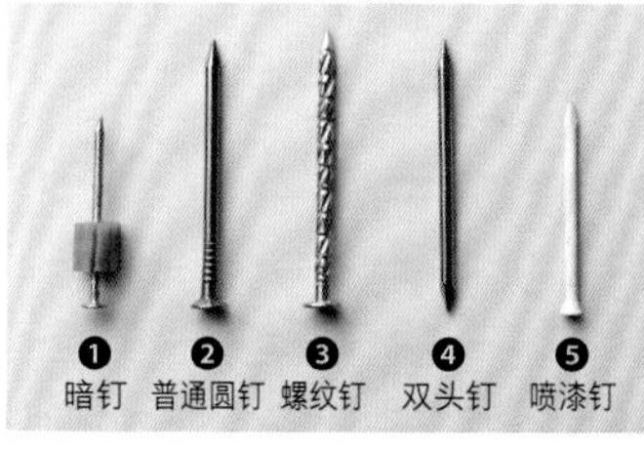

❶ 暗钉钉入板材后，可以将钉帽取下，成品表面比较美观。不过，由于它的强度不高，必须搭配木工胶进行加固。主要在不想让钉帽暴露在板材表面的场合使用。❷ 普通圆钉适用于制作小件家具或家居小物。它不太能顶住来自纵向的垂直力，所以很容易被拔出来，但抗横向力的能力较强，不容易折断。❸ 螺纹钉上有很多螺纹，因此，比普通的钉子更为牢固。❹ 双头钉两端都是尖的，可用于板材之间的连接。❺ 喷漆钉的表面有一层涂料，可搭配彩色板材使用。

螺丝长度应为接合板材的 2～2.5倍

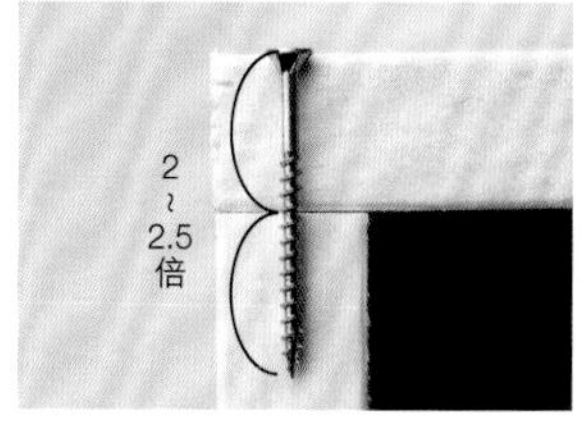

钉子或木螺丝的长度应为板材厚度的 2～2.5 倍，粗细不能超过板材厚度的 1/3。通常，适合批头 #2 大小的螺丝比较常用。

制作家具等需要更牢固地固定板材时使用木螺丝

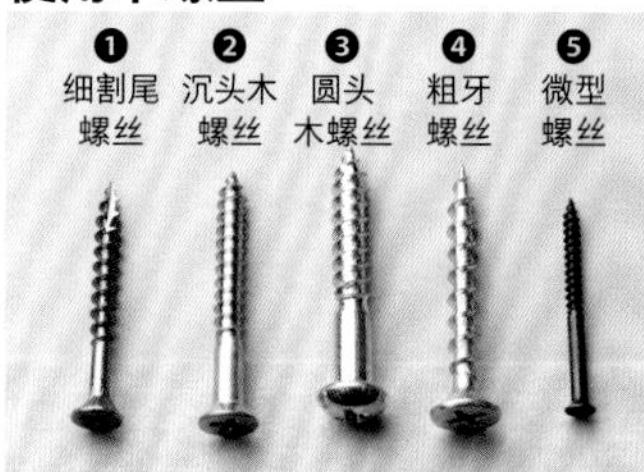

❶ 细割尾螺丝的顶端是裂开的，即使不开底孔，板材也不容易开裂。❷❸ 木螺丝可以直接用螺丝刀拧进板材。比钉子更牢固。❹ 粗牙螺丝比普通木螺丝的螺纹间隔更大，固定力更好。螺杆上全都带有螺纹的叫作全牙螺丝，只有一半带有螺纹的叫作半牙螺丝。使用全牙螺丝时应注意两块板材之间不要有缝隙。❺ 微型螺丝的螺头部分很小，不太显眼。适用于制作家居小物或细小零件。

要点

圆头型

钉帽鼓起，钉在板材上后，会从表面上突出来，多用于脚轮等对耐久性要求较高的部位。

沉头型

钉帽扁平，不会从板材表面突出来，完工后比较美观，因此被广泛地应用于木工领域。

打底孔

往板材上钉钉子或木螺丝时，如果不预先打好底孔，板材可能会开裂，一定要注意。

工具

Ⓐ 锥子
Ⓑ 电钻
Ⓒ 底孔钻头

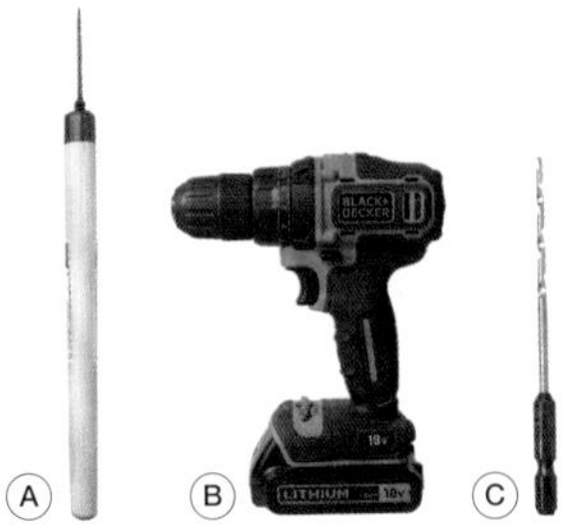

确认底孔位置

1 在安装板材处画一条线。做标记时，用实际的板材比对着（与实物尺寸比对→见第 185 页）会比较快，而且不容易产生误差。

2 在打孔处做标记。如果钉孔离边缘太近，钉钉子时，板材容易开裂，最好将食指比在板材边缘，空出一指宽的距离 (15 ~ 20mm)。

3

钉钉子时

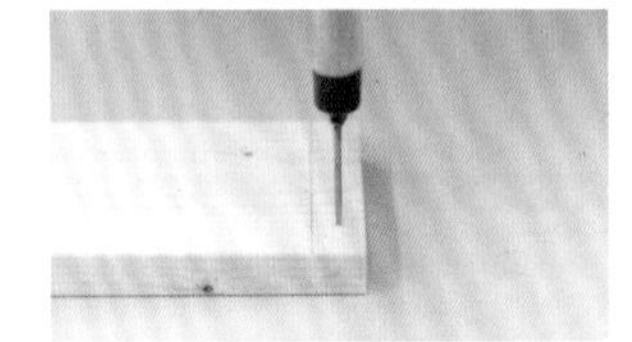

用锥子在标记处打底孔，底孔深度为钉子长度的一半左右。

钉木螺丝时

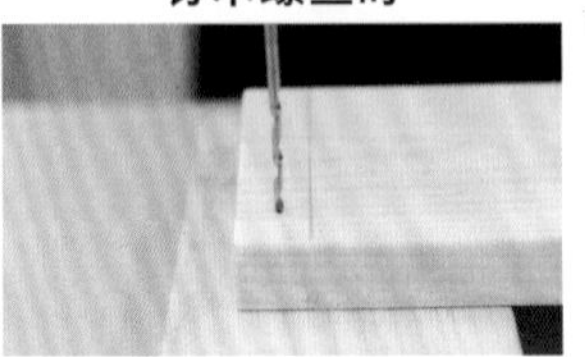

在电钻上安装底孔钻头，打一个通孔作为底孔。用电钻打通孔时一定要在板材下垫一块废木料。

钉钉子

钉钉子的要点在于一定要将钉子垂直钉入板材。提前打好底孔，更方便将钉子垂直钉入。

工具

Ⓐ 木工胶
Ⓑ 木工锤

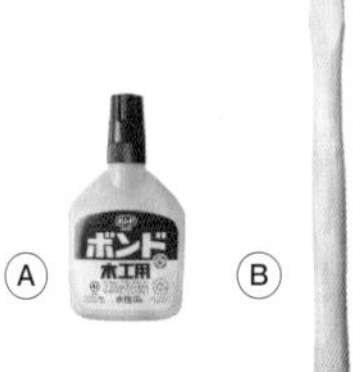

要点

钉钉子或木螺丝时，最好在板材下方垫一块废木料用以支撑，与板材呈 T 字形，敲击时便于保持稳定。

先钉入一半

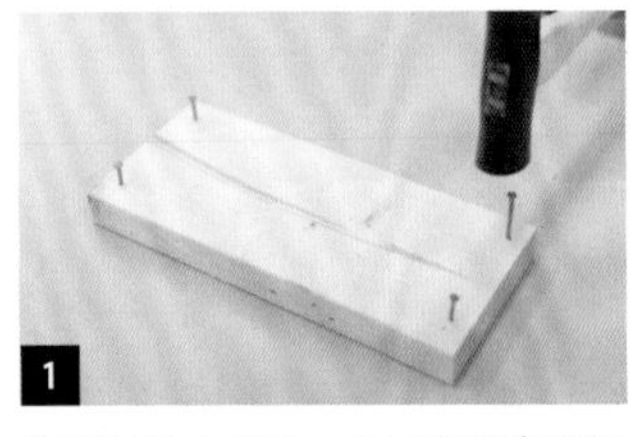

1 将钉子打入底孔，为了方便家具组装，先将钉子钉到无法拔出的程度。一只手握住锤柄的下端，另一只手扶住钉子，轻轻敲击。

再完全钉入

2 用木工胶将两块待连接的板材粘在一起。然后用木工锤扁平的一面不断敲击钉子。敲击时应确保钉子一直保持垂直。

3 敲击至钉子还剩 1/10 左右露在外面时，将木工锤反握，用圆头的一面继续敲击，直至钉子完全钉入。

钉木螺丝

使用电钻可以大幅提升工作效率。

工具

Ⓐ 木工胶
Ⓑ 电钻
Ⓒ 批头 #2

要点

使用电钻钉木螺丝时，应从木螺丝的正上方垂直用力。如果力道不足，钻头可能会偏离螺丝头，如果方向不保持垂直，螺丝可能会被打碎。

先钉入一半

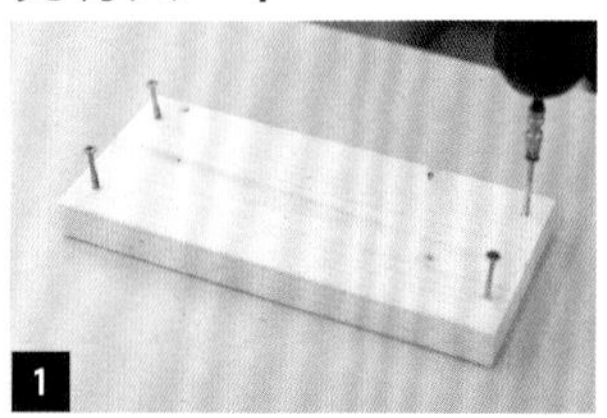

在电钻上安装批头，先将木螺丝打入底孔，至无法拔出的程度。

再完全钉入

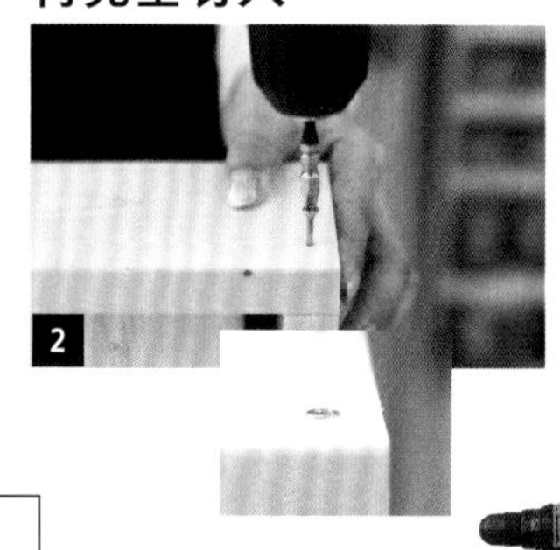

用木工胶将两块待连接的板材粘在一起。将电钻垂直立起，用电钻将木螺丝完全钉入。

沉孔的隐藏处理

对沉孔进行隐藏处理，可以避免木螺丝的螺头暴露在外，从而令板材表面更为美观。虽然会多费一些功夫，但外观效果肯定截然不同。

工具

Ⓐ 电钻
Ⓑ 沉孔钻头
Ⓒ 批头 #2
Ⓓ 木工胶
Ⓔ 木工锤
Ⓕ 平切锯

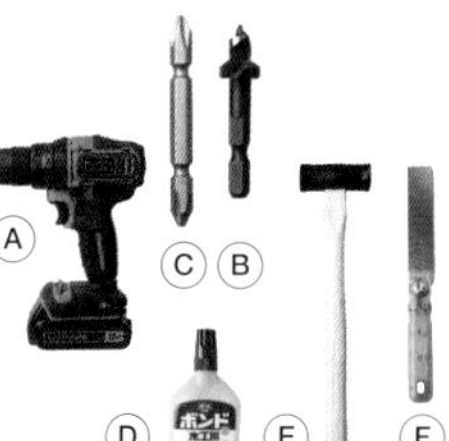

打沉孔

用安装好沉孔钻头的电钻在底孔位置上打一个沉孔。

钉木螺丝

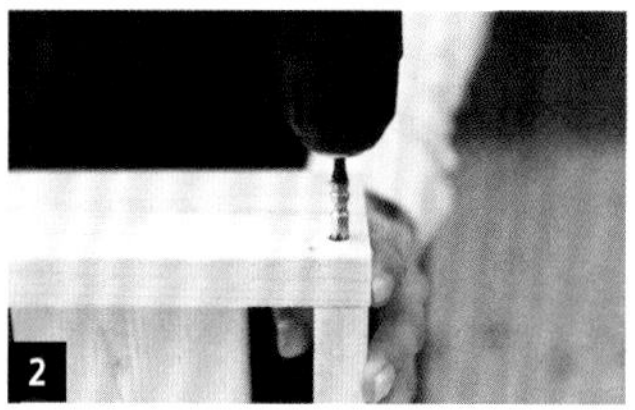

对准两块板材，将木螺丝钉入沉孔位置。

插入圆木棒

用木工锤将圆木棒顶端敲尖一些。如使用的是市售圆木榫，可省略此步骤。

向沉孔内注入木工胶，然后将敲尖的圆木棒顶端插入沉孔，用木工锤敲击圆木棒的另一端，将其敲入沉孔。

用平切锯锯掉突出的部分

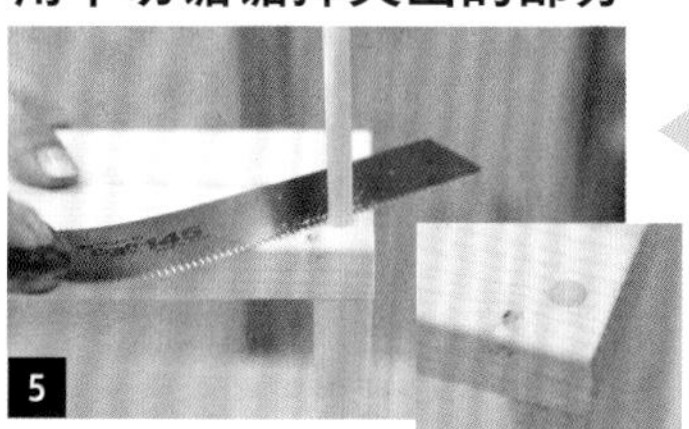

沿着板材表面推拉平切锯，锯掉圆木棒突出的部分。最后用砂纸打磨表面。

要点

如果没有平切锯，也可使用手锯。在手锯与板材之间垫一张较厚的纸，可以避免锯片上的凹凸刮伤板材。

曲线锯的使用方法

使用曲线锯可以很方便地切割出曲线或在板材上进行镂空。这种电动工具操作简单，初学者也很容易掌握。

直线切割

安装切割直线用的锯条，将底座固定在板材上。锯条先不要接触到板材，开动机器，待转速上来后再开始切割。

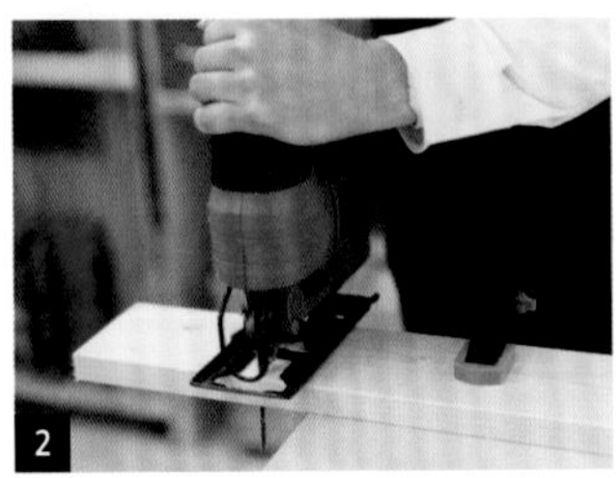

注意曲线锯不要倾斜，否则将无法顺利切割。按住曲线锯，确保底座始终紧贴住板材，然后向前切割。刚用过的锯条温度很高，应注意安全。

要点

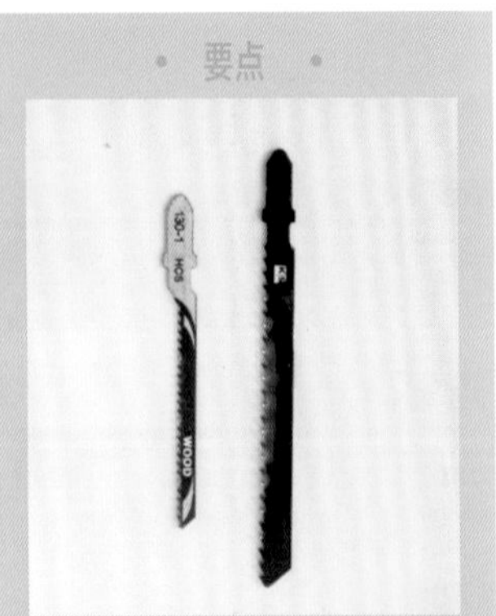

曲线锯的锯条（锯片）分木材用、金属用、树脂用等不同类型，直线用与曲线用的锯条也不一样，应按照不同用途进行选择。

曲线切割

用铅笔在板材上画好想要切割的曲线。

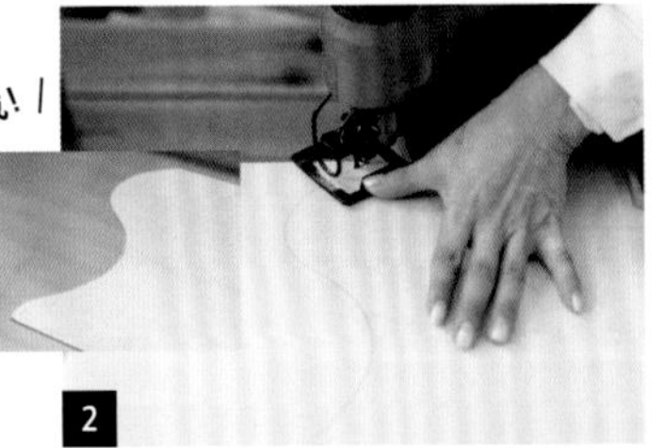

安装曲线用的锯条，与直线切割时的方法相同，沿着画好的标记线缓缓切割。

当线条方向发生改变时，身体方向也要随之改变，边转身边切割。

镂空切割

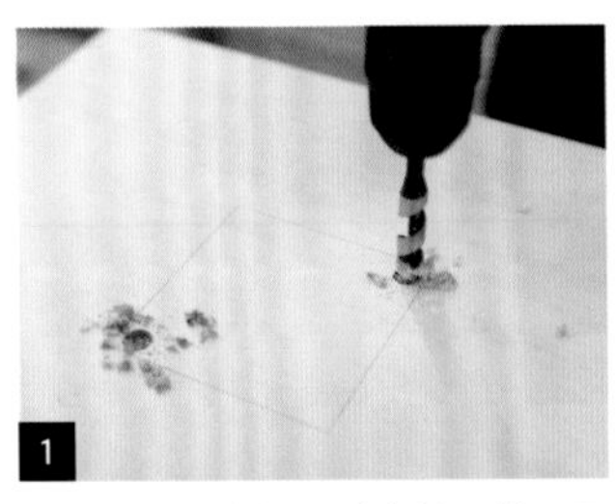

在板材上画出想要镂空的形状。用装好麻花钻头的电钻在镂空图形的对角线两角各打一个通孔。

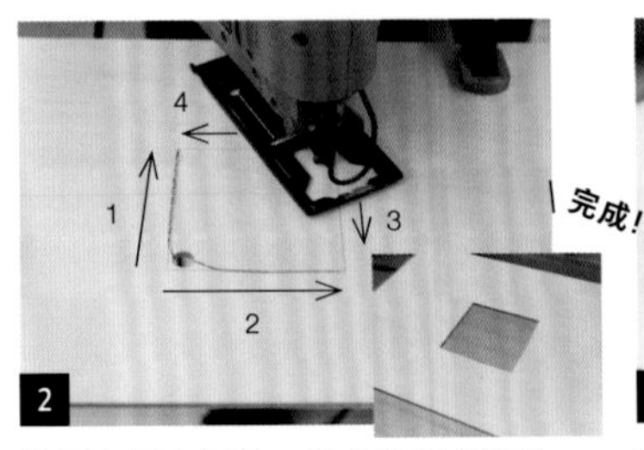

将锯条插入通孔，以此为起点开始切割。锯开一条边后，停下来回到通孔处，继续切割另一条边。按照图片中的编号顺序重复此操作。

将镂空的部分拿掉，然后按照与步骤②相反的方向，即朝着角的方向进行切割，将剩下的部分切割整齐。

电动圆锯的使用方法

使用电动圆锯可以很方便地切割数量较多或较厚的板材。
这种电动工具比较适合中、高级 DIY 爱好者使用，新手操作会比较危险。

操作前准备

1 移动圆锯底座来调节切削深度，使得锯片穿透板材后突出 5mm 左右。

要点

锯片只需稍微穿透板材即可。如果锯片穿透过深，容易造成毛刺，使得切面过于粗糙。

切割

2 将圆锯顶端刻度为“0”的导尺对准标记线。图中，标记线的左侧将被锯断。

要点

切割木料时，会产生一定的损耗，损耗量大约相当于圆锯锯片的厚度（约 2 ~ 3mm）。因此，应调节导尺，确保锯片位于废弃板材的一侧。

3 导尺对准标记线，锯片先不要接触到板材，开动机器，待转速上来后再沿着导尺切割。

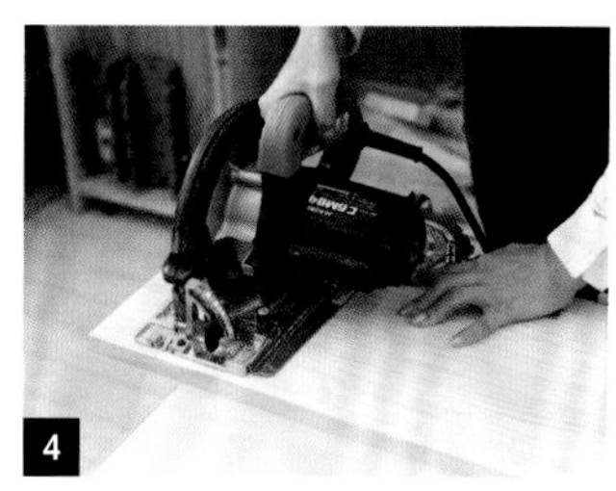

4 从上方施力按住圆锯，向前推进，直到切割完毕。如果出现问题，先停机，千万不要往回拉电锯。

CAUTION！ 使用圆锯的注意事项!

调节导尺时一定要拔掉电源插头

调节锯片高度、角度或导尺宽度时，为了防止发生误操作，一定要拔掉电源插头，避免受伤。

不要戴手套，以免卷进锯片

手套卷进锯片的话会发生事故，因此一定不要戴手套。此外，还应注意袖口、挂在脖子上的毛巾、头发等不要卷进锯片里。

绝对不要站在圆锯的正后方

为了防止出现意外反弹造成的伤害，绝对不要站在圆锯的正后方。开机前，一定要确认后方没有人。

调节台架位置可以防止反弹

如果圆锯的锯片卡在锯掉的木板上，就会造成反弹。为了防止反弹，可以在切割处左侧架块废木料当做台架，另外注意右侧不要过长。

修边机的使用方法

装上铣刀后，可对板材边角进行装饰性加工，也可用于开槽，适合中、高级 DIY 爱好者使用。

工艺雕刻

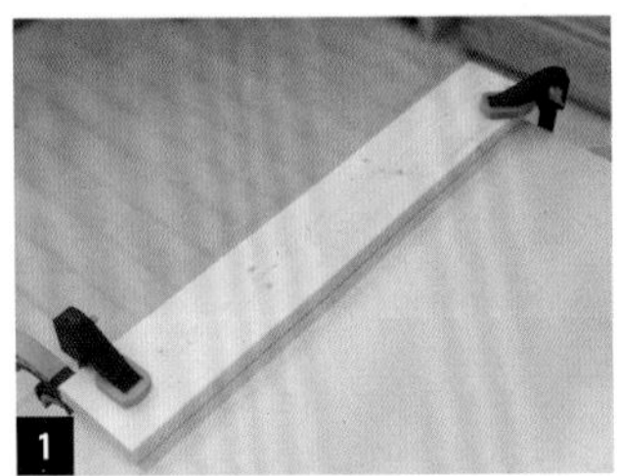

1 将板材置于作业台上，需要进行装饰雕刻的一边对齐作业台边缘。由于机器振动剧烈，一定要将板材用木工夹牢牢固定住。

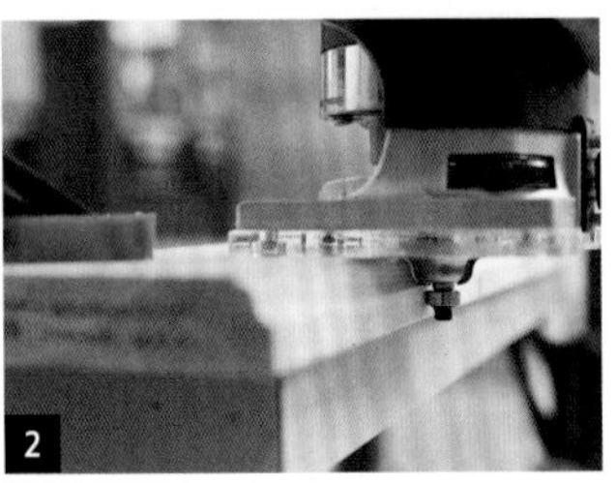

2 将雕刻用铣刀安装在修边机顶端。接通电源后，将修边机对准板材边缘，缓缓向前推进。

要点

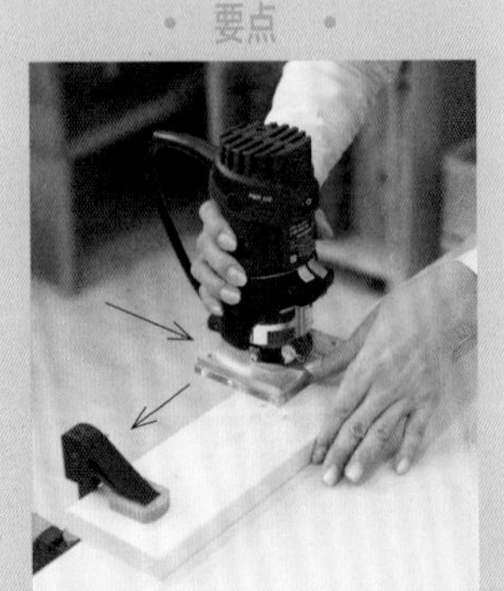

从侧面开始切割，然后向前推进。修边机有一股向外走的力道，因此，既要从上方向下施力，也要向板材侧面施加推压力。

开槽

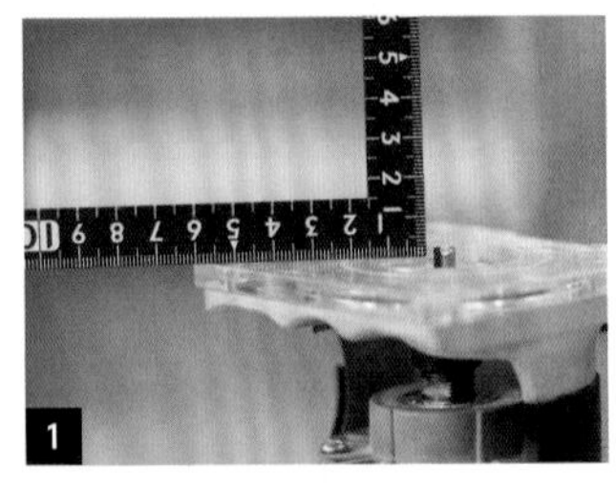

1 安装开槽用的铣刀，根据凹槽深度调节底座位置。

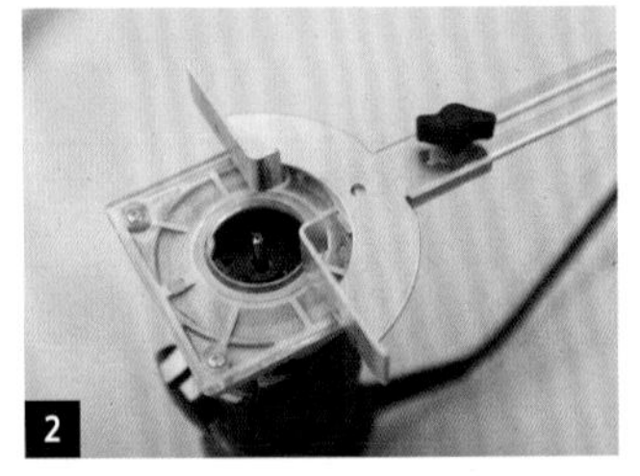

2 根据板材边缘至凹槽的距离安装直线靠山。

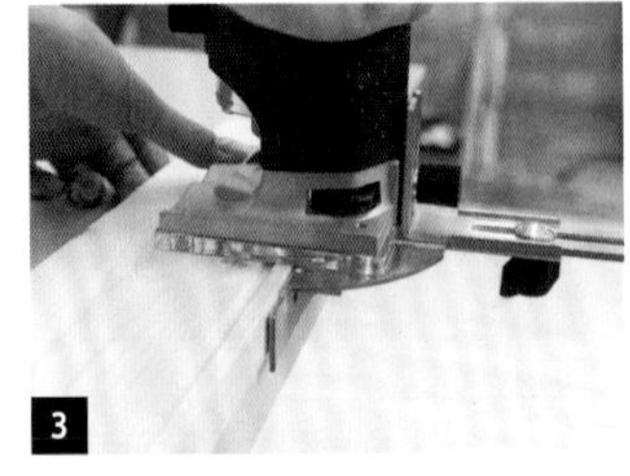

3 将直线靠山与底座贴紧板材，接通电源，向前推进。每次开出的凹槽深度大约 3mm，如果需要更深的凹槽，可继续重复此操作。

CAUTION！ 不要忘记处理木屑！

使用电动圆锯和修边机时，会产生大量木屑。开工前，一定要对施工场地做好养护，注意彻底清扫地面，防止滑倒。

⚠ 防护口罩和护目镜

木屑在空中飞舞时，很容易被吸入口、鼻，或进入眼内，操作时，最好戴上防护口罩与护目镜。

⚠ 注意防止吸尘器故障

吸入大量木屑后，普通的吸尘器过滤网很容易被堵住，如果继续使用，容易引起故障，一定要多加注意。

要充分利用建材超市里的服务项目！

很多电动工具都可以在建材超市租用。另外，有些地方还会专门为顾客提供工作间。

→见第 183 页

刷涂料的基本知识

刷涂料是 DIY 过程中最有意思的一道工序，同时也是非常重要的一道工序，因为使用不同种类的涂料或涂刷方式，成品外观会有很大差异。

基本工具

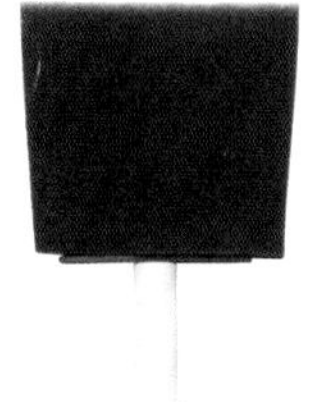

海绵刷

涂刷时不会留下毛刷痕迹，而且涂抹得很均匀。可用于水性涂料和油性涂料。

板刷

适合涂刷家具或小面积位置。分水性涂料刷、油性涂料刷等不同种类。

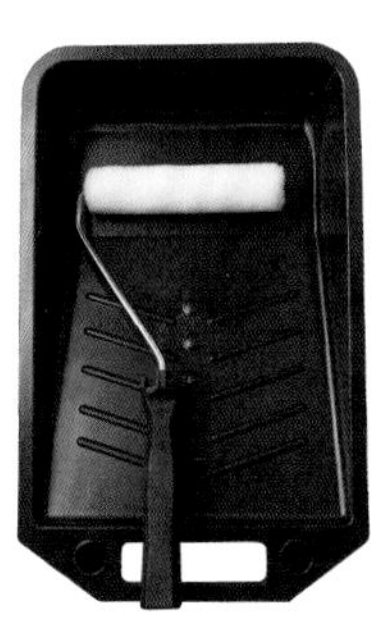

滚刷、托盘

可快速进行大面积涂刷。在托盘的斜面上滚动滚刷，可以使涂料更均匀。

抹布

主要用于涂抹或擦拭油、蜡等物质。可使用废旧手绢或T恤代替。

布基胶带

主要贴在无需喷涂的位置以作遮挡、防护。胶带有各种不同的宽度。

涂料桶

需要大量喷涂时，用来盛装涂料的容器。图中的涂料桶上有一层过滤网，可以去除多余的涂料。

布基胶带保护膜

由布基胶带加 PE 膜组成的保护膜，需要大面积遮挡防护时，使用起来非常方便。

涂刷小知识 Q&A

Q 如何才能用板刷刷得更美观？

A 初次使用板刷时应先整理刷毛。

新板刷的刷毛容易脱落，因此应先用拇指捋一捋，去除多余的刷毛。

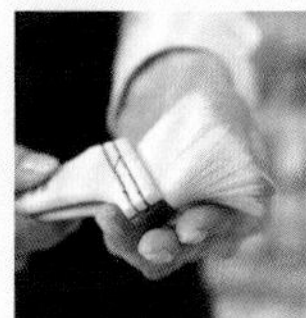

始终顺着一个方向刷，可以获得最佳效果。

Q 用过的工具应如何收拾整理？

A 使用不同的涂料有不同的收拾方法，一定要注意区分。

使用水性涂料时，用过的工具只需清水冲洗即可。残留的涂料容易在板刷或滚刷上凝固，因此，一定要冲洗干净。使用油性涂料后，应先用专用的涂料稀释剂冲洗工具，然后用厨房洗洁剂清洗干净。

Q 倒进容器后没有用完的涂料还能继续使用吗？

A 如果能密封保存，几天之内可以继续使用。

严禁将已经倒进托盘或涂料桶的涂料再倒回原容器。如果第二天还需再刷一遍，可先用保鲜膜或塑料袋等将剩余涂料密封保存，几天之内都可继续使用。密封保存时，应将板刷也放进涂料里，防止干燥。

涂料的种类

充分展示木材纹理

室内用涂料

木蜡油

以植物油为基础的油性涂料。能够渗透到木材之中，在不改变质感的情况下凸显木材的纹理之美。共有8种颜色。

着色效果 ○
光泽度 △
防护性 ○

仿古木蜡

只需用布涂抹在木材表面即可达到做旧效果。没有刺鼻气味，呈柔软的糊状，便于涂刷。共有10种颜色。

着色效果 ○
光泽度 △
防护性 ○

抛光蜡

主原料为蜜蜡和植物油。只需用布或钢丝棉涂抹在木材表面即可营造出一种复古感。共有14种颜色。

着色效果 ○
光泽度 △
防护性 ○

水性聚氨酯清漆（亚光）
水性聚氨酯清漆

水性涂料，没有刺鼻气味，使用方便。干燥后能在板材表面形成一层膜，起到保护作用。想要提高板材的耐久性，同时又想保留木材纹理时，推荐使用。各有8种颜色。

着色效果 ○
光泽度 ×
防护性 ○

着色效果 ○
光泽度 ○
防护性 ○

室外用涂料

油性清漆

耐久性、耐水性都很强，室内外均可使用。不过气味较大，对气味敏感的人最好不要在室内使用。共有11种颜色+透明亚光色。

着色效果 ○
光泽度 ○
防护性 ○

EXTERIOR COLOR

室外用水性涂料，能够凸显木材纹理，并营造出复古效果，可以像颜料一样进行混色。共有12种颜色。

着色效果 ○
光泽度 ×
防护性 ○

着色效果 ○
光泽度 ×
防护性 ○

The Rose Garden Color's（修色漆）

可直接渗透进木材内部，这在室外用水性涂料中比较少见。半透明效果，可对板材起到保护作用。共有6种颜色。

着色效果 ○
光泽度 △
防护性 ○

全面覆盖

牛奶漆

一种天然的水性涂料，主要用于DIY。原料为牛奶，色调柔和，有一种亚光效果。共有16种颜色。

着色效果 ○
光泽度 ×
防护性 ○

Free Coat

水性涂料，室内外均可使用，颜色种类众多。3分光，色彩不过分张扬，适用于多种场合。共有312种颜色。

着色效果 ○
光泽度 △
防护性 ○

The Rose Garden Color's（磁漆）

室外用水性涂料，色彩丰富。烟熏色较多，光泽度适当，色泽沉稳。共有34种颜色。

着色效果 ○
光泽度 △
防护性 ○

※ ○代表优，△代表适中，× 代表差。

基本涂刷方法

涂刷并不是一项特别难的工作，但想要刷得漂亮还是需要一定的技巧。

磁漆（全面覆盖类型）的涂刷方法

使用板刷涂刷，容易留下刷毛的痕迹。为了克服这个问题，一定要每层都涂得很薄，多涂几层。大面积涂刷时，使用滚刷或海绵刷可以涂刷得更为均匀。

1 用砂纸打磨要涂刷的板材表面，使其平滑。

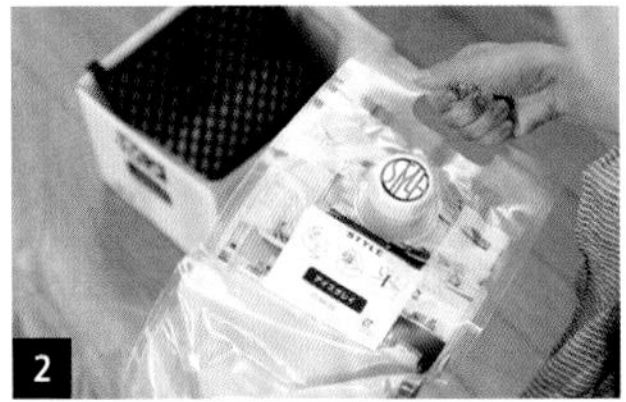

2 用棍子等将涂料从底部充分搅拌，使颜色均匀。

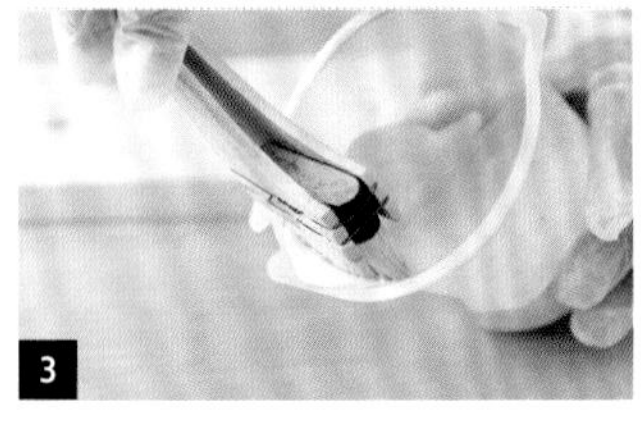

3 将适量涂料倒入另一个容器，将板刷的 2/3 左右蘸满涂料。如果颜色太深，水性涂料可以加水稀释，油性涂料则应使用专用稀释剂稀释。

4 从边角处开始涂刷，边框刷好后，再进行大面积涂刷。板刷沿着木材的纹理移动，涂料尽量不要太厚，涂刷均匀。

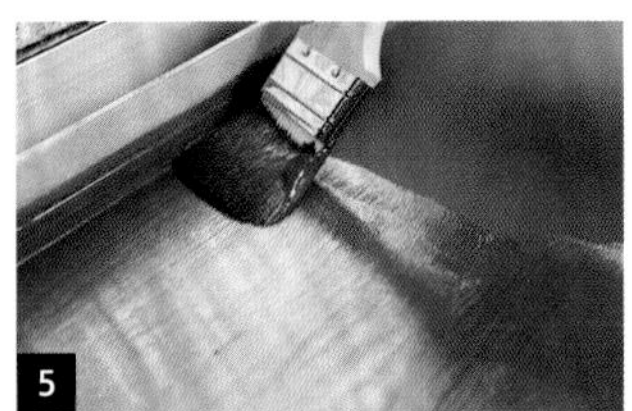

5 待涂料完全干透以后进行二次涂刷。

木蜡油的涂刷方法

木蜡油是 DIY 领域人气颇高的涂料之一，色彩均匀，别有韵味，任何人都能轻松操作。只要沿着木材纹理涂刷，很少会出现色彩不均的情况。

1 用砂纸打磨要涂刷的板材表面，使其平滑。

2 上下摇晃容器，令涂料色彩更为均匀。将适量涂料倒入托盘内。

3 用板刷或滚刷沿着木材纹理进行涂刷，然后静置 15 ~ 30min。也可用废旧布料蘸上涂料进行涂刷。

4 渗入板材后的油分还会再浮出表面，应用抹布将板材表面多余的油分擦干净。

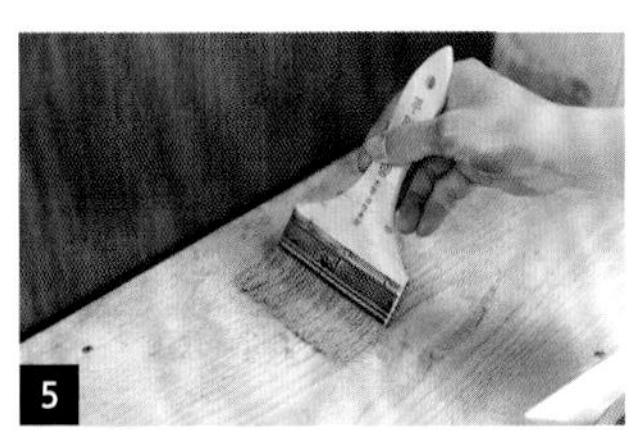

5 涂料吸收不好的部位要进行补刷，补刷时应比第一次涂得更薄一些。静置 1h 后，用抹布将板材表面擦干净。

艺术涂刷

艺术涂刷不仅可用于 DIY 作品，还可用于市售的家具或家居小物，可以为室内空间带来更多乐趣。

古董风格

材料

牛奶漆
Ⓐ香草奶油色
Ⓑ仿古色

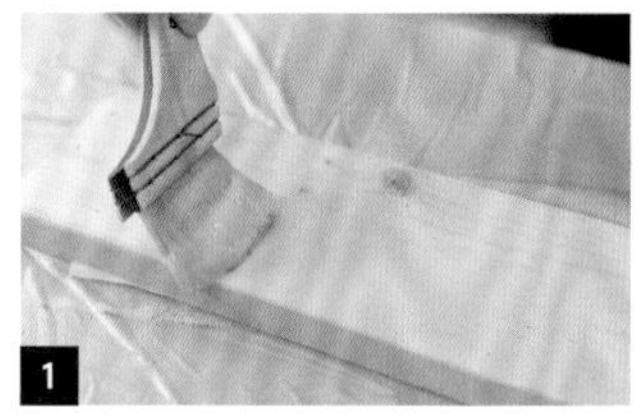

1 用砂纸打磨要涂刷的板材表面，然后涂上自己喜欢的水性涂料。干燥后，进行二次涂刷。

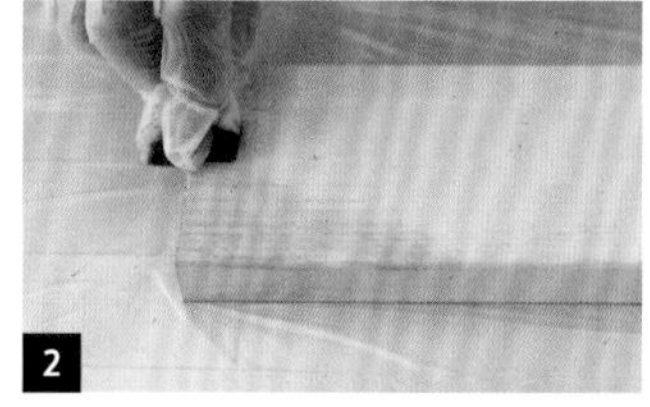

2 用海绵蘸适量的仿古色牛奶漆，一点点地在板材表面反复揉擦。

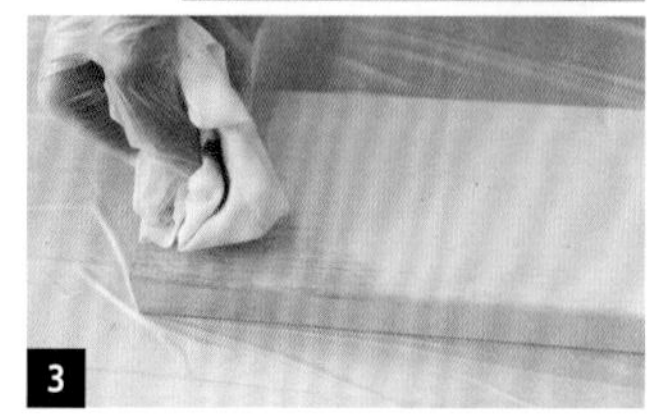

3 用抹布将涂料摊开。重复步骤②③，直到达到自己满意的效果。

爆裂风格

材料

牛奶漆
Ⓐ香草奶油色
Ⓑ鳄鱼绿色
Ⓒ爆裂色
● 酒红色

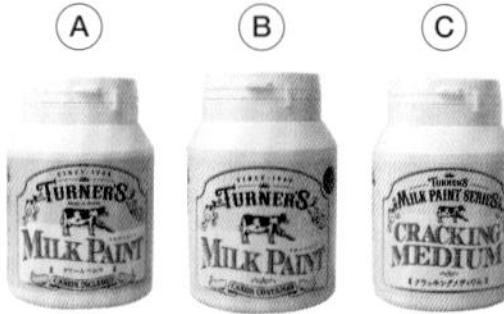

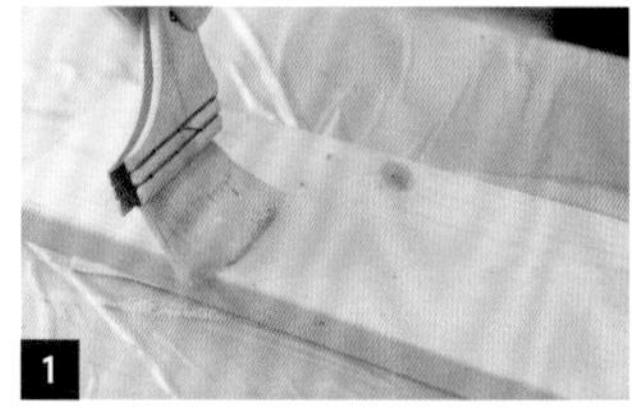

1 用砂纸打磨要涂刷的板材表面，然后涂上自己喜欢的水性涂料打底。

2 用海绵随意在四处拍打一些点缀色。静置一会儿，待其干燥。

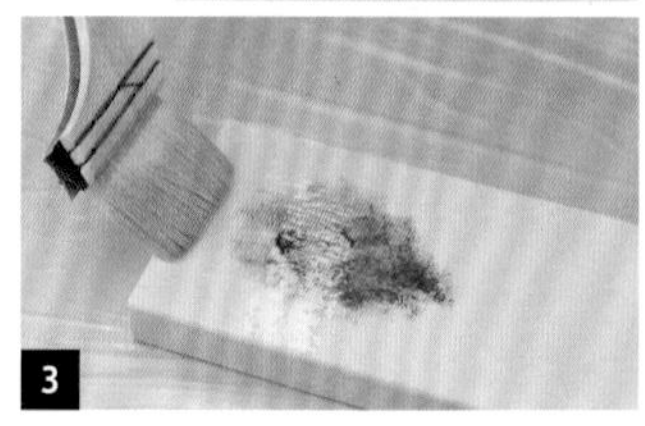

3 用干透的板刷在板材表面均匀地刷一层爆裂色牛奶漆。静置一会儿，直到摸起来稍有一点点黏稠的感觉。

4 最后，在表面涂一层与底色不同颜色的涂料，用板刷沿着想要出现裂纹的方向涂刷。

5 注意最后一层涂料不要反复涂刷。如果在裂纹处反复涂刷，将无法出现爆裂效果。

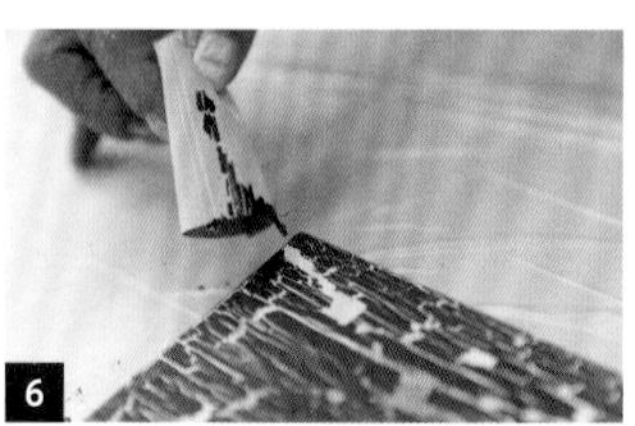

6 待干燥至 9 成左右时，用纸胶带在涂刷了点缀色的位置轻轻按压，粘掉少量涂料。

瓷砖的基本知识

瓷砖作为家具或室内设计中的点缀非常受欢迎。
掌握了瓷砖的基本贴法后，就可以尝试设计自己的独创图案！

瓷砖种类

马赛克瓷砖

边长小于 50mm 的小型瓷砖。有正方形、圆形、多角形等，形状多样。如果想设计独创图案，可使用单片瓷砖进行拼接，覆盖大面积区域时则可使用边长 30cm 的片状瓷砖。

非洲 / 摩洛哥瓷砖

出产于摩洛哥、突尼斯等北非地区的瓷砖。它的特点是融合了欧洲和中东文化的几何图案和色彩斑斓的色调。作为点缀使用也很时尚。

装饰瓷砖

装饰瓷砖可为室内空间增添亮丽的点缀。有些带图案的瓷砖非常适合做焦点造型，有些细长的瓷砖可以排成一排，形成连续花纹，还有些瓷砖可以形成立体装饰。

不需要黏合剂和接缝材料的"自贴瓷砖"

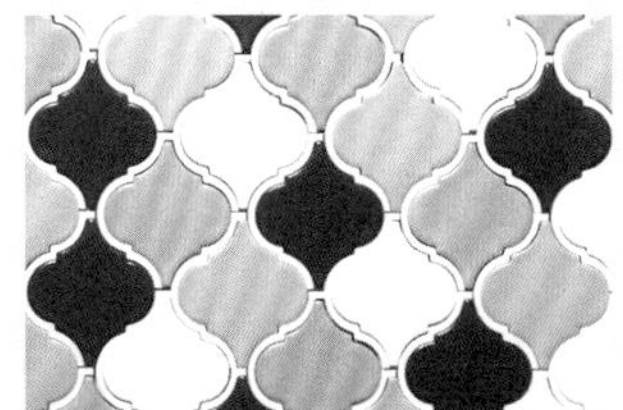

自贴瓷砖背后带有粘条，使用起来十分方便。有些瓷砖自带接缝，也有些瓷砖的接缝处做成了网格状，只需将瓷砖直接嵌入即可，大幅缩减了粘贴瓷砖的花费的时间与精力。

瓷砖的基本粘贴方式

虽然将单片瓷砖一块一块地粘贴起来并等待美缝剂干燥需要花费很长时间，但是粘贴瓷砖的操作本身并不复杂。

工具

- Ⓐ 瓷砖胶
- Ⓑ 刮板
- Ⓒ 布基胶带
- Ⓓ 瓷砖美缝剂

Ⓐ

Ⓑ

Ⓒ

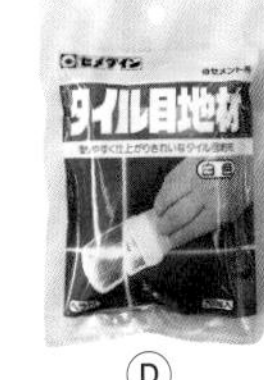

Ⓓ

贴瓷砖

1 将瓷砖摆好，确认图案。为了方便，最好再准备一个相同尺寸的托盘。

2 在最外侧一列涂抹瓷砖胶，然后将步骤①中的瓷砖一块块拿出来贴到相应位置上。外侧边上预留好接缝的空间。

3 按照同样的方法，从最外圈开始按顺序一圈一圈向内粘贴，注意图案不要弄乱。

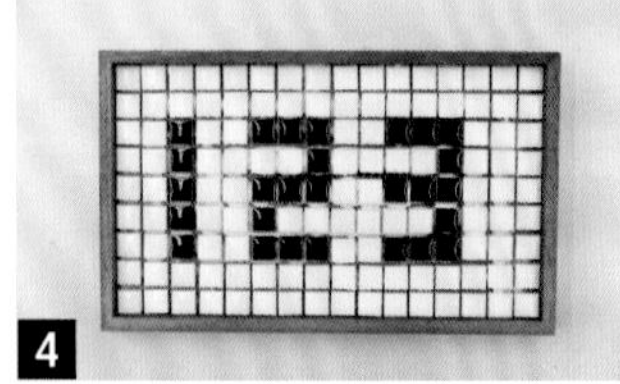

4 所有瓷砖都贴好后，静置一会儿，等待胶完全干透。

5 在木框四周粘一圈布基胶带，高度要超过瓷砖高度，防止美缝剂蹭到木框上。

调制美缝剂

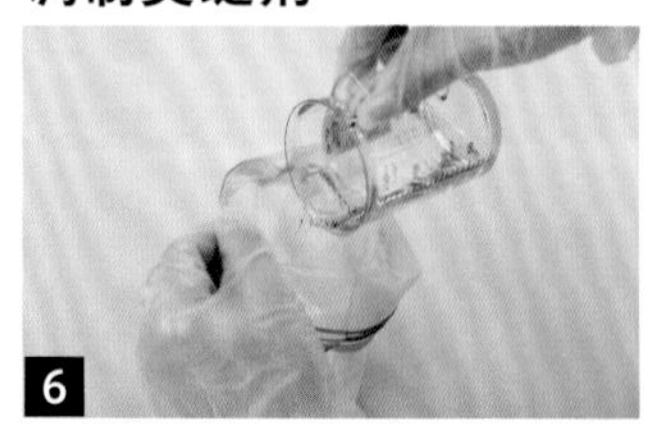

6 戴上手套，将美缝剂装入密封塑料袋，加少量的水。

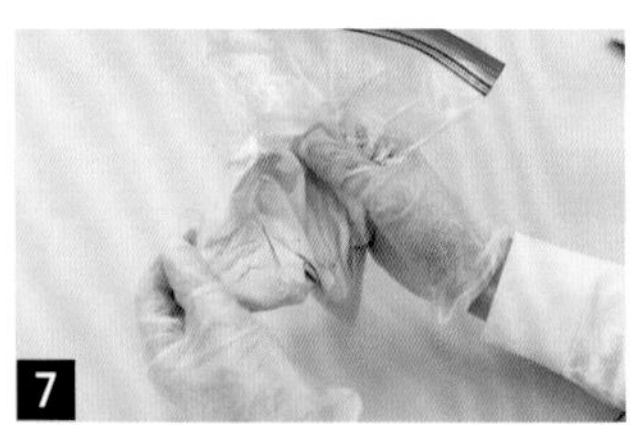

7 封闭袋子，一边调节水量一边用双手反复揉搓，直至美缝剂的硬度接近味噌酱的硬度。

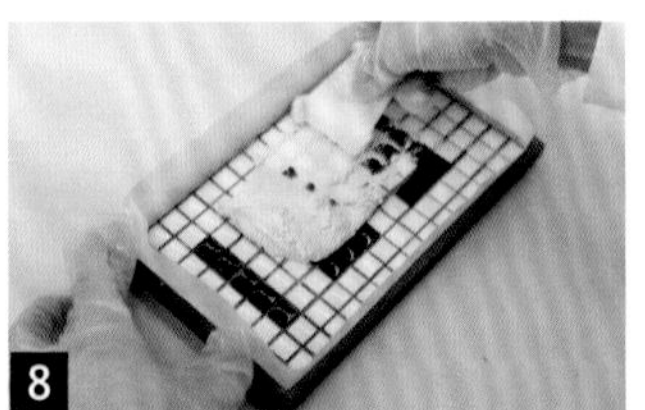

8 将美缝剂倒在步骤⑤做好防护的瓷砖上，用刮板将美缝剂填满瓷砖之间的缝隙。

收尾

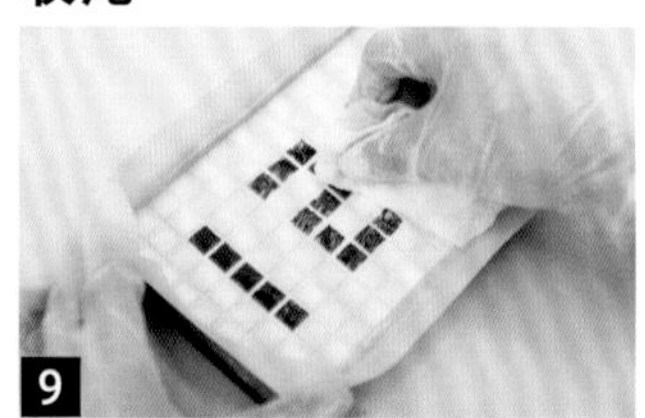

9 在完全干燥之前，用湿巾轻轻擦掉多余的美缝剂。

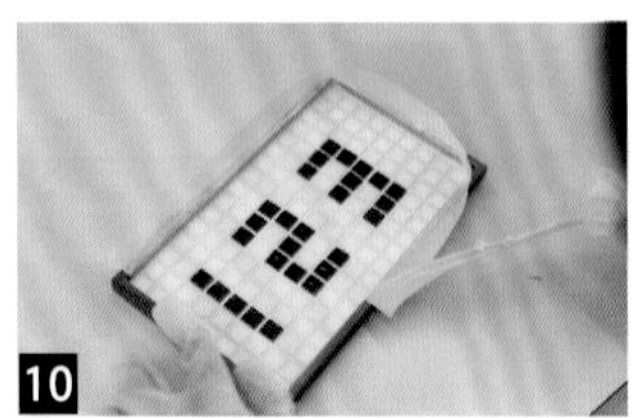

10 缓缓撕掉四周的胶带，注意不要蹭掉美缝剂。静置一段时间，直至美缝剂完全凝固。

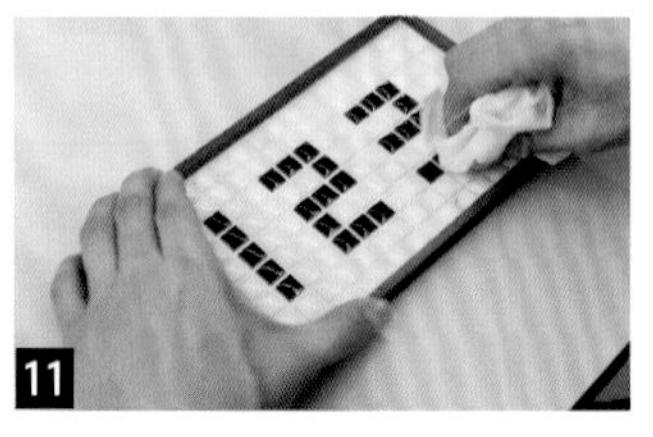

11 用软布擦拭瓷砖表面，轻轻打磨残留在表面上的薄薄一层美缝剂。

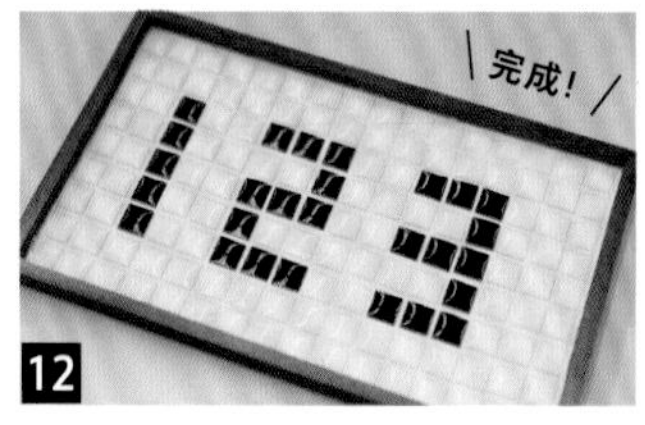

12 打磨后，瓷砖表面会比较有光泽，十分美观。

如何巧妙利用建材超市

建材超市 (Home Center) 又叫家居中心、家居建材商店。
虽然如今是一个万物皆可网购的时代。但是作为 DIY 的最佳拍档，建材超市的作用可不仅仅是提供物品这么简单！
巧妙利用建材超市，可以让自己的 DIY 生活更为充实！

合作采访店铺

Unidy狛江店

东京都狛江市和泉本町 4-6-3

从工具到材料，应有尽有 还提供DIY所需的各种配套服务

一走进正门，一块写着“DIY 工作坊”的招牌就映入眼帘。在众多建材超市中，这家店尤其专注于 DIY。宽敞的店面里，密密麻麻地摆满了各种 DIY 用品，就连专业匠人也会频繁造访。而且令人欣慰的是，这里的工作人员知识非常丰富，足以应对专业匠人的要求。可以说，这才是建材超市的魅力所在。无论遇到什么问题，都可以咨询工作人员，现场帮您解决。

逛建材超市的推荐路线是先到木材柜台挑选板材。买好板材后，请工作人员帮助切割，利用等待时间，再去购买其他配件，有效节省时间。提供 DIY 的配套服务(→见第 183 页) 是建材超市的独特魅力。

电动工具卖场

从初学者到专业人士，在这里都可以找到自己所需的电动工具。店里的工具种类齐全，在这里，几乎可以找到著名电动工具厂商“牧田”的全套工具。此外，现场体会工具的实际手感也非常重要，您可以多拿几件，进行比对。

木材卖场

这里既有 DIY 的常见板材，也有不少珍稀树种。使用专用的大型推车，女性也可以轻松搬运大件板材。选购时，不要忘记确认板材是否翘曲变形。

检查板材是否变形

斜着抬起板材，从上方检查

将板材的一端顶在地板上，另一端斜着抬至自己胸前。从上方横切面处观察板材，可以清楚地看出板材是否翘曲变形。

将板材放倒，检查稳定性

将板材平放在地板上。如果板材翘曲严重，这时很容易被发现。向下按压板材一端，如果板材晃动，说明有翘曲问题。

五金配件卖场

这里是钉子、木螺丝等金属件的货架，货品种类、尺寸齐全，数量丰富，可根据不同用途进行选择。考虑到使用钉子或木螺丝时，失败率比较高，最好多准备一些。

零配件卖场

抽屉滑轨、壁挂、L 型角码、脚轮等零配件种类丰富。您可以发挥自己的创意，将这些配件用于原本的用途以外的场合，这也是 DIY 的魅力之一。

涂料卖场

涂料质量好坏会严重影响成品外观，而这里的涂料种类众多，令人眼花缭乱。适用于 DIY 的涂料每年都会出现很多新品种。涂料种类请参照第 176 页。

建材超市的便民服务

建材超市可以提供各种配套服务，从而大幅降低 DIY 制作所需的时间与精力。而且，利用这里的板材切割服务要比自己动手更为准确、美观，有任何疑问都可以立即咨询专业人员，让人备感安心。

板材切割服务

只要是垂直方向直线切割，该店可以提供横切与纵切两种服务。不过，有些店铺可能无法提供纵切服务（将一块较长的板材纵向切割）。

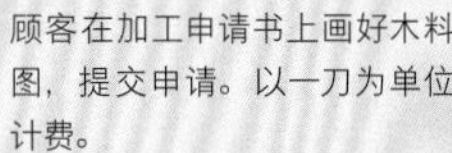

顾客在加工申请书上画好木料图，提交申请。以一刀为单位计费。

电动工具租赁服务

如果使用频率不高，租赁电动工具会更为方便。除了电钻、冲击钻以外，圆锯、曲线锯等工具也可以租赁。每种工具的租赁价格不同。

顾客工作间（租赁工作间）

有些店铺会为顾客提供租赁工作间，在这里顾客可以自己加工所购买的材料。如果自己家里没有合适的操作空间，或是需要进行一些木屑量较大的操作时，这项服务十分方便。

其他便民服务

此外，建材超市还提供 1h 内免费出租小货车、送货上门（需配送费）等服务。巧妙利用建材超市，即使没有私家车，也可以安心享受 DIY 的快乐。

“DIY工作坊”举办的木工坊活动

Unidy 狛江店的“DIY 工作坊”几乎每天都会面向初学者举办木工坊活动，此外，这里还展出很多适合 DIY 制作的配件，如设计精巧的拉手等。

学习工具的使用方法及木工技巧

木工坊里准备了各种工具，顾客无需自带工具，可以先在这里学习一些木工技巧，然后回家进行挑战。

木工坊的作品展示

迷你座椅、板凳

从组装到涂刷，在这里可以体验制作各种座椅的全套工序。制作板凳时，还可以学到难度较高的“直材交叉接合”榫卯技术。

木箱脚轮安装、墙面刷漆

练习如何给收纳箱安装脚轮。图中内侧墙壁主要供学员练习刷漆操作。

榫卯结构的迷你货架

木架中间的十字部分没有使用一根钉子或木螺丝，完全通过对板材进行加工、拼接的榫卯技术进行连接。

壁挂电视、出租房内也可使用的DIY架柜

近年来，顾客咨询数量最多的是壁挂电视的 DIY 方法。此外，还会介绍如何在出租房内利用配件安装架柜。

DIY 工作坊讲师

第 164 ~ 180 页“DIY 的基本知识”审校——
扫部关真纪

DIY 顾问。Unidy 建材超市“DIY 工作坊”讲师。主要著作包括《女子 DIY の教科書》等，此外还担任过多本著作的审校。

DIY用语集

DIY 领域有时会用到木工、建筑、装修行业的术语。下面让我们一起来了解一下常见的 DIY 用语。

直材交叉接合 [P85、P98、P100]

直材交叉接合是指在两块板材相交的地方上下各切去一半，然后将凹凸部分合在一起。嵌在一起的两块板材厚度仍相当于一块，外观十分优美。

脚手板 [P73]

在建筑工地或施工现场高空作业时使用的板材。近年来，将二手脚手板作为DIY材料重新使用已成为行业常规。由于它能够营造一种老家具的“经年美”，所以极受欢迎。

垫板

用锤子将板材敲进凹槽或孔眼内，或是打通孔的时候，为了防止板材或工作台遭到破坏，应在上面垫一块废木料加以保护。

实物尺寸比对 [P21、P160、P170]

实物尺寸比对是指确定位置时不用角尺或卷尺测量距离，而是用实际使用的板材进行比对确认。操作现场经常会说“用实物比对画线”。

复合板 [P136]

制作混凝土时用于打外框的板材，耐水性极强。虽然结实耐用、价格便宜，但由于外形不够美观，用途不是很广。

逆纹

逆纹是指与木材纹理相反的方向。在刨、铣加工时,如果刀具朝着逆纹方向切削，会在板材表面留下毛刺，造成板面粗糙。与逆纹相反的方向叫作“顺纹”。

企口 [P154]

板材连接的一种方式，板材一侧有凸起，另一侧有凹陷。木地板上凸起的部分叫作凸槽，凹陷的部分叫作凹槽。

锯条导向器 [P30、P98]

锯条导向器是一种辅助工具，可以协助锯子沿着正确方向切割板材。不仅可以垂直导向，有的导向器也可斜切或设定各种不同角度。

圆木榫

连接两块板材时使用的小圆木棒。也可用于隐藏木螺丝的螺头，或用作层板托。沉孔是指用来插入圆木榫的榫眼。

合页

用于开关门或盖子的五金配件。合页种类很多，除了普通的“平板合页”外，还有“拆卸式合页”，安装后也可将门拆掉。

顺纹

与木材纹理相同的方向。沿着顺纹切割，既省力，效果又好，板材表面美观顺滑，刨、铣加工时一定要选择顺纹方向。

龙骨 [P152]

龙骨是指安装在木地板下方的木条，主要起支撑作用。通常，铺地板时，要先打一层龙骨，然后铺一层胶合板做底板，最后在上面铺木地板。

槽口榫 [P60]

榫卯拼接的一种方式，在一块板材上削出凸字形的突起（榫头），另一块板材上挖出榫槽，然后将榫头插入榫槽。连接两块板材。

倒角

倒角是指用砂纸或刨子将板材的棱角削平、削圆。倒角可以令成品外观更加优美，也可以避免发生撞伤。

装饰条 [P73、P132、P138、P156]

装饰条主要用于各种门或边框的装饰。带有连续形状的细长装饰条也被用作底板与墙壁间的踢脚线、天花板与墙壁间的装饰线或墙裙的封边条。

防护 [P23、P130、P142、P150、P157、P175]

进行板材涂刷或木工操作时，为了防止弄脏或刮伤板材，应提前做好防护。常用的防护工具包括布基胶带、布基胶带保护膜、防尘垫等。

制作者简介

sora-rarara

手作匠人 sora-rarara 是 3 个孩子的母亲，目前，她边工作边育儿。最早开始接触 DIY 是因为要制作儿童家具，从此他们夫妇二人一起爱上了 DIY，一发不可收。如今，家中无论大件家具还是家居小物，全都是他们手工制作的。她最擅长将木材的温暖质感融入设计中，作品风格自然纯真。

末永京

身为 DIY 顾问的同时，末永京也在“DIY 工作坊”担任讲师，为住宅、店铺的装修提供咨询及施工服务，同时执笔撰写、审校 DIY 的相关文章。2017 年在日本埼玉县川口市开设了“家装咖啡店 ToiToiToi”，店内也销售 DIY 用品。

go slow and smile

go slow and smile 不仅会自己动手制作家具，还会自己铺地板、刷灰泥涂料，有时还会对自家进行大胆改造，如挖空墙体进行装修等。go slow and smile 的工作坊位于日本湘南，主要在网上销售一些用旧木材或漂流木制成的木工艺品或家装百货。

Hisayo

Hisayo 按照自己喜欢的风格翻新了一套 35 年房龄的老房子。她擅长利用自己在木工教室磨练出的技艺，制作一些精美的北欧风格家具及家居小物。此外，她挑选家居饰品的品位以及对空间与绿植的搭配也颇受好评，赢得众多女性消费者的青睐。

yupinoko

yupinoko 从 5 年前开始从事 DIY 创作，如今不仅经营着一家定制原创家具的网店“Y.P.K.WORKS”，同时还担任“DIY 工作坊”的讲师，活动范围非常广泛。著有《yupinoko's DIY&INTERIOR STYLEBOOK》一书。

奥野敦子

奥野敦子是一位日本百元店商品的改造专家，据说她每周有一半以上的时间会去逛日本百元店。目前，她是日本女性杂志公众号的知名网红，在多个网站上发布 DIY 及甜品制作的相关信息。她自己的账号“温暖的幸福时光”一直保持每日更新，广受好评。

川名惠介

川名惠介一直很喜欢动手制作，从家居小物、家具到室内装修，他的 DIY 作品涉猎范围十分广泛。他在网上开设了专栏“99%DIY”，专门记录制作现场的情景，包括各道工序的详细图解、失败经验以及 DIY 过程中的各种甘苦，内容详尽，简明易懂，大受好评。此外，他也擅长绿植与空间的搭配。